振动试验与应用

主 编 姜 震 史晓雯 赵 亿
副主编 徐 浩 许 斌 王树荣 赵 江

电子工业出版社·
Publishing House of Electronics Industry
北京·**BEIJING**

内 容 简 介

本书主要对环境振动试验的来源、振动试验对实验室的要求、振动夹具的设计要素、振动试验的操作规范、振动设备故障的处理、振动试验结果的评判、振动冲击对产品的影响机理、产品的抗振设计与验证等振动应用领域的相关因素着重进行介绍。

本书大量采用来自工作实践的案例，并结合振动理论、振动相关标准、质量审核等振动试验相关因素编制而成，因此是振动试验工作理论与实践的结合，是少有的介绍振动试验应用的一本书籍。本书对人们快速了解振动试验、振动相关标准、各类质量审核、环境研究对产品设计的价值，对振动工作人员提高振动设备的采购质量、提高振动夹具的设计质量、提高振动试验结果的复现性，以及对相关人员设计和建造一个完善的实验室等，都能起到积极的作用。

本书适合振动应用领域相关工程技术人员使用，也可作为大学本科、高职院校相关专业师生的参考书。

图书在版编目（CIP）数据

振动试验与应用 / 姜震，史晓雯，赵亿主编. —北京：电子工业出版社，2021.6

ISBN 978-7-121-41270-7

Ⅰ. ①振…　Ⅱ. ①姜…　②史…　③赵…　Ⅲ. ①振动试验　Ⅳ. ①TB302.3

中国版本图书馆 CIP 数据核字（2021）第 098857 号

责任编辑：李　洁　　文字编辑：刘真平
印　　刷：北京捷迅佳彩印刷有限公司
装　　订：北京捷迅佳彩印刷有限公司
出版发行：电子工业出版社
　　　　　北京市海淀区万寿路 173 信箱　邮编　100036
开　　本：787×1 092　1/16　印张：14.75　字数：416.3 千字
版　　次：2021 年 6 月第 1 版
印　　次：2023 年 9 月第 2 次印刷
定　　价：119.00 元

凡所购买电子工业出版社图书有缺损问题，请向购买书店调换。若书店售缺，请与本社发行部联系，联系及邮购电话：（010）88254888，88258888。

质量投诉请发邮件至 zlts@phei.com.cn，盗版侵权举报请发邮件至 dbqq@phei.com.cn。

本书咨询联系方式：lijie@phei.com.cn。

编 委 会

| 前　言 |

随着制造业的发展，各行各业都制定了环境试验、试验方法和试验评估规范，希望用统一的试验方法对产品的环境承受能力进行评估，实现一个标准化的过程。

振动试验是环境试验的重要组成部分，因其容易发现产品的缺陷而备受各方关注。编者在长期的振动试验工作中发现，虽然振动试验的试验方法和试验评估均有相应的标准作为依据，但在不同的实验室实施同一振动试验，很可能会采用完全不同的试验方法，也可能会得到不同的试验结果。这些"不同"困扰着产品和试验等相关人员，也会导致相关人员对试验的质疑和对试验方法的彻底检查，由此造成无谓的人力、物力和财力的浪费。

究其原因，振动试验采用标准的差异性、标准中容差量的差异性、试验人员对标准熟悉和理解的差异性、产品的差异性等，都可能是造成试验采用不同方法和得到不同结果的原因。另外，振动试验在应用实施领域涉及太多的细节，对其中任何细节的疏忽都可能是造成试验结果存在差异的又一原因。因此，编者认识到编写一本结合振动试验理论、试验相关标准，关注试验各步骤细节的较为系统的书来帮助实现统一各振动实验室的振动试验方法是很有必要的。

为此，编者结合振动试验的相关标准和多年从事振动试验工作的经验，围绕振动温湿度三综合试验及相关工作，从振动试验应用实施的角度，采用工作中的真实案例编写了本书，书中的内容和特点如下。

1．理论与实施相结合：本书主要包含振动试验的理论与振动试验的应用实施两部分，希望振动试验的应用实施建立在理论的基础之上并有据可依，使试验的置信度得到增强。

2．结合标准：本书结合了振动试验的相关标准，希望实现振动试验应用实施的每一步都是符合标准要求的，鉴于振动试验标准中的公差容差范围仍然会造成试验结果的差异，而相关人员往往是按产品的失效或不失效来评判试验结果的，因此本书提倡试验过程中试验人员务必做到精益求精，应尽可能将试验做到标准的中间公差以减小这些差异。

3．融入审核：本书融入了质量体系审核对振动试验的应用实施的要求，希望实现振动试验应用实施的方法是符合质量体系要求的。

4. 纵向连贯：本书将振动试验的相关内容按照试验的实施步骤进行连贯，希望实现振动试验应用实施的每一步在本书中均有方法描述。

希望本书能为提升各振动实验室的振动试验质量、统一各振动实验室的试验方法、提高试验结果的再现性、减少因振动试验的问题而导致的试验重做、提升振动试验的效率和经济性起到积极作用，同时也希望本书能成为振动试验相关专业的大学本科、高职院校在校师生入门的参考书。

在此由衷感谢联合汽车电子有限公司、上海阿泰可检测技术有限公司、电计科技研发（上海）股份有限公司、上海中证检测技术有限公司、苏州欧睿检测技术有限公司在试验方法、试验标准、试验技术、试验方案、试验案例方面，上海睿深科技有限公司在数据采集分析、案例分析、试验整改方面，重庆阿泰可科技股份有限公司、上海捷升工贸有限公司（上海增达科技股份有限公司）、上海潞伽环境设备有限公司在实验室规划、设备选型、设备售后维护保养方面，上海金渐建设工程有限公司在实验室整体设计装修、实验室电气规划、实验室废气处理、实验室消防安全、实验室监控安全、实验室隔振及降噪方面，上海爻铨环保机械工程有限公司在实验室分质供水、集中供水（超纯水）、实验室废水和废气处理、实验室降温、节能环保方面，所给予的专业意见、建议及技术支持。

特别感谢裴丽丽女士为本书所做的大量沟通和协调工作。

由于编者水平、知识有限，书中难免存在疏漏和不足之处，欢迎广大读者批评指正。

编　者

| 目　　录 |

第 1 章 理论基础

本章主要介绍环境试验的起源；振动试验的目的、内容；机械振动试验的常用术语、名词释义和试验的标准。目的是帮助初学者快速了解振动试验。

1.1 振动、冲击环境与试验的目的

振动是自然界最普遍的现象之一。人们的生活离不开振动，生活中不能没有声音和音乐，而声音的产生、传播和接收离不开振动；心脏的搏动、耳膜和声带的振动也是人体不可缺少的。在工程技术领域，振动现象也比比皆是，例如，桥梁和建筑物在阵风或地震激励下的振动，飞机和船舶在航行中的振动，机床和刀具在加工时的振动，各种动力机械的振动，控制系统中的自激振动等。

振动和冲击是工程中经常遇到的问题。许多设备的故障都与振动、冲击环境有关，例如，航空涡轮发动机使用中的故障有 40% 与振动有关，导弹飞行中所有故障约有一半是由振动造成的。振动导致的故障模式主要有：

- 产品的结构完整性破坏，如承载的结构动力失稳、机械磨损、疲劳断裂、密封泄漏等；
- 产品功能性故障，如设备失灵、执行机构卡死、性能下降或超差、继电器误动作等；
- 产品工艺性故障，如连接松动，元器件互相碰撞、摩擦，电路板短路或开路等。

另外，强烈的振动和冲击环境也对人体有害。例如，当车辆的随机振动频率在 30Hz 左右时，人体的腹腔会发生共振，造成呕吐。振动又是噪声的主要来源，使人不能正常工作，甚至危及人类健康。

但振动也可加以利用，如振动传输、振动研磨、振动筛选、振动沉桩、振动抛光、振动消除内应力等。

研究振动、冲击环境与试验的目的就是掌握振动与冲击的规律与特性，制定试验条件，通过模拟真实的环境条件或再现某效应的方法，以一定的确信度来证实样品在振动、冲击环境条件下保持完好和正常工作，确定设备、产品在规定环境条件下，对储存、运输和使用环境的适应性和安全可靠运行，以及提供有关产品设计或生产质量的资料，以考虑其预期有效寿命，防止各种振动、冲击对设备、产品及结构造成的危害。

1.2 振动、冲击环境与试验的内容

振动是机械系统在其平衡位置附近的往复运动；冲击是系统受到瞬态激励，其力、位移、速度或加速度发生突然变化的现象。

为研究与认识振动、冲击，首先必须区分其不同类别，掌握表征各类振动的描述方法。振动分为确定性振动和随机振动。确定性振动包括周期振动和非周期振动。

对于确定性振动、冲击等动态信号，所测量的时间历程中计算的有效值、峰值等信息仅反

映了其大小，不能反映振动的快慢等动态特性，需要将测量的随时间域变化的信号转变为频域中的幅值分布。正弦定频振动的时域与频域表示如图 1-1 所示。

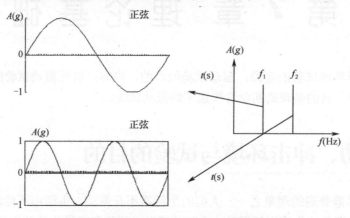

图 1-1　正弦定频振动的时域与频域表示

随机振动是一种非周期的、不可重复的振动，不能用精确的数学表达式描述，只能用统计的方法来描述。对于随机振动，单个样本不能反映随机振动的全部频域特征，需要对相关函数进行傅里叶变换，得到频率域中的有效值或均方值分布，即转换为随机振动的自功率谱密度进行分析。

理论上，一个随机振动有着无限多个样本，而实际上，只能对有限几个样本进行测量分析，有限的样本必然会带来误差。对于随机过程是各态历经过程的情况，按理说它的一个样本就足以代表该过程的无限样本集合，但对于各态历经过程，只有在平均时间为无限大时，单个样本的时间平均特性才等同于其集合平均特性。由于我们只能分析有限长度的样本，所以仍然会带来误差。因此，需要对随机振动的自功率密度误差进行分析，采取平均等手段降低分析误差。

产品受振动作用产生振动响应，响应的大小取决于激励的大小和产品本身的特性。为研究产品的振动特性，需要利用力学原理建立产品的动力学模型。研究产品的振动特性所采用的这类模型，称为振动系统。振动系统由质量、阻尼、弹性等物理量组成。振动系统具有一定的质量，所以运动时具有动能；振动系统具有一定的弹性，所以运动时具有势能，两种能量不断转换；实际的系统还存在一定的阻尼，使振动衰减。

最简单的振动系统是只有一个质量的弹簧，称为单自由度系统，在受初始扰动后，质量将在平衡位置往复运动，无阻尼时，运动的位移、速度、加速度等物理量按正弦规律变化，称为简谐振动或正弦振动，振动的频率取决于系统的质量和弹性系数等固有特性。若系统是由多个集中质量组成的多自由度系统，则其固有频率也有多个，对某一特定的固有频率，系统的各集中质量按一定的振型进行振动。振型由系统的固有特性确定。固有振型与固有频率称为系统的固有模态。

根据激励信号与振动系统的响应信号，便可计算振动系统的固有频率、振型、模态质量和模态阻尼等模态参数，以及弹性模量、弹性刚度等物理参数。具体的分析方法可分为时域法、频域法等。时域法直接将时域响应用计算机进行处理，得到模态参数。频域法根据频率响应函数矩阵，由模态分析软件对数据进行拟合，得到模态参数。各种方法各有优缺点。

基于振动失效模式的破坏特性，在振动系统响应的基础上人们提出了振动破坏模型，用于指导工程应用。这些破坏模型主要集中于疲劳损坏和峰值破坏两类假设。产品受振动作用时，振动的量值若超过设备、产品的极限耐振动值，则将导致设备、产品破坏，称为峰值破坏。峰值破坏模型主要针对功能故障模式。若设备、产品长期受振动或冲击作用，则产生的破坏称为疲劳损坏。疲劳损坏模型主要针对耐久故障模式。

为研究振动系统的特性，考核产品承受振动和冲击的能力，制定实验室振动试验条件，振动环境的测量是必不可少的手段。

为适应各种场合振动测量的需要，研究人员研制了各种原理的振动传感器，如压电式传感器、压阻式传感器、伺服式传感器、电涡流式传感器等。目前，应用最广泛的是利用惯性原理的绝对式压电加速度传感器，它利用质量块、弹簧组成的单自由度系统对外界振动频率响应的平直段来进行测量。

振动测量属于动态测量的范围。为增加信噪比，提高抗干扰能力，减小随机误差，动态测量需将传感器测量的电信号经过放大、滤波等失调环节做适当调节，对测量结果进行显示、分析。

模态式分析存在分析速度慢、精度低、分辨率不高等问题。建立在快速傅里叶变换基础上的数字信号分析方法，得到了迅速的发展和广泛的应用。由于工程中的振动、冲击等物理量是随时间连续变化的，使用计算机处理需要将模拟信号转变为数字信号。将连续的随时间变化的信号转变为离散的数字信号的过程称为采样。时域采样将产生频率混叠的问题，为避免出现混叠，需在采样前增加低通滤波器。

为消除噪声干扰及动态范围和分辨率不够等因素的影响，对振动环境的数字信号需进行数据预处理、数据检查与分离等工作。

为考核在最恶劣的振动环境应力作用下设备、产品的工作状态或输入/输出特性是否发生不允许的变化，以及各构件的连接、固定、安装、变形及间隙限制之类的工艺要求是否受到破坏，通常在实验室要进行振动功能试验。振动功能试验按峰值破坏模型处理。

为确保设备、产品在整个寿命周期的结构完整性和功能、性能不发生不允许的变化，要在实验室进行长时间的振动试验。例如，轨道交通产品中的长寿命试验、道路车辆产品主要考核由疲劳引起的失效模式及核电站设备要做的老化试验等，都是按疲劳损坏模型处理的。

将现场平台环境的振动数据转换为设计与实验用的振动环境条件还需要做很多工作，原因是实测数据在产品寿命周期不同阶段可能是多种多样的，而作为产品设计和试验依据的环境条件要求则相对简单和统一。这些工作主要集中于两个方面：一方面是如何对多次测量的数据进行归纳处理，目前，主要采用统计归纳的方法，即给出一定置信度下环境的上限；另一方面是如何将寿命周期内各种差异显著的振动环境数据统一为少数几种典型的环境条件。

当有大量可用的实例环境数据时，依据统计归纳方法所确定的环境条件最能符合实际情况。但工程上需要在实测环境数据很少，甚至根本没有的情况下制定环境条件。例如，飞机等需要研制生产出来并经过多次飞行试验后才能得到可供统计分析的大量实测环境数据，而飞机研制总要求在设计之前提供环境条件，用于在研制中进行相应的设计和试验考核，以保证飞行试验的成功。因此，确定振动环境条件本身的需求和产品研制对振动环境条件的需求往往是矛盾的。在这种情况下，采用环境预估技术是解决问题的必然条件，而预估的准确性将直接影响环境条件制定的合理性。振动环境预估目前主要有两类方法：一类是相似产品外推方法，另一类是计算分析方法。

产品对振动环境的适应性是产品在寿命周期内预计在可能的振动环境作用下能实现其功能和性能不被破坏的能力，是通过设计过程反映于产品之中的一种固有的质量特性。振动环境适应性设计主要包括两方面的技术：一方面是振动环境加固设计，即增强产品自身的抗振能力；另一方面是振动环境控制设计，即通过各种缓冲减振措施降低产品经受的振动环境量级。

冲击的特点是持续时间短、量值大。冲击响应就是系统在受到短暂的非周期激励下的响应。对于工业实际问题，由于冲击带来的严重破坏性，对冲击的研究引起了人们的重视。尤其是经常用到的半正弦波、后峰锯齿波等几种经典冲击波形的频域特征及实验方法。由于产品所承受的冲击实际上是一种复杂的瞬态振动，因此采用等效损伤原理提出和规定的半正弦波、后峰锯齿波不可能模拟实际复杂的冲击振动环境，它是一种早期解决实验室模拟现场冲击并一直沿用至今的方法。而冲击响应谱是装备与产品受冲击后的响应，装备与产品按冲击响应谱设计是最接近现场使用的，用冲击响应谱试验效果比较接近实际使用环境，在试验中能充分暴露冲击环境造成的故障，因此，冲击响应谱试验方法是主要的方法之一。

1.3　机械振动的分类

1. 按振动系统的自由度数分类

（1）单自由度系统振动

确定系统在振动过程中任何瞬时几何位置只需要一个独立坐标的振动，如图 1-2 所示。

（2）两自由度系统振动

确定系统在振动过程中任何瞬时几何位置需要两个独立坐标的振动，如图 1-3 所示。

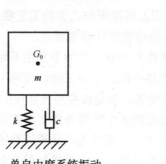

图 1-2　单自由度系统振动

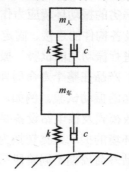

图 1-3　两自由度系统振动

（3）多自由度系统振动

确定系统在振动过程中任何瞬时几何位置需要多个独立坐标的振动，如图 1-4 所示。

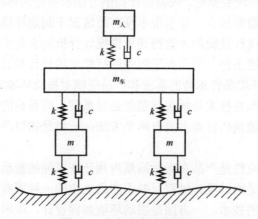

图 1-4　多自由度系统振动

2. 按振动系统所受的激励类型分类

① 自由振动：系统受初始干扰或原有的外激励取消后产生的振动，如跌落、拍击造成的衰减振动。

② 强迫振动：系统在外激励力作用下产生的振动，如压缩机激励造成的管路振动。

③ 自激振动：系统在输入和输出之间具有反馈特性并有能源补充而产生的振动，如轴承的油膜振动。

3. 按系统的响应（振动规律）分类

① 简谐振动：能用一项时间的正弦或余弦函数表示系统响应的振动。

② 周期振动：能用时间的周期函数表示系统响应的振动。

③ 瞬态振动：只能用时间的非周期衰减函数表示系统响应的振动。

④ 随机振动：不能用简单函数或函数的组合表达运动规律，而只能用统计方法表示系统响应的振动。

⑤ 线性振动：能用常系数线性微分方程描述的振动。

⑥ 非线性振动：只能用非线性微分方程描述的振动。

1.4 机械振动试验的常用术语/名词释义

① 通用术语/名词释义，如表 1-1 所示。

表 1-1 通用术语/名词释义

术语/名词	释 义
位移；相对位移	位移是用于说明一个物体或质点的位置变化的矢量，其通常从平均位置或静止位置计算。一般而言，位移可以用转动矢量或平动矢量，或者二者的组合表示
速度；相对速度	速度是表示位移相对于一个参考系的时间变化量的矢量。如果参考系不是惯性系，则通常将速度称为"相对速度"
加速度	加速度是一个表明速度随时间改变率的矢量
重力加速度	指由重力产生的加速度，它随观测点的纬度和高度而变化。根据国际协议，取值 $980.665\text{cm/s}^2 \approx 386.087$ 英寸$/s^2 = 32.1739$ 英尺$/s^2$ 作为标准加速度
激励	施加于设备使之产生某种响应的外力（或其他输入信号）
（系统的）响应	系统输出的一种定量表示
传递率	传递率是稳态受迫振动系统的响应幅值与激励幅值的无量纲之比。这个比值可以是力、位移、速度或加速度之比
统计自由度（DOF）	用时间平均方法来估算随机数据的加速度谱密度时，统计自由度取决于频率分辨率和有效平均时间
刚度	刚度是弹性元件上的力（或扭矩）的改变量与相应的平移（或转动）挠度的改变量之比
谱；频谱	将一个量描述成频率或波长的函数的一种曲线图谱
分贝（dB）	分贝表示一个量相对于任意确定的参考量的大小的一个单位，它由这个量与参考量之比的对数表示（以 10 为底）。例如，在电传输电路中，功率值可以按照分贝的功率级表示；功率级可以由实际功率与参考功率之比的对数（以 10 为底）的 10 倍表示（参考功率对应于 0dB）

术语/名词	释 义
振动加速度	振动加速度反映某一特定方向上振动速度及振动方向的变化率。频带宽度必须指明，单位为 m/s²
噪声	噪声是一种不希望存在的信号。更广义地说，噪声是有用频带范围内任何不想要的干扰，如传输通道或装置中不希望存在的电波
响应	装置或系统的响应是指在指定条件下由激励产生的运动（或其他输出）
阻尼参数	在结构振动问题中，阻尼是影响振动响应力的重要因素。计算自由振动位移值时，需考虑阻尼的影响；在强迫振动时，特别是干扰力频率接近结构固有频率时，阻尼在位移中起了更重要的作用。因而阻尼理论的研究及阻尼参数的获得是很重要的
相角；（正弦量）相位	将自变量的某一值定为参考量时，所测得的正弦量超前周数的分数部分
相位差；相角差	在同一个频率的两个周期量中，两个有关相位之间或（在正弦量的情况下）从同一原点测得的两个相角之间的差值
速度变化量	为施加规定的加速度而产生的速度突然变化的绝对值
标准差	根据振动理论，当振动幅值的平均值等于 0 时，对于随机时间历程，振动的标准差等于均方根值
峰值因子	峰值与时间历程的均方根值之比
横向运动	并不沿着激励方向的运动，一般沿着指定激励方向正交的两个轴向进行。横向运动应靠近固定点测量
正弦运动（简谐运动）	简谐运动是一种位移为时间的正弦函数的运动，有时又称谐和运动
谱密度；功率谱密度；自功率谱密度（PSD）	每单位带宽极限均方值（如加速度、速度、位移、应力或其他随机变量的极限均方值），即对于一个给定的矩形带宽，当带宽趋于 0 时均方值除以带宽的极限值。单位为(m/s²)²/Hz 或 g²/Hz
峰值因素	峰值因素是波形峰值与其均方根值之比
动刚度	动刚度是指在动态条件下力的变化与位移的变化之比
节点	节点是一个本质上具有零振幅特性的驻波场中的点、线或面
功率谱	功率谱是指描述均方谱密度值的谱
环境试验	环境试验是指把样品暴露于自然和人工环境中，从而对其在实际中遇到的使用、运输和储存条件下的性能做出评价
临界频率	由于振动导致试验样品的性能异常或（和）劣化，或产生机械共振和（或）其他响应效应如震颤的频率
严酷等级	试验样品进行条件试验所用的一组参数值

② 机械振动术语/名词释义，如表 1-2 所示。

表 1-2 机械振动术语/名词释义

术语/名词	释 义
振动；振荡	振动是一种确定机械系统运动的某个物理参量的振荡
随机振动	随机振动是指在任意给定的时刻，瞬间值不能确定的振动。随机振动的瞬间值仅仅由概率分布函数确定，这个分布函数给定了幅值（或一些幅值序列）在一个指定范围内存在的时间与总时间的概率比值。随机振动包含了非周期的或准周期的组成部分。如果随机振动具有依据高斯分布而发生的瞬间值，那么此振动称为高斯随机振动
噪声	任何讨厌的或不需要的声音均可称为噪声。噪声一般为具有随机性的声音，其频谱并不会明确显示有限的频率分量
白噪声；白随机振动	在研究的频谱内，任一恒定频带（即每单位带宽）具有相等能量的一种噪声
窄带随机振动；随机正弦波	窄带随机振动是一种频率成分仅在窄频带的随机振动。它具有正弦波的形状，但振幅的变化是不可预测的

术语/名词	释 义
宽带随机振动	宽带随机振动是频率成分分布于宽频带内的随机振动
频率	周期函数的频率是周期的倒数，单位为周/单位时间，需具体说明；单位周/秒称为赫兹（Hz）
谐波	谐波是一个正弦量，其频率为有关周期量频率的整数倍
幅值	正弦振动的最大值。同义词：振幅
峰值	峰值是指在指定时间间隔内振动的最大值，通常认为是振动值与其均值的最大偏差
峰-峰值	振动量的峰-峰值是振动量极值间的代数差
波峰因数	峰值与均方根值之比。正弦波的峰值因数是 $\sqrt{2}\approx1.414$
固有振动模态	系统自由振动时的振动模态
共振；谐振	当激励频率发生的任何微小变化都会使系统的响应产生衰减时，说明该受迫振动系统中存在共振
固有频率	固有频率是系统自由振动的频率。对于一个多自由度系统来说，其固有频率是对应于主模态时的频率。结构的固有频率是振动系统的一项主要参数，它取决于振动体本身的质量、刚度及其分布
危险频率	下列情况下的频率：由振动引起的，样品呈现出不正常和（或）性能变坏；机械共振和（或）其他作用的响应，如颤动
共振频率；谐振频率	共振频率是指共振存在时的频率
中心共振频率	来自振动响应检查，实际上是共振自动集中的频率
阻尼	用于描述能量在系统结构中的耗散。实际上阻尼取决于许多参数，如结构系统、振动模块、应变、作用力、速度、材料、连接滑移等
品质因素（Q）	Q 值是具有单自由度的机械或电气共振系统的共振锐度或频率选择性的量度。在机械系统中，Q 值等于阻尼比倒数的 1/2。它通常仅适用于弱阻尼系统，并且近似等于：（1）共振传递率；（2）π/对数减缩率；（3）$2\pi w/\Delta w$，式中的 w 是储能，Δw 是每周期的能量耗散；（4）$f_r/\Delta f$，式中 f_r 是共振频率，Δf 是两个半功率点间的带宽
RMS 值	均方根值
真实加速度谱密度	作用于试验样品上的随机信号的加速度谱密度
混合振动	在宽频带随机的试验谱背景下，叠加一种或若干种如正弦或窄带随机试验谱进行的振动试验
可再现性	按下列不同条件对相同参量、相同数值进行测量的结果之间的一致性程度：不同的测试方法；不同的测量仪器；不同的观察人员；不同的实验室；相对于单次测量的持续时间较长的时间间隔后；不同的仪器使用习惯
试验频率范围	在 f_1 与 f_2 之间的频率范围，有关规范应规定 ASD 是平直谱或其他谱形
初始斜谱	加速度谱密度小于 f_1 的部分
有效频率范围	$0.5f_1$~$2.0f_2$ 的频率范围。在 f_1 斜谱前端和 f_2 斜谱后端之间，有效频率范围大于试验频率范围
最终斜谱	加速度谱密度大于 f_2 的部分
驱动信号的削波	驱动信号最大值的限制，用峰值因子表达
优先试验轴	按实际情况选择相应于样品最薄弱的 3 个正交轴
控制加速度谱密度	在参考点或虚拟参考点上测量到的加速度谱密度
均衡	使加速度密度误差最小化的过程
极值（极大值或极小值）	确定由多个检测点对应谱线上的加速度谱密度的极大值或极小值形成的控制加速度谱密度的过程
加速度谱密度（ASD）	在带宽趋于零和平均时间趋于无穷的极限状态下，各单位带宽上通过中心频率窄带滤波器的加速度信号方均值

术语/名词	释　义
加速度谱密度误差	规定的加速度谱密度值和控制实现的加速度谱密度值之差
试验顺序	试验样品在两种或两种以上试验环境中的顺序
试验样品	要进行环境试验的指定产品的样品，包括使该产品功能完整的任何辅助部件和系统，如致冷、加热和机械减震器（隔震器）等
振动频率	周期振动中，单位时间内相同的振动量值重复出现的次数
位移幅值	正弦振动中位移的最大值
速度幅值	正弦振动中速度的最大值
加速度幅值	正弦振动中加速度的最大值
扫频循环	在每个方向按规定的频率范围往返。例如，从10Hz到150Hz再到10Hz。注：数字正弦控制系统生产厂商提供的手册经常以 $f_1 \sim f_2$ 表示扫频循环，而不是 $f_1 \sim f_2 \sim f_1$
复合振动	由频率不同的简谐振动合成的振动
综合试验	两种或多种试验环境同时作用于试验样品的试验
组合试验	把试验样品依次连续暴露到两种或多种试验环境中的试验
试验频率	试验进行期间激励试验样品的频率
响应谱	一族具有规定阻尼比的单自由度系统在给定输入激励下的最大响应曲线图
试验响应谱	用分析法或频谱分析装置从振动台台面真实运动得到的响应谱
振动周期	周期振动中，同一物理量的相同值重复出现的最短时间间隔
试验量值	试验波的最大峰值
横向振动	垂直于主振方向的振动，用百分比表示
−3dB 带宽	在频率响应函数中对应于单一共振峰最大响应0.707倍的两点之间的频率宽度
振幅	振幅是一个正弦量的最大值

③ 机械冲击术语/名词释义，如表1-3所示。

表1-3　机械冲击术语/名词释义

术语/名词	释　义
机械冲击	机械冲击是一种具有突然性、剧烈性并能使机械系统产生显著相对位移的非周期激励（如基础的运动或作用力）
冲击脉冲	冲击脉冲是一种实质的扰动，其特征是：在短时间内，加速从一个常量增加，然后又衰减到这个常量。冲击脉冲通常用图表示为时间函数的加速度曲线
碰撞	一个质量与另一个质量的单次互撞
半正弦冲击脉冲	时间历程曲线为半正弦波的理想冲击脉冲
冲击脉冲持续时间	简单冲击脉冲的运动量上升到某一设定的最大值的分数值和下降到该值的时间间隔
冲击试验机；冲击机	冲击试验机是一种对机械系统施加可控制并且可再现的机械冲击的装置
冲击响应谱	将受到机械冲击作用的一系列单自由度系统的最大响应（位移、速度或加速度）作为各个系统固有频率的函数的描述。如不加以说明，则认为系统是无阻尼的
冲击严酷度等级	冲击试验的严酷度等级包括峰值加速度、标称脉冲持续时间和冲击次数
重复率	每秒的冲击次数

④ 测控技术术语/名词释义，如表1-4所示。

表 1-4　测控技术术语/名词释义

术语/名词	释　义
传感器	传感器是一种将冲击或振动运动转换为与受感运动参数成正比的光学的、机械的或最一般的电信号的装置
线性传感器	在给定的频率范围和幅值范围内，灵敏度为常数的传感器
加速度传感器；加速度计	加速度计是一个传感器，它的输出与加速度的输入成正比
（传感器的）灵敏度	传感器的灵敏度是一个指定输出量与一个指定输入量的比值
振动试验	振动试验主要内容有： （1）响应测量。为了解机器的运行品质和安全程度，在各种工况运行时对机器选定点上的振动响应进行测量，如振动烈度测量。 （2）振动环境试验。为了保证产品在加工、运输、安装及使用过程中能承受各种外来振动或由于自身运行而产生的振动而不致突然破坏，能可靠地工作，性能符合设计指标，达到预期寿命不会提前失败；或为了寻找产品中薄弱环节所做的各种试验，如疲劳试验、共振试验、耐振试验及运输试验等。 （3）动态特性检定试验。为了解结构的动态特性和验证设计时采用的力学模型是否正确所做的试验，如模态试验。 （4）载荷识别试验。为了确定振源的位置、性质、时间历程或谱特性及传递途径等所做的试验。 振动试验可以在现场进行，也可以在实验室进行；试验对象可以是真机，也可以是模型
共振试验	为检验产品是否会因共振发生破坏，在产品的共振频率下以规定幅值的加速度或位移，在规定时间内所做的振动试验
模态试验	为确定系统模态参数所做的振动试验。通常先由激励和响应关系得出频率响应矩阵，再通过曲线拟合等方法识别出各阶模态参数
冲击试验	为检验产品承受冲击载荷能力而做的试验
连续冲击试验	为检验产品承受多次重复冲击载荷能力而做的试验
循环周期	一次循环所需要的时间
循环范围	一次循环中被控变量（通常是频率）的最大值和最小值之间的范围
（用来操作振动台的）扫描	连续经过自变量（通常是频率）值某一区间的过程
扫描速率	自变量（常指频率）的变化速率，如可用 $\mathrm{d}f/\mathrm{d}t$ 表示扫描速率。式中，f 为频率，t 为时间
线性扫描速率；均匀扫描速率	扫描时自变量（常指频率）的变化速率为常数的一种扫描速率，即 $\mathrm{d}f/\mathrm{d}t$=常数
对数频率扫描速率	频率对单位频率的变化速率为常数的扫描速率，即 $\mathrm{d}f/\mathrm{d}t$=常数。 注：（1）关于对数频率扫描速率，固定比值的任何两个频率之间的扫描时间为常数。（2）建议用倍频程/分（oct/min）表示对数频率扫描速率
交越频率	振动特征量由一种关系变为另一种关系时的频率。如试验的振幅或方均根值（rms）由恒定位移-频率函数关系变为恒定加速度-频率函数关系的频率
固定点	样品与夹具或振动台面接触的部分，在使用中通常是固定样品的地方
参考点	从检测点中选定的点，该点上的信号用于控制试验
单点控制	通过使用来自参考点上传感器的信号，使该参考点保持在所规定的振动量级上来实现的控制方法
多点控制	用各检测点上每个传感器的信号来实现的控制方法
检测点	位于夹具、振动台或样品上的点，并且要求尽可能接近于一个固定点，而且在任何情况下都要和固定点刚性连接。试验的要求是通过若干检测点的数据来保证的
信号容差	用于控制试验的信号，如加速度、速度和位移。T=(NF/F-1)×100%，其中，NF 为未经滤波的信号均方根值（rms）；F 为经滤波的信号值（rms）

术语/名词	释　义
虚拟参考点	由多个检测点用人工或自动的方法合成用于控制试验的点
测量点	所采集到的数据用于试验的特定点。测量点分为检测点和参考点两种类型
基本运动	在参考点振动驱动频率上的运动
实际运动	由参考点传感器返回的宽带信号所描述的运动

⑤ 数据处理术语/名词释义，如表 1-5 所示。

表 1-5　数据处理术语/名词释义

术语/名词	释　义
滤波器	根据频率不同来分离并取舍波形的装置。它通过增强输入信号中某些频率分量，抑制或衰减输入信号中另外一些频率分量。滤波器又可分为模拟滤波器和数字滤波器
数字滤波器	对数字序列进行运算处理的滤波器，又可分为无限冲激响应滤波器和有限冲激响应滤波器
采样	从函数的定义域内等间隔（或不等间隔）地获取函数值的过程
采样时间	填满一个数据块所需的时间。同义词：采样长度
频率分辨率	采样时间的倒数
采样频率	每秒采集离散量值的数量，用于以数字方式记录或表示一个时间历程
采样间隔	相邻两次采样的时间间隔
数据处理	对原始数据进行电学或非电学处理
（系统的）传递函数	系统的输出（即响应）与输入（即激励）之间的数学关系式
窗函数（简称窗）	为了用数字信号分析仪进行分析，对信号进行截断处理时所用的权函数。理想窗函数的傅里叶谱的主瓣应很窄（分辨率高），旁瓣应很低（泄漏少）。实际窗函数往往不可能同时兼顾
统计精度	加速度谱密度真值与加速度谱密度示值之比
随机误差	由于不同的实际平均时间与滤波器带宽的限制导致的加速度谱密度估计误差
加速度谱密度示值	从控制仪读出的真实加速度谱密度，受仪器误差、随机误差和统计偏差的影响
记录	用于快速傅里叶变换计算的时域的等间隔数据点的集合
控制系统回路	应包括在参考点或虚拟参考点上模拟随机信号的数字化；进行必要的数据处理；产生更新后的模拟随机信号传送给振动系统功率放大器
矩形窗	属于时间变量的零次幂窗。矩形窗使用最多，习惯上不加窗就是使信号通过了矩形窗。这种窗的优点是主瓣比较集中，缺点是旁瓣较高，并有负旁瓣，导致变换中带进了高频干扰和泄漏，甚至出现负谱现象
三角窗	三角窗也称费杰（Fejer）窗，是幂窗的一次方形式。与矩形窗相比，主瓣宽度约等于矩形窗的两倍，但旁瓣小，而且无负旁瓣
汉宁窗	汉宁窗又称升余弦窗，可以看作 3 个矩形时间窗的频谱之和，或者说是 3 个 $\mathrm{sinc}(t)$ 汉明窗型函数之和，而括号中的两项相对于第一个谱窗向左、右各移动了 π/T，从而使得旁瓣相互抵消，消除高频干扰和漏能。可以看出，汉宁窗主瓣加宽并降低，旁瓣则显著减小。从减小泄漏的观点出发，汉宁窗优于矩形窗，但汉宁窗主瓣加宽，相当于分析带宽加宽，频率分辨率下降
海明窗	海明窗也是余弦窗的一种，又称改进的升余弦窗。海明窗与汉宁窗都是余弦窗，只是加权系数不同。海明窗的加权系数能使旁瓣达到更小。分析表明，海明窗的第一旁瓣衰减为 -42dB，海明窗的频谱也由 3 个矩形时间窗的频谱合成，但其旁瓣衰减速度为 20dB/10oct，这比汉宁窗衰减速度慢。海明窗与汉宁窗都是很有用的窗函数
高斯窗	高斯窗是一种指数窗。高斯窗谱无负的旁瓣，第一旁瓣衰减达 -55dB。高斯窗谱的主瓣较宽，故而频率分辨率低，高斯窗函数常被用来截短一些非周期信号，如指数衰减信号等

⑥ 设备仪器术语/名词释义，如表 1-6 所示。

表 1-6　设备仪器术语/名词释义

术语/名词	释　义
综合试验设备	能同时模拟两种或多种环境参数试验的设备
组合试验设备	能依次连续模拟两种或多种环境参数试验的设备
频率范围	振动台能满足规定技术指标的工作频率区间
频率指示误差	振动台频率指示值与实际值之差
频率稳定度	振动台定频振动时频率维持不变的能力，用规定时间内频率的变化量表示
扫频速率误差	振动台扫频振动时，设定的扫频速率与实际扫频速率（oct/min）之差，用百分比表示
振幅指示误差	振动台振幅指示值与实际值之差
定振精度	振动台扫频振动时，振幅在频率坐标上维持不变的能力，用控制点振幅实际值相对于设定值的偏差分贝（dB）数表示
本底噪声加速度	振动台处于空载工作状态，设定振幅为最小（电动振动台输入激振信号为零）时，台面中心点噪声加速度的真有效值
台面漏磁	电动振动台系统励磁装置处于工作状态，工作台面上方规定高度平面上漏磁场最大值
辐射噪声最大声级	在规定的频率范围内，振动台以最大振幅振动时在规定位置辐射噪声的最大声级
谐波失真度	正弦振动波形失真度，以各次谐波幅值的平方和的均方根值与基波幅值的百分比表示，用于计算失真度的谐波信号至少应包含至第五次谐波
振动幅值均匀度	振动台台面各安装点振动幅值与台面中心点振动幅值之差的绝对值，与台面中心点振动幅值的百分比，其最大值为台面振动幅值均匀度
横向振动比	垂直于主振方向且互相垂直的两个方向的振动幅值平方和的均方根值，与主振方向振动幅值的百分比
试验设备容积	试验箱（室）内壁所限定空间的实际容积，用 m^3 表示
工作空间	试验箱（室）中能将规定的试验条件保持在规定偏差范围内的那部分空间
试验箱（室）稳定状态	试验箱（室）工作空间内任意点的自身变化量达到设备本身性能指标要求时的状态
温度偏差	试验箱（室）稳定状态下，工作空间各测量点在规定时间内实测最高温度和最低温度与标称温度的上下偏差
相对湿度偏差	试验箱（室）稳定状态下，工作空间各测量点在规定时间内实测最高相对湿度和最低相对湿度与标称相对湿度的上下偏差
温度波动度	试验箱（室）稳定状态下，在规定的时间间隔内，工作空间内任意一点温度随时间的变化量
相对湿度波动度	试验箱（室）稳定状态下，在规定的时间间隔内，工作空间内任意一点相对湿度随时间的变化量
温度均匀度	试验箱（室）稳定状态下，工作空间在某一瞬时任意两点温度之间的最大差值
相对湿度均匀度	试验箱（室）稳定状态下，工作空间在某一瞬时任意两点相对湿度之间的最大差值
温度变化速率	试验箱（室）工作空间几何中心点测得的两个规定温度之间的转换速率，用℃/min 表示
每 5min 温度平均变化速率	试验箱（室）工作空间几何中心点测得的两个规定温度之间每 5min 的平均转换速率，用℃/min 表示
温度恢复时间	在规定的温度下达到稳定状态后，工作空间温度从置入负载起到恢复原稳定状态所需的时间
温度过冲	设备升温或降温至规定温度时，工作空间实际温度超出规定温度的允许偏差范围
温度过冲量	设备升温或降温至规定温度时，工作空间实际温度超出规定温度允许偏差范围的量
温度过冲恢复时间	温度过冲超出规定温度允许偏差范围到开始稳定在规定温度允许偏差范围的时间
相对湿度过冲	设备在加湿或减湿至规定相对湿度时，工作空间实际相对湿度超出规定相对湿度的允许偏差范围
相对湿度过冲量	设备在加湿或减湿至规定相对湿度时，工作空间实际相对湿度超出规定相对湿度允许偏差范围的量

术语/名词	释义
相对湿度过冲恢复时间	相对湿度过冲超出规定相对湿度允许偏差范围到开始稳定在规定相对湿度允许偏差范围的时间
温度指示误差	试验箱(室)温度指示值与工作空间实际温度值之差
电动水平振动试验台	用于振动试验的具有水平滑台的电动振动发声器
最大倾覆力矩	在水平振动台正常工作的条件下,施加的动态力在垂直于台面的纵向平面内所产生的前后倾覆极限力矩
最大偏转力矩	在水平振动台正常工作的条件下,施加的动态力在滑台平面内所产生的偏转极限力矩
背景噪声	背景噪声是对用来生产、检测、测量或记录一个信号的系统中所有干扰源的总称,并且不受信号的影响
电磁振动台;电磁振动机	由电磁铁和磁性材料相互作用而产生振动力的一种振动台
传感器失真	传感器的输出与输入不成正比时即出现失真
振动台系统	振动台系统包括振动台及其操作所需的辅助设备
仪器误差	由控制系统及其输入的每一个模拟环节引起的误差
振动台;振动机	振动机是一种对机械系统施加可控制并且可再现的机械振动的装置
加速度计;加速度传感器	加速度计是一个传感器,它的输出与加速度的输入成正比
冲击机	冲击机是一种对系统施加可控制并且可再现的机械冲击的装置
失真度	将一个未经放大器放大的信号与经过放大器放大的信号做比较,被放大过的信号与原信号之比的差别称为失真度。其单位为百分比
台面位移幅值均匀度	描述振动台台面各点位移幅值不均匀性的参数
台面加速度幅值均匀度	描述振动台台面各点加速度幅值不均匀性的参数
推力	振动台或激振器所产生的动力最大值
传感器电压灵敏度	传感器受单位机械量作用后得到的电压输出量
传感器电荷灵敏度	传感器受单位机械量作用后得到的电荷输出量
压电加速度传感器	利用压电效应,使其输出的电量和所承受的加速度成一定单值关系的传感器

⑦ 辅助术语/名词释义,如表1-7所示。

表1-7 辅助术语/名词释义

术语/名词	释义
傅里叶变换;傅里叶积分方程	(1) 傅里叶正变换:将时间(或如距离之类的其他变量)的非周期函数变换为频率(或如波数之类的其他变量)的连续函数的一种变换。(2) 傅里叶逆变换:将频率(或如波数之类的其他变量)变换为时间(或如距离之类的其他变量)的非周期函数的一种变换
均值	用一个数作为一组数的特征值。通常这个数不小于这组数中的最小值,也不大于这组数中的最大值
平均	利用分析仪对各个(时域或频域)测试数据进行逐次加权平均处理,又可分为线性平均和指数平均
均方根值	在 f_1 与 f_2 区间内单值函数的均方根值,是在该区间内函数值平方的平均值的均方根值
方差	标准偏差的平方。在振动理论中,如平均值为零,则方差是表示振动幅值的某一变量的均方值
正态分布	同义词:高斯分布
信号	信号是:(1) 用于传输信息的一种扰动;(2) 通过通信系统传输的信息
失真	信号波形中不希望有的变化
分辨率	测量系统的分辨率是当测量系统输出量的变化可以辨别时,输入量的最小变化量

续表

术语/名词	释　义
地回路	由于把传感器和仪器的地线连接到几个不同位置的接地点而形成的闭合回路
交叉干扰	在一通道内由于其他通道信号影响而观测到的信号。同义词：串音
倍频程	比率为 2∶1 的两个频率之间的区间。以倍频程表示的任意两个频率之间的间隔频率是以 2 为底的两个频率之比的对数（即以 10 为底的对数的 3.322 倍）
动态范围	为可变化信号（如声音或光）最大值和最小值的比值。也可以用以 10 为底的对数（dB）或以 2 为底的对数表示
削波	为 Sigma 值，是随机振动谱线分布的标准差，它可以保证随机振动的 RMS 值在一个特定的范围内，一般取值为 3～5。它在试验中的反应是削波，也就是超差的不必要的信号会被滤除
增益	对于元器件、电路、设备或系统，指其电流、电压或功率增加的程度，以分贝（dB）数来规定，即增益的单位一般是分贝（dB），它是一个相对值
峭度	反映随机变量分布特性的数值统计量，是 4 阶累积量

1.5　机械振动试验的标准

1. 环境试验标准的发展过程

20 世纪 20 年代，德国最早开始使用针对性的人工模拟气候试验。

"二战"期间美国对战争物资订单附加明确的环境适应性条件。

"二战"结束后美国开始系统地制定适用于电子元器件和设备的环境试验的军用产品标准。

"冷战"初期西欧集团和前苏联东欧集团也分别开始对气候环境和环境试验进行研究和实践。

20 世纪 50 年代，发达国家已经将产品的环境适应性和环境试验融入产品标准。

20 世纪 60 年代，国际电工委员会成立了 TC50 环境试验专业技术委员会，涵盖了试验技术和环境条件，出版物编号为 IEC60068；另外还包括一些其他项试验。

1980 年我国成立全国电工电子产品环境试验标准化技术委员会（环标委），作为与 IEC TC50、TC75 和 TC89 对应的 IEC 会员国国家技术委员会。

2. 环境条件分级

① 应用环境条件分级如图 1-5 所示。

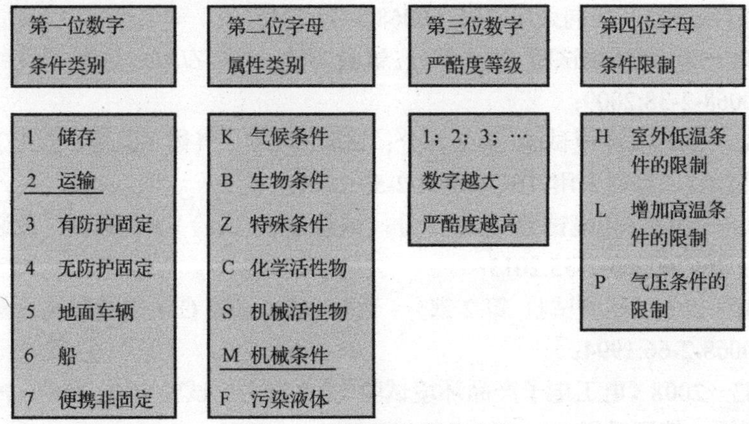

第一位数字 条件类别	第二位字母 属性类别	第三位数字 严酷度等级	第四位字母 条件限制
1　储存 2　运输 3　有防护固定 4　无防护固定 5　地面车辆 6　船 7　便携非固定	K　气候条件 B　生物条件 Z　特殊条件 C　化学活性物 S　机械活性物 M　机械条件 F　污染液体	1；2；3；… 数字越大 严酷度越高	H　室外低温条件的限制 L　增加高温条件的限制 P　气压条件的限制

图 1-5　应用环境条件分级

② 应用环境条件举例。

2M3 随机振动（其中，2 代表运输，M 代表机械条件-振动，3 代表实际运输方式-严酷度等级）。

3. 环境振动试验相关标准清单

1）环境振动试验方法相关标准

GB/T 2421—2020《环境试验 概述和指南》；

GB/T 2422—2012《环境试验 试验方法编写导则 术语和定义》，等同采用 IEC 60068.5.2:1990；

GB/T 2423.1—2008《电工电子产品环境试验 第 2 部分：试验方法 试验 A：低温》，等同采用 IEC 60068-2-1:2007；

GB/T 2423.2—2008《电工电子产品环境试验 第 2 部分：试验方法 试验 B：高温》，等同采用 IEC 60068-2-2:2007；

GB/T 2423.3—2016《环境试验 第 2 部分：试验方法 试验 Cab：恒定湿热试验》，等同采用 IEC 60068-2-78:2012；

GB/T 2423.4—2008《电工电子产品环境试验 第 2 部分：试验方法 试验 Db 交变湿热（12h+12h 循环）》，等同采用 IEC 60068-2-30:2005；

GB/T 2423.5—2019《环境试验 第 2 部分：试验方法 试验 Ea 和导则：冲击》，等同采用 IEC 60068-2-27:2008；

GB/T 2423.7—2018《环境试验 第 2 部分：试验方法 试验 Ec：粗率操作造成的冲击（主要用于设备型样品）》，等同采用 IEC 60068-2-31:2008；

GB/T 2423.10—2019《环境试验 第 2 部分：试验方法 试验 Fc：振动（正弦）》，等同采用 IEC 60068-2-6:2007；

GB/T 2423.15—2008《电工电子产品环境试验 第 2 部分：试验方法 试验 Ga 和导则：稳态加速度》，等同采用 IEC 60068-2-7:1986；

GB/T 2423.21—2008《电工电子产品环境试验 第 2 部分：试验方法 试验 M：低气压》，等同采用 IEC 60068-2-13:1983；

GB/T 2423.22—2012《环境试验 第 2 部分：试验方法 试验 N：温度变化》，等同采用 IEC 60068-2-14:2009；

GB/T 2423.27—2020《环境试验 第 2 部分：试验方法 试验方法和导则：温度/低气压或温度/湿度/低气压综合试验》，等同采用 IEC 60068-2-39:2015；

GB/T 2423.34—2012《环境试验 第 2 部分：试验方法 试验 Z/AD：温度/湿度组合循环试验》，等同采用 IEC 60068-2-38:2009；

GB/T 2423.35—2019《环境试验 第 2 部分：试验和导则 气候（温度、湿度）和动力学（振动、冲击）综合试验》，等同采用 IEC 60068-2-53:2010；

GB/T 2423.39—2018《环境试验 第 2 部分：试验方法 试验 Ee 和导则：散装货物试验包含弹跳》，等同采用 IEC 60068-2-55:2013；

GB/T 2423.40—2013《环境试验 第 2 部分：试验方法 试验 Cx：未饱和高压蒸汽恒定湿热》，等同采用 IEC 60068-2-66:1994；

GB/T 2423.43—2008《电工电子产品环境试验 第 2 部分：试验方法 振动、冲击和类似动力学试验样品的安装》，等同采用 IEC 60068-2-47:2005；

GB/T 2423.45—2012《环境试验 第 2 部分：试验方法 试验 Z/ABDM：气候顺序》，等同采用 IEC 60068-2-61:1991；

GB/T 2423.47—2018《环境试验 第 2 部分：试验方法 试验 Fg：声振》，等同采用 IEC 60068-2-65:2013；

GB/T 2423.48—2018《环境试验 第 2 部分：试验方法 试验 Ff：振动 时间历程和正弦拍频法》，等同采用 IEC 60068-2-57:2013；

GB/T 2423.50—2012《环境试验 第 2 部分：试验方法 试验 Cy：恒定湿热 主要用于元件的加速试验》，等同采用 IEC 60068-2-67:1995；

GB/T 2423.52—2003《电工电子产品环境试验 第 2 部分：试验方法 试验 77：结构强度与撞击》，等同采用 IEC 60068-2-77:1999；

GB/T 2423.55—2006《电工电子产品环境试验 第 2 部分：试验方法 试验 Eh：锤击试验》，等同采用 IEC 60068-2-75:1997；

GB/T 2423.56—2018《环境试验 第 2 部分：试验方法 试验 Fh：宽带随机振动和导则》，等同采用 IEC 60068-2-64:2008；

GB/T 2423.57—2008《电工电子产品环境试验 第 2 部分：试验方法 试验 Ei：冲击 冲击响应谱合成》，等同采用 IEC 60068-2-81:2003；

GB/T 2423.58—2008《电工电子产品环境试验 第 2 部分：试验方法 试验 Fi：振动 混合模式》，等同采用 IEC 60068-2-80:2005；

GB/T 2423.59—2008《电工电子产品环境试验 第 2 部分：试验方法 试验 Z/ABMFh：温度（低温、高温）/低气压/振动（随机）综合》；

GB/T 2423.61—2018《环境试验 第 2 部分：试验方法 试验和导则：大型试件砂尘试验》；

GB/T 2423.62—2018《环境试验 第 2 部分：试验方法 试验 Fx 和导则：多输入多输出振动》；

GB/T 2423.63—2019《环境试验 第 2 部分：试验方法 试验：温度（低温、高温）/低气压/振动（混合模式）综合》；

GB/T 2423.102—2008《电工电子产品环境试验 第 2 部分：试验方法 试验：温度（低温、高温）/低气压/振动（正弦）综合》；

GB/T 2424.1—2015《环境试验 第 3 部分：支持文件及导则 低温和高温试验》，等同采用 IEC 60068-3-1:2011；

GB/T 2424.2—2005《电工电子产品环境试验 湿热试验导则》，等同采用 IEC 60068-3-4:2001；

GB/T 2424.5—2006《电工电子产品环境试验 温度试验箱性能确认》，等同采用 IEC 60068-3-5:2001；

GB/T 2424.6—2006《电工电子产品环境试验 温度/湿度试验箱性能确认》，等同采用 IEC 60068-3-6:2001；

GB/T 2424.7—2006《电工电子产品环境试验 试验 A 和 B（带负载）用温度试验箱的测量》，等同采用 IEC 60068-3-7:2001；

GB/T 2424.15—2008《电工电子产品环境试验 温度/低气压综合试验导则》，等同采用 IEC 60068-3-2:1976；

GB/T 2424.25—2000《电工电子产品环境试验 第 3 部分：试验导则 地震试验方法》，等同采用 IEC 68-3-3:1991；

GB/T 2424.26—2008《电工电子产品环境试验 第 3 部分：支持文件和导则 振动试验选择》，

等同采用 IEC 60068-3-8:2003;

GB/T 2423.35—2019《环境试验 第 2 部分：试验和导则 气候（温度、湿度）和动力学（振动、冲击）综合试验》，等同采用 IEC 60068-2-53:2010;

GB/T 4798.2—2008《电工电子产品应用环境条件 第 2 部分：运输》，等同采用 IEC 60721-3-2:1997;

GB/T 4798.5—2007《电工电子产品应用环境条件 第 5 部分：地面车辆使用》，等同采用 IEC 60721-3-5:1997;

GB/T 4857.5—1992《包装 运输包装件 跌落试验方法》，等同采用 ISO 2248:1985;

GB/T 4857.7—2005《包装 运输包装件基本试验 第 7 部分：正弦定频振动试验方法》，等同采用 ISO 2247:2000;

GB/T 4857.14—1999《包装 运输包装件 倾翻试验方法》，等同采用 ISO 8768:1987;

GB/T 4857.23—2012《包装 运输包装件基本试验 第 23 部分：随机振动试验方法》;

GB/T 5095.1—1997《电子设备用机电元件 基本试验规程及测量方法 第 1 部分：总则》，等同采用 IEC 512-1-1994;

GB/T 10593.1—2005《电工电子产品环境参数测量方法 第 1 部分：振动》;

GB 10593.3—1990《电工电子产品环境参数测量方法 振动数据处理和归纳》;

GB/T 28046.1—2011《道路车辆 电气及电子设备的环境条件和试验 第 1 部分：一般规定》，等同采用 ISO 16750-1:2006;

GB/T 28046.2—2019《道路车辆 电气及电子设备的环境条件和试验 第 2 部分：电气负荷》，等同采用 ISO 16750-2:2012;

GB/T 28046.3—2011《道路车辆 电气及电子设备的环境条件和试验 第 3 部分：机械负荷》，等同采用 ISO 16750-3:2007;

GJB150.3—1986《军用设备环境试验方法 高温试验》;

GJB150.4—1986《军用设备环境试验方法 低温试验》;

GJB150.9—1986《军用设备环境试验方法 湿热试验》。

2）环境振动试验设备相关标准

GB/T 5170.1—2016《电工电子产品环境试验设备检验方法 第 1 部分：总则》;

GB/T 5170.2—2017《环境试验设备检验方法 第 2 部分：温度试验设备》;

GB/T 5170.5—2016《电工电子产品环境试验设备检验方法 第 5 部分：湿热试验设备》;

GB/T 5170.13—2018《环境试验设备检验方法 第 13 部分：振动（正弦）试验用机械式振动系统》;

GB/T 5170.14—2009《电工电子产品环境试验设备基本参数检验方法 振动（正弦）试验用电动振动台》;

GB/T 5170.15—2018《环境试验设备检验方法 第 15 部分：振动（正弦）试验用液压式振动系统》;

GB/T 5170.16—2018《环境试验设备检验方法 第 16 部分：稳态加速度试验用离心机》;

GB/T 5170.19—2018《环境试验设备检验方法 第 19 部分：温度、振动（正弦）综合试验设备》;

GB/T 5170.21—2008《电工电子产品环境试验设备基本参数检验方法 振动（随机）试验用液压振动台》;

JB/T 6868—2008《冲击台 技术条件》;

JB/T 9391—2001《碰撞试验台 技术条件》，等同采用 IEC 68-2-29:1987；

GB/T 13309—2007《机械振动台 技术条件》；

GB/T 13310—2007《电动振动台》，等同采用 IEC 60068-2-6:1995；

GB/T 21116—2007《液压振动台》，等同采用 IEC 60068-2-6:1995；

JJF 1101—2019《环境试验设备温度、湿度参数校准规范》；

JJF 1270—2010《温度、湿度、振动综合环境试验系统校准规范》；

JJG 189—1997《机械式振动试验台检定规程》；

JJG 233—2008《压电加速度计检定规程》；

JJG 338—2013《电荷放大器检定规程》；

JJG 298—2015《标准振动台检定规程》；

JJG 497—2000《碰撞试验台检定规程》；

JJG 638—2015《液压式振动试验系统检定规程》；

JJG 948—2018《电动振动试验系统检定规程》；

JJG 1000—2005《电动水平振动试验台检定规程》。

3）环境振动试验其他相关标准

GB 3096—2008《声环境质量标准》；

GB 4793.1—2007《测量、控制和实验室用电气设备的安全要求 第 1 部分：通用要求》，等同采用 IEC 61010-1:2001；

GB 8702—2014《电磁环境控制限值》；

GB/T 45001—2020《职业健康安全管理体系 要求及使用指南》，等同采用 ISO 45001:2018；

GB/T 1182—2018《产品几何技术规范（GPS）几何公差 形状、方向、位置和跳动公差标注》，等同采用 ISO 1101:2017；

GB/T 1184—1996《形状和位置公差 未注公差值》，等同采用 ISO 2768-2:1989；

GB/T 1804—2000《一般公差 未注公差的线性和角度尺寸的公差》，等同采用 ISO 2768-1:1989；

GB/T 4249—2018《产品几何技术规范（GPS）基础 概念、原则和规则》，等同采用 ISO 8015:2011；

GB 11551—2014《汽车正面碰撞的乘员保护》；

GB 20071—2006《汽车侧面碰撞的乘员保护》；

GB/T 20913—2007《乘用车正面偏置碰撞的乘员保护》；

GB/T 18488.1—2015《电动汽车用驱动电机系统 第 1 部分：技术条件》。

4. 环境振动试验标准相关信息

① 国外没有环境试验设备（如振动台、冲击台、温度气候箱）产品标准和相应的检测标准，国外的试验设备技术性能以满足试验规范为依据。

② 有关国家标准的最新更新信息推荐到"工标网"查询。

③ 有关连接与紧固（平面度、沉孔等）的相关要求可查阅《机械设计手册》。

第2章 实验室与设备

本章主要介绍对实验室的基本要求；振动相关设备的基本常识、技术要素。目的是帮助相关人员建造一个完美的实验室；提高设备的采购质量、使用效率和实现设备利用率最大化。

振动试验离不开振动实验室，拥有一个规划、设计、建设良好的振动实验室不仅不会对周边环境造成干扰，而且还能对实验室的安全、应用、管理等起到积极作用。

规划设计一个新建/改建振动实验室是复杂的系统工程，需要综合考虑和总体规划，环境保护、合理布局、能源供给、通风系统、供排水、安全措施、基础设施等都是需要在规划设计阶段预先考虑的。然而实际情况经常是，实验室规划设计人员不太了解实验室使用人员的具体使用要求，实验室的使用人员又不太熟悉实验室的规划设计，往往使刚建设完成的振动实验室就存在很多的问题。

为帮助实验室的规划设计人员设计出完整的、符合使用要求的实验室，振动试验人员应从使用的角度详细考虑实验室的使用要求，并将其提供给实验室规划设计人员作为规划设计的参考。下面罗列振动实验室规划设计中需要认真考虑的因素。

2.1 环境保护

1. 降噪

1）噪声对健康的主要影响

① 对听觉器官的损伤，包括暂时性听阈位移和永久性听阈位移；

② 影响睡眠和休息，噪声可影响人的入睡和熟睡，导致多梦；

③ 对心理的影响，使人烦躁易怒、情绪激动甚至丧失理智；

④ 使人失眠、疲劳、头晕、头痛、记忆力衰退、血压升高；

⑤ 降低人的工作效率；

⑥ 长期噪声还会导致神经衰弱综合征，使人食欲不振，甚至对生殖能力和胚胎发育都有一定的影响。

2）人耳可接受的分贝

人耳可接受的分贝如表 2-1 所示。

表 2-1　人耳可接受的分贝

分贝（dB）	人耳的感受
0～20	很静，几乎感觉不到
20～40	安静，犹如轻声絮语
40～60	一般，普通室内谈话
60～70	吵闹，有损神经

续表

分贝（dB）	人耳的感受
70～90	很吵，神经细胞受到损坏
90～100	吵闹加剧，听力受损
100～120	难以忍受，待一分钟即可导致暂时性耳聋

3）自然振动频率和人体症状表现

自然振动频率和人体症状表现如表 2-2 所示。

表 2-2　自然振动频率和人体症状表现

自然振动频率（Hz）	人体症状表现
4～8	呼吸受影响
4～9	一般不适
	尿意
5～7	胸痛
4～10	腹痛
12～16	喉咙哽咽
10～18	肌肉收缩
13～20	头部不适
	说话受影响

4）城市 5 类环境噪声标准值

城市 5 类环境噪声标准值如表 2-3 所示。

表 2-3　城市 5 类环境噪声标准值

类　　别	昼间噪声（dB）	夜间噪声（dB）	适 用 区 域
0	50	40	疗养区、高级别墅区、高级宾馆区等特别需要安静的区域。位于城郊和乡村的这一类区域分别按严于 0 类标准 5dB 执行
1	55	45	以居住、文教机关为主的区域。乡村居住环境可参照执行该类标准
2	60	50	居住、商业、工业混杂区
3	65	55	工业区
4	70	55	城市中的道路交通干线道路两侧区域，穿越城区的内河航道两侧区域。穿越城区的铁路主次干线两侧区域的背景噪声（指不通过列车时的噪声水平）限值也执行该类标准

5）必要的降噪措施

对摆放大吨位（通常为 3t 以上）振动台的实验室需做隔声处理，如实验室的门安装密封条，观察窗采用双层中空玻璃，墙壁上安装吸音板和吸音棉。

对摆放在室外的冷却风机（风冷台）可采用建隔声房等方法。

2. 隔振

如果振动台未采取有效的隔振措施，振动会沿着建筑传递，使人感觉有振感；如果是长时间、大量级的振动，则可能导致建筑开裂。因此，对振动台采取有效的隔振措施是必需的。

1）振动台的主要隔振方式和推荐应用场合

振动台的主要隔振方式和推荐应用场合如表 2-4 所示。

表 2-4　振动台的主要隔振方式和推荐应用场合

隔 振 方 式	推荐应用场合
气囊	5Hz 或以下频率振动、大位移振动
钢板	
阻尼	
独立地基	5t 或以上推力振动台
独立地基+下气囊	
配重下气囊	

2）隔振方式的禁忌

大吨位振动台采用气囊隔振，在水平方向振动时隔振气囊易因振动试验中振动台体与地面的横向运动而损坏，也容易因为气囊充气压力的不均匀使整个振动台体倾斜并造成试验中水平滑台的润滑油外泄。

2.2　试验环境条件要求

从事环境和可靠性试验的实验室，对其本身的室内环境条件应有一定的要求，因为它不仅直接涉及试验设备的正常工作，而且对于试验样品性能参数的测量精度具有特别重要的影响。

1. 实验室标准大气条件

温度：15～35℃；

相对湿度（RH）：25%～75%；

绝对湿度：≤22g/m³；

大气压力：86～106kPa（军标中规定为试验场所气压）。

2. 实验室基准标准大气条件

温度：20℃；

相对湿度（RH）：由于相对湿度不能通过计算来校正，因此不予规定；

气压：101.3kPa。

3. 实验室仲裁测量和试验用标准大气条件

1）用于电子设备

温度：20±1/±2℃；

相对湿度（RH）：(63%～67%)/(60%～70%)；

大气压力：86～106kPa。

2）用于半导体器件和集成电路

温度：25±1/±2℃；

相对湿度（RH）：(48%～52%)/(45%～55%)；

大气压力：86～106kPa。

3）用于特殊样品

某些特殊样品对实验室环境有恒温恒湿要求，以满足要求为准。

4．实验室内环境要求的实现方式

实验室内环境要求的实现方式如表 2-5 所示。

表 2-5　实验室内环境要求的实现方式

温度的实现方式	优　缺　点	注　意　事　项
单独空调	制冷快、杂质少； 制造成本高； 能耗成本高	定期维护保养
水冷式中央空调	冷空气是往下沉的，如果实验室采用在上方布置冷却水管释放冷空气，在下方抽热的方式，将会得到较好的冷却效果（尤其适合甲类实验室）； 制造成本低； 能耗成本低	上方的冷却水管布置不宜太高，通常不应超过 7～8m，否则将起不到制冷效果； 冷却管路宜采用采购方式，不建议自己加工； 定期维护保养
水帘+风扇	湿度大，容易腐蚀、生锈且无法处理； 水温受季节、南北方的影响较大； 制造成本低； 能耗成本低	定期维护保养； 可采用 2 级降温，并在每一循环上安装温度表

注：通常水冷式振动台对实验室空调的要求较低，风冷式振动台通常要求采用全新风空调。

5．环境条件实现的注意事项

实验室应设计有空气循环系统，循环系统的吸风口应处于实验室的最下方，并与进风口保持一定的水平距离以确保实验室内的废气等能被有效吸出；

为确保实验室的温度达到国家标准的要求，空调制冷的制冷量应能覆盖实验室内所有振动台、功放、控制仪处于工作状态时的发热量；

空调的出风口位置与设备的摆放位置应错开，以避免空调的冷凝水滴落到设备上造成设备电器产生安全隐患；

实验室内应摆放温度计；

实验室内应摆放湿度计。

2.3　配套设施

1．对配套设施的要求

实验室对配套设施的基本要求和使用注意事项如表 2-6 所示。

表 2-6　实验室对配套设施的基本要求和使用注意事项

配套设施		基本要求	使用注意事项
安全设施	烟雾传感器	适用于大型实验室，消防法没有强制规定必须安装	按有关消防规范执行
	消防喷淋设施	适用于大型实验室，消防法没有强制规定必须安装	按有关消防规范执行
	消防栓	适用于大型实验室，消防法有规定	按有关消防规范执行
	灭火器	所有实验室都需要配备，消防法有规定	按有关消防规范执行
能源设施	电源	380V 电源在总路后可分为多个分路，每一分路上（设备附近）建议增加空气开关等进行保护，以防设备互相影响和方便设备分别进行维护保养； 为避免部分重要设备受电网污染的干扰，必要时分路上可增加稳压装置 220V	实验室应在合理的位置，如振动台、样品加载设备、振动控制仪附近布置该电源终端，以方便使用
	压缩空气	实验室常见压缩空气的压力为 0.6MPa	压缩空气的气源和管路内应去油、去水； 在气管口显眼处应安装压力表、故障自动报警装置，以便压缩空气出现故障时相关人员能及时知晓和采取措施
	气瓶	气瓶是持有制造许可证的单位制造的； 气瓶原始标志符合标准和规定，铅印字迹清晰； 气瓶的铅印标记包括气瓶制造单位名称、代号、气瓶编号； 气瓶压力、质量、容积符合要求； 气瓶上标出的公称工作压力符合气体规定的充装压力； 制造单位检验标记和日期，监督检验标记； 气瓶在规定的定期检验有效期限内； 气瓶的颜色、字样符合《气瓶颜色标记》的规定； 气瓶附件齐全，并符合技术要求； 瓶体无裂纹、严重锈蚀、明显变形、机械损伤等缺陷； 瓶嘴、瓶身不沾染油脂	瓶内气体留有规定的剩余压力； 经常/使用前进行安全检查，有问题及时送修； 不敲击、不猛烈撞击、不滚抛； 瓶阀冻结不用火烘烤，可用温水解冻； 不使用粘了油脂的工具接触气瓶； 不在气瓶上进行电焊； 避免摩擦生热引发爆炸； 不快速开关气阀； 必要时安装防止倒灌装置； 放置于符合《建筑设计防火规范》规定的仓库； 仓库内应通风、干燥，并避免阳光直晒； 防日光暴晒； 不靠近热源，氧气瓶、可燃气瓶与明火的放置间距不小于 5m； 不用时戴好瓶帽、防震圈等； 有防倒措施，不倒放； 空瓶/实瓶分开摆放，并标志明显； 放置整齐，头部朝向同一方向
	液氮	液氮需求的容积按各实验室的具体要求确定	可实时显示温度、时间等运行状态参数； 具有高温、低温、低液氮供应、开盖、远程等多种报警功能； 由专业人士定期按规范保养、检验； 由于液氮会吸收空气中的氧气，因此人不能进入液氮箱，液氮箱应在显眼处摆放"禁止进入"安全警示牌

配套设施		基本要求	使用注意事项
能源设施	溶液	按各实验室的要求	不能用手直接接触溶液； 溶液要用带塞的试剂瓶盛装，瓶塞要密封； 溶解和稀释化学品，特别是在操作高浓度的碱、浓硫酸之类的浓溶液，只能在耐热玻璃容器中进行，以避免溶解时释放出热量使容器破裂； 见光易分解的溶液要装于棕色瓶中； 每瓶试剂溶液必须贴有标明名称、规格、浓度、配制日期、有效期和配制人的标签； 不能直接将溶液倒入下水道
	去离子水	pH 值：5.6~7； 电导率（μS/cm）：5~20	由专业人士定期按规范保养、检验； 安装监控，对电导率、水温、水质进行监控，如不符合要求会自动报警； 通常用于三综合温湿度箱用水
	蒸馏水	pH 值：7； 电导率（μS/cm）：5~10	通常用于振动水冷台的内循环用水
基础设施	接地	电阻值不大于4Ω/独立接地	实验室最好有独立的接地装置，以方便振动台体、功放、振动控制仪或样品加载设备使用
	起重装置	通常实验室需安装立体行吊； 行吊的起吊重量需大于需要起吊的最重试验物品的重量	不将吊物悬在空中停留； 不将吊物从人头上越过； 吊物离地面不能太高； 吊物不超过行吊的额定负载； 不歪拉斜挂； 物品要用吊绳固定
通信设施	网络终端	实验室应在合理的位置，如振动控制仪附近布置网络终端	

2．对冷却循环水的要求

1）冷却循环水的实现方式

冷却循环水的实现方式如表 2-7 所示。

表 2-7　冷却循环水的实现方式

项　目	冷　却　塔 （28~32℃）		冷　冻　机 （≤12℃）	
	开　放　式	密　闭　式	风　冷　式	水　冷　式
优劣对比	水蒸发量大； 水质差； 药剂投加费用高	节能环保； 水损耗量小； 水质易于管控； 药剂消耗费用低	温度范围可调； 满足不同工况需求； 水、乙二醇、油等冷却介质兼容； 水质易于管控 （风冷式仅适用于小流量场所）	
	价格低廉	成本较高	有噪声（风噪）	能耗较高
注意事项	冷循环水水管的布置应能确保水压均匀； 在冷循环水管口显眼处应安装温度表、压力表、流量表、水故障自动报警装置，以便水出现故障时相关人员能及时知晓和采取措施			

2）冷却循环水的常见问题

冷却循环水在三个方面需要引起重视：水垢、管路腐蚀、藻类及微生物滋生。以上三个问题会导致冷却效率下降、能耗增加，而且也不利于用水设备的长期稳定运行。因为循环水水质问题会导致环境试验设备管路堵塞、温降效率下降或故障。

（1）水垢

水垢一般都由具有反常溶解度的难溶或微溶的无机盐组成，由于浓缩倍数提高，使补充水带入大量的致垢离子，如 Ca^{2+}、Mg^{2+}、SO_4^{2-}、SiO_3^{2-}、HCO_3^- 等；因水温升高蒸发后循环水浓度值进一步提高使得 $CaCO_3$ 更容易达到饱和，0.6mm 的垢层就可以导致传热系数降低 20%。

（2）腐蚀

水温适中，且有丰富的氮、磷、碳、有机物等养分，这些都是微生物最理想的生长环境。循环水在运行一段时间后会产生微生物黏泥、藻类、细菌和真菌等，微生物的大量繁殖会引起水质恶化，浊度与 COD（化学需氧量）相应升高，悬浮物质形成胶团，沉积在金属表面，导致垢下局部腐蚀。如图 2-1、图 2-2 所示是某环境实验室对冷却循环水进行除垢处理。

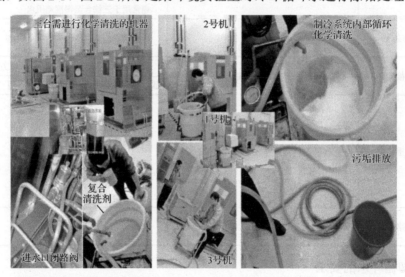

图 2-1　某环境实验室正在进行化学除垢清洗（图片来源于上海爻铨环保机械工程有限公司）

3．对实验室布置的要求

如果实验室主要门窗的朝向是可选的，则朝南优于朝北，朝东优于朝西（朝东可减少夏天西晒的时间）；

朝外门窗的外部应建有屋檐和窗檐；

必要时，实验室可在合理位置设置标准的导线沟/槽，用于振动台体、控制仪、温湿度箱、传感器线缆的走线，以便确保实验室环境保持整洁；

如果振动室和控制室是分离的，则它们之间的夹墙在合理位置处需设置走线孔用于信号线缆的走线，孔的位置应能确保信号线缆不需要额外加长；

振动台周围有足够和合理的位置用于摆放样品的加载设备，并配有合适的桌子用于摆放试验用加载仪器；

配备有用于试验准备的工作台和摆放试验用品的货架；

固定摆放的设备周围需要留有空间以方便维修；

原则上，振动台应摆放在实验室的底楼；

图 2-2　开放式冷却塔定期进行化学除垢清洗（图片来源于上海爻铨环保机械工程有限公司）

如振动台体放置处无独立地基，则振动台体与地基之间需有隔振气囊，气囊在进气口处需隐蔽处理或加以保护，以确保进气口不会被人为破坏；

振动台体的放置方向应尽可能垂直于控制室的观察窗方向，以方便观察试验和避免台体工作时产生的磁力线危害人体健康或影响计算机显示屏的显示；

温湿度箱的放置应不会使其和处于水平方向的振动台体、牛头等发生干涉；

为方便试验的操作，温湿度箱的平移、起重装置的升降与试验装置的拆装，相互之间应不会发生干涉现象；

实验室需考虑货物的进出通道；

必要时，实验室还应考虑建设参观通道。

2.4 振动相关设备常识

1. 激振器

1）激振器的分类和特点

根据振动的方式和原理不同，激振器可分为四大类：机械式、电动式、液压式和压电式激振器。激振器的分类和特点如表 2-8 所示。

表 2-8　激振器的分类和特点

分　类	特　点
机械式	机械式激振器把机械能转换为动能。 主要特点：推力大，波形差，适用于低频 5～80Hz 疲劳试验。 机械式激振器的共同特点是激振力较大，可以从几百牛至几千牛；而激振形式均属谐波，但激振频率不高，频率范围一般为 5～80Hz，最大位移一般为 ±3～5mm，最大加速度一般可达 10g。台面尺寸大，一般不用配水平滑台即可做水平振动；多用于较大尺寸结构振动体；但它的噪声较大，也不能做随机振动

分　类	特　　点
电动式	电动式激振器把电能转换为动能。 主要特点：电动式激振器的特点是工作频率宽（从几赫兹到几千赫兹），波形好，控制方便，是一般实验室中例行试验最常用的品种
液压式	液压式激振器把液压能转换为动能。 主要特点：液压式激振器是以液压泵为激励的设备，其低频性能很好，最低可达千分之一赫兹；推力大，负载能力强，通过计算机使控制方便，可实现谐波、任意波及随机波等多种激振形式，在结构振动试验中得到广泛使用；但其工作上限频率低（一般以几十赫兹到几百赫兹为上限）
压电式	最高频率可达 300000Hz

2）激振器的性能比较

不同激振器的性能比较如表 2-9 所示（压电式激振器的用途不同，此处不介绍）。

表 2-9　不同激振器的性能比较

项　目	电动式激振器	液压式激振器	机械式激振器
频率范围	几赫兹到几千赫兹 （高中频）	0 到几百赫兹 （低频、超低频）	几赫兹到 100Hz （低频）
激振力	较大	大	大
振幅	较大	大	较大
波形	好	较好	差
负载能力	一般	大	较大
控制	方便	方便	不方便
成本	高	高	低

2．冲击碰撞机

1）能产生标称冲击波形的设备及其特点

能产生标称冲击波形的设备及其特点如表 2-10 所示。

表 2-10　能产生标称冲击波形的设备及其特点

设　备	特　　点
冲击试验台 （气动式、液压式、压簧式）	可以在实验室中模拟冲击环境，它通常配备有波形放大器，可以方便地实现各种加速度和改变脉冲的持续时间
撞击机	可以在实验室中模拟连续冲击环境，撞击机能实现的脉宽持续时间较长，通常可达 30～40ms，但冲击加速度较低，通常最高只能到 60g
电动振动台	冲击试验的量级较大，冲击的脉冲持续时间较短，因此通常试验一次或几次便能完成（通常规定每个方向 3 次，6 个方向 18 次）

2）机械撞击设备的种类和特点

以某公司产品为例，机械撞击设备的种类和特点如表 2-11 所示。

表 2-11　机械撞击设备的种类和特点

机械撞击设备	主 要 能 力 范 围	主 要 特 点	经 验 公 式
SY10-2 电动机提升垂直冲击台	工作台面尺寸：200mm×200mm； 半正弦波：峰值加速度 200～15000m/s², 脉冲持续时间 0.8～11ms	采用电动机驱动，提升平稳方便，冲击能量高，简单可靠； 采用电磁制动机构，避免二次冲击，可更安全地定位台面	机械冲击台半正弦波经验计算方法为：加速度 (G)×脉宽(ms)≤1200（在能力范围以内），如 1500g×0.8ms
SY10-50 液压垂直冲击试验台	工作台面尺寸：500mm×500mm； 半正弦波：峰值加速度 100～12000m/s²，脉冲持续时间 1～60ms； 后峰锯齿波（可选配）：峰值加速度 150～1000m/s²，脉冲持续时间 6～18ms； 梯形波（可选配）：峰值加速度 300～1000m/s²，脉冲持续时间 6～12ms	采用液压驱动，提升力大，冲击能量高，简单可靠； 内置液压制动机构，避免二次冲击，更安全地定位台面	机械冲击台半正弦波经验计算方法为：加速度 (G)×脉宽(ms)≤1200（在能力范围以内），如 1200g×1ms
SY20-100 机械冲击/碰撞试验台	工作台面尺寸：500mm×700mm； 半正弦波：峰值加速度 50～1000m/s²，脉冲持续时间 3～20ms； 最大碰撞频次：80 次/分； 最大跌落高度：60mm	可根据需要进行调整，在冲击试验模式和碰撞试验模式中切换； 冲击、碰撞频次可根据输入频次自行调整，冲击操作方便	
SY41-100 气动零跌落试验台	最大载荷：100kg； 跌落高度：0～1000mm； 最大试件尺寸：1000mm×1000mm×1000mm； 试验方式：面、棱、角	采用拥有自主知识产权的提升架，配备多功能扶持装置，能轻松完成面、棱、角跌落试验； 在跌落过程中通过助推装置对提升架和被试件进行分离，确保被试件自由跌落； 对上、下位移进行限制，安全可靠，并具有断电保护功能； 采用气源驱动，清洁、安全可靠、通用性好	

3. 振动系统

1）振动台体的基本原理

对恒定磁场中的线圈通以电流，线圈就会产生运动，振动台体就是利用这一原理进行工作的，如图 2-3 所示。

对恒定磁场中的线圈通以交变电流，线圈就产生交变运动；通以正弦交变电流时，线圈就会按照正弦交变规律运动，激振力（F）也将按正弦规律变化。

振动台的激振力大小取决于 I、B、L 三个参数的大小，$F = IBL$，其中 F 为激振力，I 为电流，B 为磁通，L 为载流导体的有效长度。

2）振动系统的组成和单元作用

振动控制仪：提供振动信号→测量振动量级→控制调节振动量级；

> 载流导体在磁场中受电磁力的作用而运动

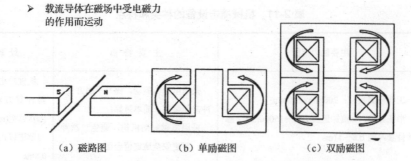

　　　(a) 磁路图　　　　　　　(b) 单励磁图　　　　　　(c) 双励磁图

图 2-3　振动台体的基本原理（图片来源于苏州苏试试验集团股份有限公司）

功率放大器：将振动控制仪提供的驱动信号进行处理和放大，驱动振动台体；

振动台：是振动的执行部件，将放大后的电能转换为动能；

冷却系统：对振动台体内产生的热量进行散热（常见有风冷、水冷），如图 2-4、图 2-5 所示。

传感器：用于测量振动幅值，将动能转换为电能或电荷信号，然后提供给振动控制仪进行测量（电荷型、电压型）；

中心保持装置：使运动部件（动圈）在不同负载及动态漂移时，能保持在中心位置；

地基：能减小振动台体在振动时对地基的影响，振动台体一种是直接安装在基础上，另一种是放在地面上。

振动系统的组成和单元作用如图 2-4 所示，振动控制系统的构成如图 2-5 所示。

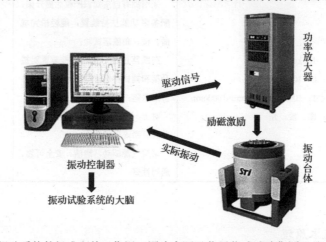

图 2-4　振动系统的组成和单元作用（图片来源于苏州苏试试验集团股份有限公司）

振动台、功率放大器、振动控制仪、传感器、电荷放大器、信号电缆

图 2-5　振动控制系统的构成（图片来源于苏州苏试试验集团股份有限公司）

3）振动台体与部件

水平台体结构和垂直台体结构如图 2-6、图 2-7 所示。

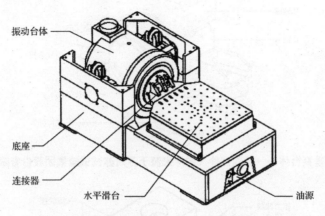

图 2-6　水平台体结构（图片来源于苏州苏试试验集团股份有限公司）

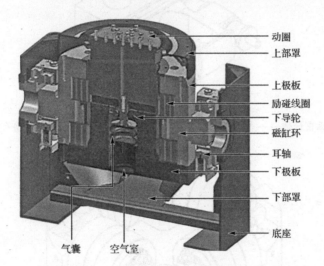

图 2-7　垂直台体结构（图片来源于苏州苏试试验集团股份有限公司）

4）振动台体的内部主要部件

振动台体的内部主要部件如图 2-8～图 2-12 所示。

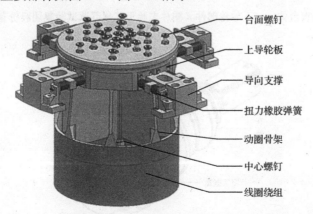

图 2-8　垂直台体——动圈部件（图片来源于苏州苏试试验集团股份有限公司）

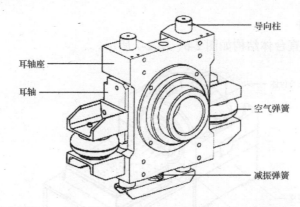

图 2-9　垂直台体——耳轴部件（图片来源于苏州苏试试验集团股份有限公司）

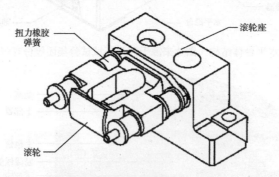

图 2-10　垂直台体——上导轮部件（图片来源于苏州苏试试验集团股份有限公司）

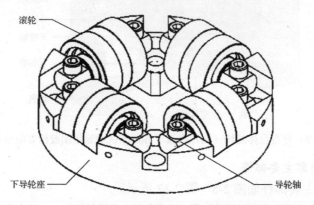

图 2-11　垂直台体——下导轮部件（图片来源于苏州苏试试验集团股份有限公司）

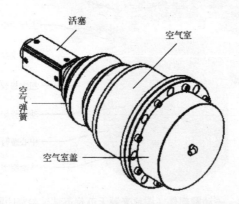

图 2-12　垂直台体——空气室部件（图片来源于苏州苏试试验集团股份有限公司）

5）水平滑台结构

水平滑台结构如图 2-13 所示。

（a）水平滑台——倒V形油膜导轨（1）

（b）水平滑台——倒V形油膜导轨（2）

（c）水平滑台——倒T形油膜导轨（1）

（d）水平滑台——倒T形油膜导轨（2）

图 2-13　水平滑台结构（图片来源于苏州苏试试验集团股份有限公司）

6）垂直扩展台

当振动台面尺寸较小，被试验品（或夹具）的尺寸大于振动台面的最大螺孔直径时，需要考虑配置相应的扩展台，而扩展台的上限工作频率低于振动台的上限工作频率。因此，当采用扩展台时，通常应将扩展台的上限频率视作振动台的上限工作频率。一般圆形扩展台比同尺寸的方形扩展台的上限工作频率高。

当扩展台面、试件质量及重心偏离中心距离较大时，应考虑在扩展台的四个角下方加空气弹簧辅助支撑并加直线轴承导向，以减小横向运动，提高振动台的承载能力和抗倾覆力矩的能力。

7）冷却系统

自然冷却：效果差，适用于发热量小的振动台，但结构简单。

风冷：用于中型振动台。

液体冷却：采用水或油进行冷却，冷却效果好，但结构复杂，适用于大中型振动台。

8）振动系统的性能

系统的性能即指系统所能实现的最大振动量级，它受到台体的最大机械行程、功率放大器输出电压和电流能力的限制。一般而言，在低频段 5～15Hz，功率放大器和台体的性能受到台体机械行程的限制；在 15～100Hz，台体性能受到极限速度的限制，极限速度通常取决于功率放大器输出电压的能力；在 100～1000Hz，系统的性能受到极限推力的限制，极限推力取决于功率放大器的输出电压和电流大小。

举例：以某品牌推力为 2t 的振动系统的性能范围为例，其正弦振动与随机振动的能力范围如图 2-14 所示，其机械冲击的能力范围如图 2-15 所示。

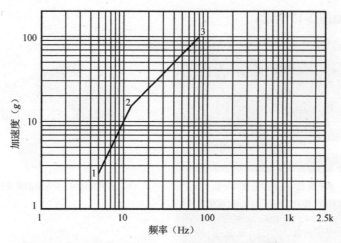

图 2-14　正弦振动与随机振动的能力范围

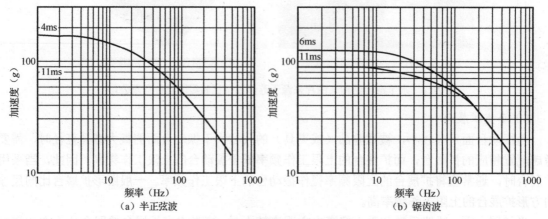

图 2-15　机械冲击的能力范围

9）振动台体的共振

所有的机械振动台体都存在机械共振。对大多数振动台体来说，共振频率大于 2000Hz。增加夹具和试件将使振动系统的机械阻抗复杂化。

10）振动系统的本底噪声

通常整个振动系统需要具有较低的本底噪声，以便在试验期间采用本部分规定的最大容差。振动系统噪声在 0.6m/s^2 以下一般是可以接受的。

2.5　振动系统主要配置和要素

1．系统配置

振动系统的主要配置和要素如表 2-12 所示。

表 2-12 振动系统的主要配置和要素

序 号	主要配置名称	品牌/型号/尺寸/材料/质量/颜色/图纸的参考要求
1	振动台体	
1.1	动圈	直径（mm）：_____； 布孔图：_____
1.2	动圈自动对中装置	
1.3	隔振气囊（底座与台体）	耐压：_____
1.4	隔振气囊（底座与地面）	耐压：_____
1.5	隔振气囊阀门	
1.6	电动翻台装置（选配）	
1.7	翻台动圈气囊自动充放气装置（选配）	
1.8	扩展台面（选配）	
2	功率放大器（含励磁电源、前置放大）	
3	冷却系统	
3.1	风冷系统/风机（选配）	风管长度：
3.2	水冷系统/冷却机组（选配）	水冷振动台采用机组制冷方式为佳
4	控制仪	
4.1	模拟输入通道	通道数量：8 个（独立的 BNC 接口，每个通道可以单独控制和设置传感器灵敏度）； 采样频率：最高 102.4kHz/通道； A/D 位数：≥24； 电压范围：±10V 峰值； 频率测量精度：优于 1/100000； 幅值测量精度：优于 0.1%@1.0kHz； 输入动态范围：≥135dB； 滤波：抗混叠滤波器+数字滤波
4.2	模拟输出通道	通道数量：2 个（独立的 BNC 接口）； 采样频率：最高 102.4kHz/通道； D/A 位数：≥24； 输出电压范围：0～±10V； 最大输出电流：25mA； 输出动态范围：≥100dB； 滤波：模拟滤波器+数字滤波器
4.3	软件模块（以下为选配）： 正弦（扫频、定频）； 谐振搜索与驻留； 随机； 经典冲击； 正弦+随机； 随机+随机； 峭度； 记录回顾-在测试过程中记录原始曲线数据 ……	（软件模块需提供正版版权证书） 混合试验曲线界面有完整公差范围显示（如正弦+随机试验有正弦部分曲线及公差范围显示）； 界面有加速度、速度、位移曲线的显示； 遇到计算机死机但振动台仍在运行的情况，控制软件能自动保存数据和截屏； 最大随机分辨率：_____； 可存储试验的条目数：_____； 数据可以以 Excel 形式显示和导出； 控制软件运行中能获取数据； 控制软件运行中可以获取试验报告

序　号	主要配置名称	品牌/型号/尺寸/材料/质量/颜色/图纸的参考要求
4.4	系统兼容性	兼容 Windows 2000/XP/Vista/Windows 7～10 操作系统，控制仪与计算机采用 RJ45 连接，操作系统提供正版版权证书
4.5	附件	设备之间的连接电缆和接头（含功放连接电缆、控制计算机连接电缆）采用进口材料
4.6	系统安全控制	系统参数设置保护； 振动台极限值限制保护； 控制目标谱上/下中止保护； 控制目标谱上/下报警保护； 控制通道均方根值（RMS）保护； 前面板手动紧急中断； 远程操作手柄紧急中断； 软件界面手动中断； 预测试保护； 自检最大输出电压保护； 运行最大输出电压保护； 控制计算机死机，控制仪能自动保存试验数据
4.7	接口	提供与其他设备联动的接口
4.8	系统故障输出信号接口	用于提供系统故障停机信号的干接点输出信号接口不少于 2 个（故障时断开，工作时闭合）
4.9	读取外部设备故障信号接口	用于读取外部设备故障信号的接口不少于 2 个，多个接点之间为逻辑与关系
5	水平滑台（选配）	台面布孔图（螺孔镶防转不锈钢螺套）； 传感器安装孔数量、位置
5.1	牛头（选配）	附图纸
6	系统辅件	
6.1	设备之间的连接电缆	
6.2	设备之间的连接接头	
6.3	水管管道	
6.4	水气管道的接头	
6.5	水平滑台润滑油（选配）	黏度要求：150SCALE
7	三综合配件	
7.1	隔热板	
7.2	隔热垫	
7.3	导水槽	
8	工具	
8.1	动圈对中标尺	
8.2	T 型扳手	
8.3	常用工具	
9	系统其他要求（选配）	
9.1	防爆	

2．关键参数与说明

1）振动台体

振动台体的关键参数和要求如表 2-13 所示。

表 2-13　振动台体的关键参数和要求

序　号	内　容	参考要求
1	额定正弦激振力/peak（kN）	（可按实际需求填写）（最大加速度100g，垂直/空载）
2	额定随机激振力/RMS（kN）	（可按实际需求填写）
3	冲击激振力/peak（kN）	（可按实际需求填写）
4	频率范围（Hz）	2～2500
5	最大位移（mm）	≥51
6	最大速度（m/s）	2
7	最大加速度（m/s^2）	1000
8	一阶谐振频率（Hz）	2100±5%
9	随机动态范围（dB）	≥40
10	最大负载（kg）	1000
11	隔振频率（Hz）	2.5
12	漏磁（mT）	<1.0mT

以上的性能参数在验收报告的图谱中通常需要包含驱动线。

2）功率放大器

功率放大器的关键参数和要求（通常由供应商推荐）如表 2-14 所示。

表 2-14　功率放大器的关键参数和要求

序　号	内　容	参考要求
1	输出功率（kVA）	100
2	输出电压（V）	120
3	输出电流（A）	1000
4	输入阻抗（kΩ）	≥10
5	信噪比（dB）	≥65
6	谐波失真（电阻负载）（%）	<1.0
7	输出电压测量误差（%）	≤5
8	输出电流测量误差（%）	≤5
9	输出电流波峰系数	≥3
10	频响 5～3500Hz（dB）	±3
11	中频增益	≥80
12	DC/AC 转换效率（%）	>90
13	负载性质	阻性、容性、感性任意
14	并机均衡不平衡度（%）	≤3

3）冷却装置

（1）冷却风机（风冷台）

风冷振动台冷却风机的关键参数和要求（通常由供应商推荐）如表2-15所示。

表2-15　风冷振动台冷却风机的关键参数和要求

序　号	内　容	参　考　要　求
1	风机功率（kW）	
2	风机流量（m³/s）	
3	风机风压（kPa）	

注：未填写的参考要求需按实际需要填写。

（2）冷却机组（水冷台）

水冷振动台冷却机组的关键参数和要求（通常由供应商推荐）如表2-16所示。

表2-16　水冷振动台冷却机组的关键参数和要求

序　号	内　容	参　考　要　求
1	内循环水（蒸馏水）流量（L/min）	80
2	内循环水（蒸馏水）压力（MPa）	1.0
3	外循环水（自来水）流量（L/min）	160
4	外循环水（自来水）压力（MPa）	0.25～0.4
5	外循环水温度	
6	蒸馏水要求： 水硬度（ppm） pH值 电导率（μS/cm）	 30 7 1
7	水泵功率： 内循环水（kW） 外循环水（kW）	 8 84

注：未填写的参考要求需按实际需要填写。

4）水平滑台

振动台水平滑台的关键参数和要求（通常由供应商推荐）如表2-17所示。

表2-17　振动台水平滑台的关键参数和要求

序　号	内　容	参　考　要　求
1	工作频率范围（Hz）	5～2000
2	最大加速度（m/s²）	500
3	一阶谐振频率（Hz）	1000±5%
4	最大倾覆力矩（kN·m）	200
5	最大偏转力矩（kN·m）	180
6	台面尺寸（mm）	
7	最大负载（kg）	
8	可动系统质量（kg）	

注：未填写的参考要求需按实际需要填写。

5）垂直扩展台

振动台选配的垂直扩展台的关键参数和要求（通常由供应商推荐）如表 2-18 所示。

表 2-18　垂直扩展台的关键参数和要求

序　号	内　　容	参 考 要 求
1	台面形状	常见有方形、圆形、网格形，推荐采用圆形
2	台面直径/尺寸（mm）	
3	台面布孔图	
4	底部直径（mm）	
5	与振动台面的连接布孔图	
6	高度（mm）	
7	材质	
8	等效质量（kg）	
9	工作频率范围（Hz）	
10	辅助支撑和直线导向（选项）	
11	承载能力（kg）	
12	一阶谐振频率（Hz）	
13	最大倾覆力矩（kN·m）	
14	最大偏转力矩（kN·m）	

注：未填写的参考要求需按实际需要填写。

3．安全要素

1）安全要求与承诺

（1）符合安全标准要求

振动试验系统属于实验室用仪器，必须符合 GB 4793.1—2007《测量、控制和实验室用电气设备的安全要求　第 1 部分：通用要求》规定的要求。

（2）安全保障原理图

系统应配备安全保障原理图，说明功率放大器、振动台体、上励磁、下励磁、动圈、消磁线圈及其他全部大功率发热部件的安全保护原理。

（3）安全承诺

振动系统需确保在任何情况下都能实现自动保护，必须在所有的安全问题发生之前切断信号和电源。万一振动系统仍然发生了冒烟、火灾等安全问题，触动了操作方的烟感报警和喷淋装置喷水，造成了操作方的设备损坏、建筑受损、人员伤害等问题，系统制造方必须在第一时间给出书面解释，分析造成该安全问题的原因，给出解决方案和措施，以保证不会再出现类似的安全问题，同时承担由此造成的一切后果并赔偿全部的损失。

2）系统控制、监控及保护

（1）热保护功能

功率放大器、振动台体、消磁线圈、冷却装置等大功率发热部件，均需采取相应可靠的温度保护措施，如风压不足、台体过热、动圈过热、励磁过热等的报警和停机。

水冷台还需具有外循环水及台体（动圈、上励磁、下励磁）每一分路的内循环水的温度、流量、压力等的保护，以防任何一路循环水出现堵塞或因电化学腐蚀等造成的循环水泄漏，系统均有流量不足、压力不足、水位过低、水温过高等的报警和停机保护措施。

（2）电冲击防护功能

突然停电或突然上电不应导致系统熔丝烧损、机械结构冲击破坏等事故，同时由于控制仪驱动电缆或传感器电缆松动带来的信号冲击均不应造成系统失效性故障。

（3）电网异常保护

振动台在电网缺相、电网过压、电网欠压等情况下不能继续振动，应自动切断振动信号并启动相应保护。

（4）动圈过限位保护功能

动圈具有可靠的上下限位移保护装置，功率放大器上应显示"位移过限"报警且系统不能启动，直到该报警解除。

（5）水平滑台油泵运转联锁

振动系统处于水平方向时，如果水平滑台的供油油泵没有开启或供油压力过低，则功率放大器上应显示"滑台油泵"报警且振动台不能启动，直到油泵开启后该报警才自动关闭。

（6）急停开关

系统在醒目位置有红色急停开关，以便在发生突发事件时可以立即切断系统信号和电源。

（7）其他保护

系统还需具有输出过载、输出过电流、输出过电压、振动控制仪输出"0"位、时序、驱动电源、模块直通、箱体故障、逻辑故障、控制量级、外部联锁、门开关、漏电等保护。

（8）台体/滑台防止水、油、气进入

系统需确保工作环境中的水、油、气等可燃物不会进入振动台的动圈与绕组之间，也不会进入水平滑台的润滑油中。

（9）警告标示

系统上所有可能导致设备损坏或人员伤害的操作部位都应有明显的警告标示，如功率放大器上有系统允许最大电压、最大电流参数标识及重要参数量程百分比显示等。

4. 质量要素

1）系统符合质量标准要求

系统必须符合 JJG 948—2018《数字式电动振动试验系统检定规程》各项指标中的 A 级要求；

系统必须符合 JJG 1000—2005《电动水平振动试验台检定规程》各项指标中的要求。

2）系统持续运行能力

在 80%的额定载荷下，系统可以连续进行 3 个 24h 的试验，每个试验持续运行 24h，中途系统不能停下来冷却，每个试验的间隔不超过 1h。

在 50%的额定载荷下，系统可持续运行的时间大于 200h。

5. 相关要素

1）职业健康

系统必须符合 GB/T 28001—2001《职业健康安全管理体系规范》规定的要求，以避免职业安全卫生造成的直接、间接损失。

2）环境

（1）符合电磁辐射标准要求

系统必须符合 GB 8702—2014《电磁环境控制限值》对电磁辐射规定的要求，以避免对周边设备或环境造成影响。

振动台电源与样品加载用电源之间有干扰隔离。

（2）符合环境标准要求

振动系统（含冷却风机、功率放大器）产生的振动、噪声必须符合国家标准 GB 3096—2008《声环境质量标准》对振动、噪声规定的要求，以避免对周边环境造成影响。

原则上系统全频段、全负荷工作时，产生的振动、噪声不会对外界产生明显的干扰，周围房间和楼层应无振感且不会使在周围房间和区域工作的人员感到明显不适；必要时可采用降噪处理，如隔音处理、采用低噪声风机等。

3）干扰

主要的干扰源有振动台面对振动控制的干扰、振动台面对样品/样品加载设备的干扰、功率放大器对样品/样品加载设备的干扰。

在加速度传感器上加装绝缘座、采用低辐射功率放大器等方法可以解决以上问题。

4）节能

系统具有自动定时关机功能，能在试验后自动切断信号和延时切断电源；系统可根据需要调节高低励磁控制，从而减少励磁能耗。

5）联动

系统可实现与三综合温湿度箱、样品加载等设备的信号对接。在试验过程中，当某一设备停止工作时能够自动停止试验，以避免试验过程中某设备已停止工作，而试验继续进行的情况发生，否则将导致试验结果出错。

6）操作

系统上所有的阀门、按钮、量程表等都需要贴有名称标识。

振动台体水平和垂直互换时使用的手柄应处于操作人员方便操作的位置。

振动台体水平和垂直互换时水平滑台和牛头的对接方式应简单且易于操作。

风冷台台体转换冷却风管应设计为不需要人为拆装。

在滑台启动后，水平滑台底部与花岗岩之间溢出的润滑油应方便观察。

功率放大器的报警声音可通过手动操作强制静音，但下次重启后，静音功能应自动取消，报警功能自动恢复。

在功率放大器的控制面板中选择了一个选项，其他选项在系统开启后需显示为灰色，不允许再更改。

功率放大器的功能还包括历史报警记录回放、系统运行历程记录、系统工作时间累积、系统权限管理、无人值守运行状态监测。

6. 安装要素

系统所有的外表面平整，油漆良好，所有的金属零部件、工装夹具外表面都必须防锈、防湿，如果材质本身没有这样的功能，则必须进行防锈、防湿和隐蔽处理。

1）安装任务与参数要求

供应商必须事先到现场了解情况，以便更好地进行安装与调试。

（1）系统对环境和动力设施的要求

振动系统对环境和动力设施的要求（通常由供应商推荐）如表 2-19 所示。

表 2-19　振动系统对环境和动力设施的要求

序　号	内　容	参 考 要 求
1	湿度	0%~90%（不结露）
2	电源	380V/50Hz、3 相、__kVA
3	接地电阻	≤4Ω
4	压缩空气	
5	冷却水	

注：未填写的参考要求需按实际需要填写。

（2）系统安装任务分工

振动系统设备安装任务分工（通常由供需双方协商）如表 2-20 所示。

表 2-20　振动系统设备安装任务分工

序　号	任　务	公　司	系统供应商
1	设备的运输、装卸、就位		
2	设备组件之间的电缆连接施工		
3	由开关电气柜至设备之间的连线		
4	其他能源与动力的连接		
5	实验室电力开关柜配备		
6	设备安装基础准备		
7	设备安装要求提供		
8	能源与公用动力需求提供（电源/压缩空气/接地等）		
9	设备布局图及承重能力要求		

（3）系统安装要求

① 底座与地面的配合：安装需符合地平图纸和安装位置尺寸要求。

② 电缆布置：要求设备所有连接电缆布置合理、整洁，必要时需增加走线槽或套管。电缆布置不允许有交叉、与其他物品发生摩擦和经过设备的导轨等情况发生。

③ 隔振气囊的保护：振动台体底部的隔振气囊进气口需采取保护措施或进行隐蔽处理，以避免发生人为损坏。

④ 风冷冷却风管位置布置需合理。

⑤ 水冷台冷却水管的布置：冷却抽风管的管路不宜过长，以避免台体散热效率降低；另外，抽风管的管口需避免有应力。要求冷却水管布置合理、整洁，没有交叉等情况，必要时增加保护罩。

⑥ 水冷台冷凝水的防护：所有冷却水管等低温部件的外部都需要增加保温棉，以防止系统在工作中产生冷凝水。

⑦ 系统接地：系统安装完毕后需进行接地处理。

7. 验收要素

1）预验收

验收地点：在供应商处进行。

验收参与人员：设备供应商、用户公司技术人员。

技术指标：按上述第 1～5 项逐个验收，要求设备所有的生产制造环节完成，系统所有的功能都能够实现。

2）终验收

① 验收地点：在用户公司现场安装、调试完成后进行验收。

② 验收参与人员：有标定资质的标定机构、用户公司技术人员、设备供应商。

③ 技术指标：由用户公司技术人员、设备供应商根据上述第 1～6 项逐个验收，以确保系统所有的功能都能够实现。

④ 振动台标定：由有标定资质的标定机构按 JJG 948—2018《数字式电动振动试验系统检定规程》、JJG 1000—2005《电动水平振动试验台检定规程》进行各项指标的验收。

⑤ 培训：必要时设备供应商应对用户公司的操作人员进行相关的培训。

⑥ 资料：振动系统供应商需要向用户提供的资料如表 2-21 所示。

表 2-21　振动系统供应商需要向用户提供的资料

方案、原理	版权、证书	售后、报告
报价单	振动控制器许可证	出厂自检报告
设计方案	控制仪控制软件正版版权证书	计量标定合格证书
使用说明书，包含电气原理图、液压原理图、安全保障原理图、机械加工图纸、随机附件清单、计量零部件明细表、维修保养规范	控制仪操作系统程序软件、光盘及软件源程序	合格证书
外购件零件清单	符合国家《职业健康安全管理体系规范》证书	双方中/终验收报告
	符合国家电磁辐射标准证书	保修卡
		操作人员培训证明

8. 售后服务

系统提供免费的保修期，保修期自计量合格起开始计算。

当振动台系统出现故障时，供应商应能快速做出反应和解决故障。

在设备的整个使用期内，设备供应商必须提供终身的修理维护服务。

本技术要求可作为合同的附件执行，所述指标要求若高于国家标准，则按本技术要求执行；若低于国家标准，则按国家标准执行。

9. 加速度传感器

1）选用的主要因素

选用加速度传感器需要考虑的主要因素如表 2-22 所示。

表 2-22　选用加速度传感器需要考虑的主要因素

主 要 因 素	参 数 要 求
类型（电压型/电荷型）	
灵敏度	
量程	
分辨率	

续表

主 要 因 素	参 数 要 求
频响	
诺振频率	
温度使用范围	
输出接头	
大小	
质量	
尺寸	
形状	
安装方式	
单向/三向	

注：参数要求需根据实际要求填写。

2）压电式加速度传感器的基本原理

压电式加速度传感器简称压电加速度计，当它与结构一起振动时，传感器内质量块在加速度的作用下将产生惯性力而使晶体片加压，由于晶体片的压电效应而产生电荷，在一定压力范围内，输出电荷与加速度成正比。所以通过测量压电加速度计输出的电荷即可确定加速度的大小。压电式加速度传感器的基本原理如图2-16所示。

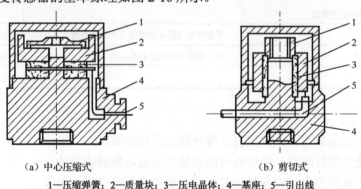

（a）中心压缩式　　　　　　　　（b）剪切式

1—压缩弹簧；2—质量块；3—压电晶体；4—基座；5—引出线

图2-16 压电式加速度传感器的基本原理

3）恒流源

恒流源供电电流为2～20mA，供电电压为15～35V DC。这是 IEPE 传感器正常工作需要的电压/电流的范围，可以匹配大部分的数据采集系统。

4）ICP 与 IEPE

常规 ICP 传感器满量程输出的模拟电压大小为±5V。

ICP 传感器采用 2～20mA 的恒流源进行供电，常规电流大小为2mA。当电缆长度长于30m时，恒流源的电流则需要调大，因为电流的大小影响高频数据。恒流源计算图如图2-17所示。

ICP 是 PCB PIEZOTRONICS INC.公司的注册专利；其他公司通常使用 IEPE 来表述这一概念。

5）电压型/电荷型传感器的优缺点

电压型和电荷型加速度传感器的优缺点比较如表2-23所示。

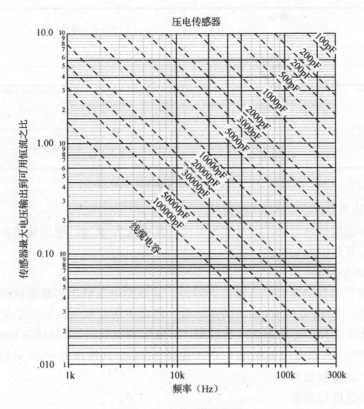

图 2-17 恒流源计算图

表 2-23 电压型和电荷型加速度传感器的优缺点比较

项　目	电　压　型	电　荷　型
优点	线缆的选择范围宽； 灵敏度受外界影响小； 采集器可直接供电	较高的工作温度； 坚固耐用； 通过电荷放大器，灵敏度可调； 单位花费低
缺点	工作温度较窄； 单位价格更高； 灵敏度不可调； 不够坚固	必须采用低噪声电缆； 连接头会影响灵敏度； 对电缆弯曲敏感； 需额外配备电荷放大器

6）灵敏度的意义

传感器在把物理量转换为电信号的过程中的比例系数称为灵敏度。例如，PCB 的高温单轴 ICP 加速度传感器 320C18 的灵敏度为 10mV/g，则当输入 1g 的振动量时，输出 10mV 的电压信号；PCB 的高温单轴电荷加速度传感器 357B03 的灵敏度为 10pC/g（注意 pC 是电荷的单位），则当输入 1g 的振动量时，输出 10pC 的电荷信号。

其中，1g=9.8m/s^2。英制单位中用 g 表达，公制单位中用 m/s^2 进行表达，所以在传感器的 Datasheet 中的灵敏度有两种表达方式，320C18 和 357B03 英制（English）和公制（SI）灵敏度如图 2-18 所示。

型号 320C18	电压型传感器
灵敏度（±10%）	10mV/g
测量范围	±500g pk

型号 357B03	电荷型传感器
灵敏度（±15%）	10pC/g
测量范围	±2000g pk

图 2-18　英制和公制灵敏度的表达方式

7）灵敏度的选用

电荷输出型加速度传感器的输出形式为电荷，其单位为 pC/g；电压输出型加速度传感器的输出形式为电压，其单位为 mV/g。

（1）电压型加速度传感器

电压型加速度传感器会受到电压输出的限制，常规的电压型传感器满量程输出的模拟电压信号为±5V，而输出电压=灵敏度×输入的振动量，所以灵敏度和输入的振动量（量程）成反比关系。例如，灵敏度为1mV/g的加速度传感器，其量程为5000g；灵敏度为10mV/g的加速度传感器，其量程为500g；灵敏度为100mV/g的加速度传感器，其量程为50g；灵敏度为1000mV/g的加速度传感器，其量程则为5g。

（2）电荷型加速度传感器

电荷型加速度传感器的灵敏度推荐使用 10pC/g±2%。但进行很低量级试验时，宜用较高灵敏度的传感器，信噪比较高。例如，进行一个 0.1g 峰值加速度的正弦扫频试验，传感器灵敏度为 10pC/g 时，产生 1pC 的电荷；而传感器灵敏度为 100pC/g 时，产生的电荷为 10pC。任何事情总是一分为二的，传感器灵敏度的增加会造成可用频率范围的减小，原因在于灵敏度增加会造成传感器谐振频率的降低。通常灵敏度为 10pC/g 的传感器，使用频率上限为 5000Hz，此频率处的响应偏差为±5%。灵敏度越低的传感器，其灵敏度通常随频率的变化越大。

8）温度范围

电荷型加速度传感器通常最高温度可达 260℃，而标准的电压型加速度传感器最高温度通常低于 185℃。

9）灵敏度与温度

以某品牌、型号的传感器为例，在快速升降温的情况下，传感器温度和灵敏度曲线如图 2-19 所示。

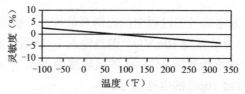

图 2-19　传感器温度和灵敏度曲线

10）频响曲线

以某品牌、型号的传感器为例，常见加速度传感器的频响曲线如图 2-20 所示。

11）质量

加速度传感器的质量会使测试项的质量增加，进而影响测试项的动态性能。

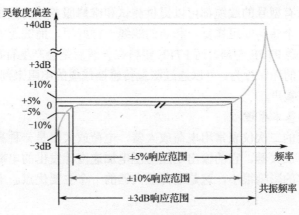

图 2-20　常见传感器的频响曲线

12）偏置电压

仅适用于电压型加速度传感器，它反映了集成电路工作所需的 DC 电压。不同的制造商可能差异会比较大，但并不是高的一定比低的好，它只是集成电路的一个特征值。

13）饱和极限

饱和极限指加速度传感器的峰值测量范围。

14）基座应力/基座弯曲

基座发生弯曲时会产生额外的应力，并对压电敏感元件产生影响。由于它不是由真实的振动引起的，所以也是一种误差。该现象一般存在于压缩型设计的加速度传感器中，而在采用剪切设计和 K 剪切设计的加速度传感器中很少见。该误差不应大于 5%。

15）稳定时间

这是电压型加速度传感器内部的电子电路设置偏置电压并达到正常工作条件所需的时间。

16）标定

如果使用恰当，加速度传感器正常可工作数十年。但随着使用年限的增加，定期的标定是必要的。对所有类型、品牌、型号的加速度传感器推荐每年标定一次。标定可以检查加速度传感器的使用是否正确，并确保日常使用过程中没有损坏。关键是检查交叉轴的调整误差不能大于 5%，且温度和频率范围也是要重点检查的。最终是要确保标定后的加速度传感器各方面均能满足实际应用需要。

17）交叉轴的调整误差

交叉轴的调整误差是重新标定加速度传感器时的一个关键参数。交叉轴的调整误差是由交叉轴方向的振动引起的主轴向振动偏差，典型值为 5% 以下。

18）线缆的选择

电荷型加速度传感器必须选择低噪线缆。低噪的意思是指线缆具有减小摩擦电噪声的能力，而非电气噪声。它是通过在导电内芯的外表增加石墨或银涂层实现的。如果非低噪线缆发生移动，则会额外增加一个信号，从而导致数据分析时产生误差。

电压型加速度传感器对线缆的容忍度较高，几乎所有的线缆都可以使用。传统的同轴电缆用得最多。如果实验室中同时使用电荷型和 IEPE 型加速度传感器，为了避免出错，则最好统一选用低噪线缆。

19）线缆的修复与测试

线缆是可以修复再利用的。其实大部分的线缆接头都是标准的（如 10-32UNF 微头 BNC），通常传感器供应商对所有型号的线缆都可以提供测试和维修服务。而且很多线缆都是其中一个接头损坏，只要更换一个接头即可修复，和新的线缆一样好用，而线缆的长度并没有缩短。另外，最常用的线缆材料是 PTFE 塑料，而 PTFE 塑料在分解后是会产生有毒有害物质的，因此修复破旧线缆是实实在在的环保行为。可以通过测量传感器线缆的电阻来判断传感器线缆的好坏，有问题的线缆可能会有噪声。

20）电荷放大器的基本原理

压电加速度计配套的二次仪表常用电荷放大器，电荷放大器是一种高增益的带电容负反馈且输入阻抗极高的运算放大器。它的输出电压与压电加速度计发出的电荷成正比，与反馈电容成反比，它受电缆电容的影响很小，这是电荷放大器的一个主要优点。电荷放大器的输入端一定要很好地加以屏蔽。

2.6 振动系统检定要素

1. 检定种类与效率

1）检定的主要种类

（1）常规检定

常规检定包括：

● 新采购振动系统的初次标定；

● 振动系统的年度标定；

● 振动系统大修后的标定（通常大修可定义为拆卸到动圈或以上的维修）。

（2）性能检定

性能检定包括：

● 振动系统最大值能力标定输入谱（通常用于初次标定）；

● 振动系统抗背景噪声能力；

● 振动系统耐久能力标定输入谱（结合样品试验标准）。

2）检定效率

应确保标定能高效进行，不会出现重复工作。

对于新采购的振动系统、大修后的振动系统，在其安装完毕后，建议在设备维修人员离开前，把标定设备的所有曲线都试运行一遍，以确保振动台能够正常运行；建议在标定当天请专业设备人员到场，以便出现问题时能及时处理。

2. 常规检定

1）参考标准

● JJG 948—2018《数字式电动振动试验系统检定规程》；

● JJG 1000—2005《电动水平振动试验台检定规程》。

2）常规检定输入谱（参考谱）

（1）定频 1

输入谱目的：检定系统台面均匀性、横向振动比等指标。

输入谱特点：多频率、多振动加速度。

输入谱内容：时间 40～70s。

常规检定定频 1 常见输入谱如表 2-24 所示。

表 2-24　常规检定定频 1 常见输入谱

频　率 （Hz）	最大加速度（垂直台空载） （g）	最大加速度（水平台空载） （g）
5	1	1
10	2	2
20	2	2
40	5	5
80	10	10
160	10	10
320	20	10
500	20	10
1000	30	10
1500	30	10
2000	50	20
2600	50	20

（2）定频 2

图谱目的：检定系统台面振幅。

图谱特点：单一频率、多振动加速度。

图谱内容：时间 15s、40s。

常规检定定频 2 常见输入谱如表 2-25 所示。

表 2-25　常规检定定频 2 常见输入谱

频　率 （Hz）	最大加速度（垂直台空载） （g）
100	2
	4
	6
	8
	10
	20
	30
	50

（3）定频 3

图谱目的：检定系统台面振幅。

图谱特点：单一频率、多振动加速度。

图谱内容：时间 15s、40s。

常规检定定频 3 常见输入谱如表 2-26 所示。

表 2-26　常规检定定频 3 常见输入谱

频　率 （Hz）	最大加速度（垂直台空载） （g）	最大加速度（水平台空载） （g）
160	2	2
	10	10
	20	20
2000	2	2
	10	10
	20	20

（4）位移 1

图谱目的：检定系统台面位移。

图谱特点：单一频率、多位移。

图谱内容：时间 15s、40s。

常规检定位移 1 常见输入谱如表 2-27 所示。

表 2-27　常规检定位移 1 常见输入谱

频　率 （Hz）	位移（垂直台空载） （mm p-p）
10	2
	5
	10
	20
	25
	30

（5）位移 2

图谱目的：检定系统台面位移。

图谱特点：单一频率、多位移。

图谱内容：时间 15s、40s。

常规检定位移 2 常见输入谱如表 2-28 所示。

表 2-28　常规检定位移 2 常见输入谱

频　率 （Hz）	位移（垂直台空载） （mm p-p）	位移（水平台空载） （mm p-p）
5	2	2
	5	5
	10	10
	20	20
	30	30

（6）速度

图谱目的：检定系统台面速度。

图谱特点：单一频率、多速度。

图谱内容：时间 15s、40s。

常规检定速度常见输入谱如表 2-29 所示。

表 2-29 常规检定速度常见输入谱

频　率 （Hz）	速度（垂直台空载） （mm/s p-p）
	0.2
	0.4
	0.6
40	0.8
	1
	1.5
	2

（7）随机振动动态范围（按 JJG 948—2018 标准）

图谱目的：检定系统台面加速度功率谱控制动态范围。

图谱特点：40dB，9.4365g。

图谱内容：时间 5min。

常规检定随机振动动态范围常见输入谱如表 2-30 所示。

表 2-30 常规检定随机振动动态范围常见输入谱

频　率 （Hz）	PSD（垂直台空载） [(m/s²)²/Hz]	PSD（垂直台空载） （g^2/Hz）
20	0.0009617	0.0001000
80	9.6170387	0.1000000
300	9.6170387	0.1000000
350	0.0009617	0.0000001
500	0.0009617	0.0000001
600	0.0961704	0.0001000
680	0.0961704	0.0001000
700	9.6170387	0.1000000
720	0.0961704	0.0001000
800	0.0961704	0.0001000
1000	9.6170387	0.1000000
1500	9.6170387	0.1000000
2000	0.0961704	0.0001000

（8）随机振动 RMS 总均方根值（按 JJG 948—2018 标准）

图谱目的：检定系统加速度总均方根值。

图谱特点：3dB，6.14767g。

图谱内容：随机曲线 3dB，时间 15min。

常规检定随机振动 RMS 总均方根值常见输入谱如表 2-31 所示。

表 2-31 常规检定随机振动 RMS 总均方根值常见输入谱

频 率 （Hz）	PSD （g^2/Hz）
20	0.00502377
80	0.02
1500	0.02
2000	0.0150148

3）最大值能力检定（参考谱）

最大值能力检定通常适用于振动系统的初次检定。

（1）系统最大值能力标定输入谱要求

表 2-32、表 2-33 所示为基本值，具体按合同约定或国家标准。

满载最大推力与正弦推力相同，空载随机加速度应不小于 $700m/s^2$。

（2）系统最大值（加速度、速度、位移）

图谱来源：系统采购时与供应商约定的技术要求。

图谱目的：考核系统的加速度、速度、位移最大值。

图谱特点：最大值参数。

图谱内容：振动台垂直台/水平台空载。

系统最大值能力检定加速度、速度、位移常见输入谱如表 2-32 所示。

表 2-32 系统最大值检定加速度、速度、位移常见输入谱

项 目	频 率 （Hz）	幅 值 （垂直台空载）	幅 值 （水平台空载）
位移	5～11.3	51mm	51mm
速度	11.3～88.5	1.8m/s	1.8m/s
加速度	88.5～2600	$1000m/s^2$	$500m/s^2$

（3）机械冲击试验

图谱来源：机械冲击常用图谱。

图谱目的：考核振动系统的耐机械冲击的能力。

图谱特点：接近振动系统最大值的机械冲击参数。

图谱内容：振动台垂直台空载。

系统最大值检定机械冲击试验常见输入谱如表 2-33 所示。

表 2-33 系统最大值检定机械冲击试验常见输入谱

	时 间 （ms）	最大加速度 （g）
垂直台	11	50
	6	100

3. 抗背景噪声

1）抗背景噪声基本要求

图谱来源：包装随机振动标准。

图谱目的：结合样品试验标准，采用小于 1g 的随机振动试验谱，看振动台能否顺利启动，通常试验只要能启动即可。

图谱特点：随机振动、小量级。

2）抗背景噪声输入图谱

（1）小量级随机振动试验（RMS：3.37m/s）

检定系统抗背景噪声常见输入谱 1 如表 2-34 所示。

表 2-34　检定系统抗背景噪声常见输入谱 1

频　率 （Hz）	PSD（垂直台空载） $[(m/s^2)^2/Hz]$
10	0.2079
30	0.2079
200	0.0051
1000	0.00104

（2）小量级随机振动试验（RMS：6.5m/s）

检定系统抗背景噪声常见输入谱 2 如表 2-35 所示。

表 2-35　检定系统抗背景噪声常见输入谱 2

频　率 （Hz）	PSD（垂直台空载） $[(m/s^2)^2/Hz]$
5	0.059
12	1
20	1
200	0.044

4. 耐久能力

1）标定输入谱基本要求

在 80% 的额定载荷下，系统可以连续进行 3 个 24h 的试验，每个试验持续运行 24h，中途系统不能停下来冷却，每个试验的间隔不超过 1h。

在 50% 的额定载荷下，系统可持续运行的时间大于 200h。

2）耐久能力输入谱

（1）正弦振动 1（80% 的额定载荷）

图谱目的：考核振动系统在 80% 额定载荷下的持续可运行能力。

图谱特点：在图谱的中低频段，振动加速度达到振动系统 50% 的额定载荷。

图谱内容：垂直台，负载 20kg，试验时间 60h，1oct/min，对数。

检定系统耐久能力常见输入谱 1 如表 2-36 所示。

表 2-36 检定系统耐久能力常见输入谱 1

频 率	最大加速度（垂直台空载）
（Hz）	（m/s²）
100	250
200	500
250	500
251	400
400	400
401	300
2000	300

（2）正弦振动 2

图谱来源：样品的常用试验标准。

图谱目的：考核振动系统在 80%额定载荷下的持续可运行能力。

图谱特点：在图谱的高频段，振动加速度达到振动系统 65%的额定载荷。

图谱内容：垂直台，负载 20kg，试验时间 48h，1oct/min，对数。

检定系统耐久能力常见输入谱 2 如表 2-37 所示。

表 2-37 检定系统耐久能力常见输入谱 2

频 率	位 移 幅 值	最大加速度
（Hz）	（mm）	（g）
100～125		25
125～160	0.4	
160～1300		40
1300～1600		50
1600～2000		65

（3）正弦叠加随机试验（SOR）

图谱来源：样品的常用试验标准（ISO 16750-3）。

图谱目的：考核振动系统在 50%额定载荷下的持续可运行能力。

图谱特点：随机 18.1g+正弦 20g。

图谱内容：垂直台，负载 20kg，试验时间 30h，1oct/min，对数。

检定系统耐久能力 SOR 常见输入谱如表 2-38 所示。

表 2-38 检定系统耐久能力 SOR 常见输入谱

正弦振动	
频 率	最大加速度
（Hz）	（m/s²）
100	100
150	150
200	200
240	200
255	150
440	150

续表

随机振动：加速度均方根（RMS）值为 181m/s²	
频　率 （Hz）	PSD $[(m/s^2)^2/Hz]$
10	10
100	10
300	0.51
500	20
2000	20

2.7 三综合试验箱主要技术要素

1．试验箱的类型

三综合试验箱是试验箱的一种，区别于传统试验箱的是其与振动台的配合方式。而配合振动台分为两种：垂直振动台及水平垂直振动台。

1）垂直振动台

垂直振动台配合的三综合试验箱，由于仅仅配合垂直振动台使用，仅限于一个面，所以箱内底板多采用固定式或抽屉型底板，与振动台的轴配合。

2）水平垂直振动台

水平垂直振动台配合的三综合试验箱，比垂直振动台多了水平振动，因此固定底板通常不能使用，而采用更换底板的方式，与振动台配合。

三综合试验箱由于形态与标准试验箱不同，主体下方为振动台，而且也有不需振动单独试验的状况，因此，绝大多数的三综合试验箱都是平面移动采用轨道方式、升降移动采用电动方式制作的，占地面积较一般试验箱为大，高度也较高，通常在厂房一楼使用。

2．试验箱的组成

三综合试验箱由以下几部分组成：试验箱箱体、控制系统、制冷/除湿系统、电控柜、风道系统、电动移动系统（液压系统）。整体式试验箱前上部为试验箱箱体，往后为制冷/除湿系统，后部为电控柜，控制面板置于右侧；前下部空出，为振动台位置；箱体下部装有电动移动机构，可使箱体沿轨道水平移动。

1）试验箱箱体

外壁材料：常用 1.5mm 的冷轧钢板静电双面喷塑，颜色一般为定制，也可以采用拉丝不锈钢。

内壁材料：常用 1.0mm 以上的 SUS304 不锈钢板，通常采用接缝 TIG 连续焊接，目的是确保长期试验后不出现泄漏现象。内箱外壁需要焊接，主要位置补强。

绝热材料：常用 100mm 以上的非危废类环保型玻璃纤维保温层。

门：常见单开门或双开门，带观察窗。门、窗上如做低温试验，必须增加门窗加热装置，防止结露。窗上需要带灯。窗通常由耐压钢化玻璃+多层中空电热防霜玻璃组成。

支撑架：通常为选用件。如果选用，则需调节高度。

2）控制系统

控制器常用液晶触摸式可编程温度控制系统，其控制显示器通常采用彩色液晶触摸控制，该控制器一般用中文操作显示界面显示，可显示和设定试验参数、曲线、总运行时间、段总运行时间、加热器工作状态及日历时间等。控制程序的编制常采用人机对话方式，通常仅需设定温湿度就可以实现制冷机的自动运行功能。

控制系统常用智能化控制软件系统，通常可以自动组合制冷、加热等子系统，从而保证在整个温湿度范围内的高精度控制，并达到节能、降耗的目的。完善的检测装置能自动进行详细的故障显示、报警，而当试验箱发生异常时，控制器可用中文显示故障状态。控制系统通常具备历史数据表趋势图及历史故障记录的储存功能。

系统设定精度：温度 0.1℃，湿度 0.1%。

程序容量：常见 30×50 段程序，循环次数为 999 次。

运行方式：常见程序运行或恒定运行。

通信接口：通常采用标准的 RS232/RS485 计算机通信口、USB 接口或网线接口。

运行历史记录功能：通常采用曲线、报表形式显示，触摸屏自动记录运行结果。

3）制冷/除湿系统

● 采用单级制冷系统或复叠制冷系统。

● 采用风冷冷凝器或水冷冷凝器。

● 需要使用不被 Montreal 公约或伦敦修正案禁止的环保型制冷剂 R404A 和 R23（不含 CFC）。

● 采用蒸发器凝露法除湿。

● 通常采取减震、降噪措施。

4）电控柜

电控柜结构包括门锁、控制开关、熔丝、电机热保护装置等。电源板和电路单元需按照 EN 规范设置。

5）风道系统

风道系统包括风机、加热器、蒸发器和温度传感器。

6）电动移动系统（液压系统）

电动移动，含轨道，试验箱可沿轨道水平移动和垂直升降。

3．试验箱的基本工作原理

通常参照 GB 10592—1989《高低温试验箱技术条件》、GB 10586—1989《湿热试验箱技术条件》设计制造，与振动台连接做高低温、湿热及振动试验。与单一因素作用相比，更能真实地反映电工电子样品在运输和实际使用过程中对温湿度及振动复合环境变化的适应性，暴露样品的缺陷，是新样品研制、样机试验、样品合格鉴定试验全过程必不可少的重要试验手段。

4．试验箱对环境的要求

● 外界温度：5～35℃。

● 相对湿度：≤90%RH。

● 外界压力：标准大气压。

● 电源：380V±10%，50Hz+零线+接地线。

● 冷却水温度：≤+28℃。

● 接地电阻：≤4Ω。

- 冷却水压力：0.2~0.4MPa，水流量为 60t/h。
- 压缩空气：0.5~0.8MPa。
- 地面平整度：<3mm/m（至少安装轨道的范围内务必保证）。
- 通风良好，不含易燃、易爆、腐蚀性气体和粉尘，附近没有强电磁辐射源。

5. 试验箱示意图

试验箱示意图如图 2-21 所示。

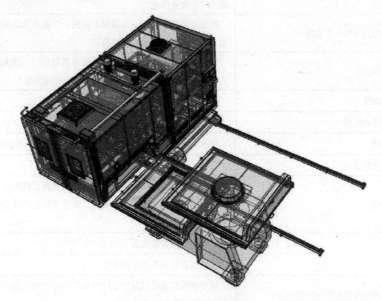

图 2-21　试验箱示意图

6. 试验箱技术要求

1）配置与组成

温湿度试验箱的配置与组成如表 2-39 所示。

表 2-39　温湿度试验箱的配置与组成

序　号	主要部件名称	品牌/型号/尺寸/材料/质量/颜色/图纸的参考要求
1	温湿度试验箱箱体	
1.1	温湿度试验箱箱外体积（长、宽、高）	
1.2	温湿度试验箱箱内容积（长、宽、高）	
1.3	门	开门方向： 密封：设计时应考虑密封条的介质耐抗性
1.4	观察窗	透明，在配合观察灯的情况下能保证在试验过程中观测到样品的状况
1.5	观察灯	__W，并要求在−50~150℃温度范围内能耐久使用
1.6	底板与配合	底板开孔直径： 温湿度试验箱底部与振动台面之间的配合要密封
1.7	传感器线缆的开孔/位置	位置、直径、密封 能防止穿过的线缆、管路等与孔壁发生磨损

续表

序　号	主要部件名称	品牌/型号/尺寸/材料/质量/颜色/图纸的参考要求
1.8	加载线束的开孔/位置	位置、直径、密封 能防止穿过的线缆、管路等与孔壁发生磨损
1.9	对外供电插座	位置、提供对外供电插座 2 路，均使用欧标单项 10A 插座。其中一路要求温湿度试验箱整机上电后即开始供电；另一路为安全供电，即当温湿度试验箱处于运行状态时该插座供电，温湿度试验箱处于待机或故障模式时不对外供电
1.10	独立的高低温保护功能	箱体上需有独立的高低温保护功能，以防止当温湿度试验箱的控制发生失效时损坏正在试验的样品
1.11	运行指示灯	箱顶上需安装有警示灯，分别代表设备的运行、故障和待机三种状态，当温湿度试验箱出现故障或非正常停机时须报警
1.12	随机辅件	
2	平面移动机构	
2.1	电动式	能在水平方向从配对的振动台上移开和移入，并能锁止在指定位置
3	上下升降机构	
3.1	电动式	液压驱动剪刀式举升机构或其他举升机构，箱体可升降最高高度应是高于配对振动系统垂直台的高度，最低高度应是低于配对振动系统的水平滑台高度
4	控制	软件可编程数量应大于 30 个
5	接口	提供与其他设备联动的接口
5.1	温湿度试验箱故障输出信号接口	用于提供温湿度试验箱故障停机信号的干接点输出信号接口不少于 2 个（故障时断开，工作时闭合）
5.2	读取外部设备故障信号接口	用于读取外部设备故障信号的接口不少于 2 个（外部信号为上述的干接点），多个接点之间为逻辑与关系

2）关键参数和说明

温湿度试验箱的关键参数和说明如表 2-40 所示。

表 2-40　温湿度试验箱的关键参数和说明

序　号	内　容	参数（以下为空载状态参考/基本值）
1	温度控制范围	最高温度≥150℃，最低温度≤-70℃
2	温度控制精度	±0.1℃
3	温度波动	±0.5℃
4	箱内温度均匀性	≤2℃
5	箱内温度偏差	低温段±2℃，高温段±3℃
6	温箱噪声	≤75dB
7	温度上升平均速度	-70～100℃ 范围内，根据需要调整速率
	温度下降平均速度	100～-70℃ 范围内，根据需要调整速率
8	湿度范围	15%～98%RH

续表

序　号	内　容	参数（以下为空载状态参考/基本值）
9	湿度偏差	+2%～-3%
10	满足标准	GB/T 2423.1—2008《电工电子产品环境试验 第2部分：试验方法 试验A：低温》 GB/T 2423.2—2008《电工电子产品环境试验 第2部分：试验方法 试验B：高温》 GB/T 2423.3—2016《环境试验 第2部分：试验方法 试验Cab：恒定湿热试验》 GB/T 2423.4—2008《电工电子产品环境试验 第2部分：试验方法 试验Db 交变湿热》 GJB 150.3A—2009《军用装备实验室环境试验方法 第3部分 高温试验》 GJB 150.4A—2009《军用装备实验室环境试验方法 第4部分 低温试验》 GJB 150.9A—2009《军用装备实验室环境试验方法 第9部分 湿热试验》
11	温湿度范围，如右图所示	

3）安全

（1）符合安全标准要求

温湿度试验箱是实验室用仪器，必须符合 GB 4793.1—2007《测量、控制和实验室用电气设备的安全要求 第1部分：通用要求》的要求。

（2）液压系统的安全

液压系统应设有液压锁、单向节流阀，液压锁与液压缸之间不允许存在软管连接。下降过程若上箱体下缘遇到大于 50N 的阻力，设备应自动停止下降并锁止。温湿度试验箱升降机构除了配备液压锁外，还应配备机械卡齿锁止，保证在锁止状态没有人为干预的情况下不会下降。

（3）安全标示与棱角处理

所有危险操作部位都需有醒目的警告标示，如剪刀口；箱外部所有的棱角都需钝化处理，以避免操作人员发生磕碰。

4）质量

（1）系统符合质量标准要求

系统必须符合 JJF 1101—2003《环境试验设备温度、湿度校准规范》各项指标中的要求。

（2）持续运行能力

在-50～150℃温度范围内，系统可持续运行时间大于 100h。

（3）防止与防护

① 防腐蚀：蒸发器需使用不锈钢材质，防止乙二醇及甲醇对蒸发器的腐蚀。

② 冷凝水防护：控制柜及温湿度试验箱体内、外部的所有冷却管路都需要有保温棉或其他保护，以防止温湿度试验箱工作时冷却管路产生冷凝水和滴漏，同时还要防止温湿度试验箱底

板处有冷凝水滴落影响振动台体或水平滑台。

③ 泄漏防护：不可出现试验介质泄漏或挥发直接导致温湿度试验箱无法正常使用的状况。

5）其他相关问题

（1）环境

温湿度试验箱所使用的制冷剂应该为环保型制冷剂，禁止使用国家明令禁止的制冷剂，如氟氢烃制冷剂。

（2）配合

温湿度试验箱可实现与振动垂直台/水平台的配合，并且要密封，不会导致三综合试验在高低温交换时外部的湿气进入温湿度试验箱内部。

（3）联动

温湿度试验箱可实现与振动系统、样品加载等设备的信号对接和联动。

（4）干涉

温湿度试验箱应在振动台处于垂直方向并安装了试验装置后能自由地从振动台上移走或移入，确保处于垂直方向的振动台、温湿度试验箱、行吊的使用不会相互干涉。

（5）操作

① 使用环保型制冷剂：箱体内样品发生严重泄漏后，能够收集泄漏的试验介质并在达到一定的泄漏量时报警，同时给出干接点信号触发外围设备停止工作，可采用集液杯。

② 计算机控制：温湿度试验箱可以连接计算机，在计算机上记录试验数据。但是温湿度试验箱可以脱离计算机独立运行，其运行不依赖于计算机的运行。要求在温湿度试验箱上显示温度值和温湿度试验箱运行状况。

③ 计算机数据传输：箱体上的触摸屏有数据存储困难，传输数据死机，垂直、水平方向的操作高度等问题，因此需要采用计算机进行控制和传输数据。

（6）外观

温湿度试验箱外形美观、结构良好、油漆无瑕疵、门把手等表面光洁。

温湿度试验箱上如有金属棱角、金属壁孔折弯等，则需做硅胶等防护处理，以避免试验中磨损样品加载线缆和加速度传感器线缆。温湿度试验箱上金属棱角的处理如图 2-22 所示。

（a）金属棱角处未做防护处理　　　　　　（b）金属棱角处做了防护处理

图 2-22　温湿度试验箱上金属棱角的处理

7. 试验箱的安装

设备供应商必须事先到现场了解情况，以便更好地进行安装、调试。

1）试验箱对环境与动力设施的要求

温湿度试验箱对环境与动力设施的要求如表 2-41 所示。

表 2-41　温湿度试验箱对环境与动力设施的要求

序　号	内　容	参数要求（参考值）
1	电源	380V/50Hz、3 相
2	接地电阻	≤4Ω
3	压缩空气	0.5～0.8MPa
4	冷却水	温度：≤+28℃，压力：0.2～0.4MPa

2）安装任务

温湿度试验箱安装任务如表 2-42 所示。

表 2-42　温湿度试验箱安装任务

序　号	任　务
1	设备的运输、装卸、就位
2	设备组件之间的线缆连接施工
3	开关电气柜至设备之间的连线
4	其他能源与动力的连接
5	实验室电力开关柜配备
6	设备安装基础准备
7	设备安装要求提供
8	能源与公用动力需求提供（电源/压缩空气/接地等）
9	设备布局图及承重能力要求

3）安装要求

① 合适的摆放位置：温湿度试验箱是与振动系统配对使用的，底座与地面的配合需符合用户公司提供的地平图纸和安装位置尺寸要求，并不会出现在振动台体左右侧摆放位置错误的情况。

② 设备线缆、冷却水管的布置：要求设备所有连接线缆、冷却水管布置合理、整洁，必要时增加走线槽或套管。线缆走线不允许有交叉、与其他物品发生摩擦和经过设备的导轨等情况发生。

③ 冷凝水的防护：温湿度试验箱内、外所有的冷却水管等低温部件的外部都需要包上保温棉，以防止温湿度试验箱在工作中产生冷凝水。

8. 验收要素

1）预验收

① 验收地点：原则上在供应商处进行。

② 验收参与：设备供应商、用户公司技术人员。

③ 技术指标：按上述第 1～5 项逐个验收，要求设备所有的生产制造环节全部完成，设备所有的功能都能够实现。

2）终验收

① 验收地点：在用户公司现场安装、调试完成后进行验收。

② 验收参与：有标定资质的标定机构、用户公司技术人员、设备供应商。

③ 设备标定：由有标定资质的标定机构根据 JJF 1101—2003《环境试验设备温度、湿度校

准规范》各项指标中的要求进行验收，所有的性能参数需达到要求。

④ 技术指标：由用户公司技术人员、设备供应商根据上述第 1～5 项和安装要求的内容逐个验收，以确保系统是符合使用要求的。

⑤ 必要时设备供应商应对用户公司的操作人员进行相关培训。

⑥ 资料：系统供应商需提供给用户的资料如表 2-43 所示。

表 2-43　系统供应商需提供给用户的资料

方案、原理	版权、证书	售后、报告
报价单	控制器许可证	出厂自检报告
设计方案	控制软件正版版权证书	计量标定证书
使用说明书：含电气原理图、液压原理图、安全保障原理图、机械加工图纸、随机附件清单、计量零部件明细表、维修保养规范	控制器操作系统程序软件、光盘及软件源程序	合格证书
外购件零件清单	符合国家《职业健康安全管理体系规范》证书	双方中/终验收报告
	符合国家电磁辐射标准证书	保修卡
		操作人员培训证明

9. 售后服务

系统提供免费的保修期，保修期自计量合格起开始计算。

当温湿度试验箱系统出现故障时，供应商应能快速做出反应和解决故障。

在设备的整个使用期内，设备供应商必须提供终身的修理、维护服务。

本技术要求可作为合同的附件执行，所述指标要求若高于国家标准，则按本技术要求执行；若低于国家标准，则按国家标准执行。

2.8　三综合温湿度试验箱检定要素

主要检测其稳定性、均匀性、速率等。

1）常规温度检测

三综合温湿度试验箱常规温度检测常见温度输入谱如表 2-44 所示。

表 2-44　三综合温湿度试验箱常规温度检测常见温度输入谱

温　度 （℃）	时　间 （h）
150	2
20	2
−40	2

2）常规湿度检测

三综合温湿度试验箱常规湿度检测常见湿度输入谱如表 2-45 所示。

表 2-45 三综合温湿度试验箱常规湿度检测常见湿度输入谱

类　　别	温　度 （℃）	湿　度 （%）	时　间 （h）
高温高湿	85	85	2
高温高湿	60	90	2
常温常湿	25	50	2
低温低湿	20	30	2

2.9 常见仪器、仪表的计量

通常能够影响试验结果的仪器、仪表需要计量，不影响试验结果的仪器仪表不需要计量，即需要写进试验报告的需要计量，不需要写进试验报告的不需要计量。振动实验室常用仪器、仪表计量和保存方式如表 2-46 所示。

表 2-46 振动实验室常用仪器、仪表计量和保存方式

类　　别	仪器、仪表	需要计量	不需要计量	恒温保存
安全设施类	烟雾传感器		×	
能源设施类	电表		×	
	水压力表		×	
	水流量表		×	
环境类	温湿度计	×		
	气压表	×		
设备类	振动系统（含振动控制仪）	×		
	加速度传感器	×		×
	电荷放大器	×		×
	振动台使用气压表		×	
	振动台使用液压表		×	
	振动台冷却系统用风压传感器		×	
	三综合试验箱	×		
	样品用加载电器	×		
	电源	×		
工具	扭力扳手（通常标定不合格，如果特性曲线是线性的则通常可以修复，如果是非线性的则很难修复）	×		
	万用表	×		
测量工具	数据采集仪	×		×
	手持式标定器	×		×

2.10 常见设备辅件及其保存

振动实验室常见设备辅件及其保存如表 2-47 所示。

表 2-47 振动实验室常见设备辅件及其保存

物 品 名 称	型号/技术要求	保存环境/质保期	报 废 标 准
传感器用信号线缆	低噪双屏蔽线缆 耐温度范围: 线头连接方式: 长度:	按说明书/恒温保存	过保质期、线头有损坏、导线屏蔽层损坏
功率放大器用信号线缆	低噪双屏蔽线缆 耐温度范围: 连接方式:通常为 BNC-BNC 连接方式 长度:	按说明书/恒温保存	过保质期、线头有损坏、导线屏蔽层损坏
(加速度传感器使用)安装座	能使加速度传感器屏蔽来自振动台的干扰信号; 能在大于使用频率的 2 倍范围,将接收到的振动激励力真实、不失真、不放大、1:1 地传递给传感器; 振动使用频率范围: 一阶共振频率: 温度使用范围: 两头连接方式/尺寸: 使用寿命:	按说明书/常温保存	过保质期、有变形、有损坏
BNC	卡口式	按说明书/常温保存	过保质期、有变形、有损坏
TNC	螺口式	按说明书/常温保存	过保质期、有变形、有损坏
传感器连接器	连接方式/尺寸:	按说明书/常温保存	过保质期、有变形、有损坏
接头连接用工具	用于传感器线缆修复再利用的工具	按说明书/常温保存	过保质期、有变形、有损坏
微型接头	用于传感器线缆修复再利用的接头	按说明书/常温保存	过保质期、有变形、有损坏
润滑油	黏度要求:150SCALE; 常见的有 32#液压油/汽轮机油/壳牌 68#液压油/GULF-320、TEXAEO-320	按说明书/常温保存	过保质期、变质、变色

注:未填写的型号/技术要求需根据实际需要确定。

第3章 振动夹具

本章主要介绍振动夹具的常识、设计步骤、设计要素，以及夹具的模态分析、制造、测试、判断要素；列举了一些成功、失效的夹具设计案例。目的是帮助相关人员提高振动夹具的设计质量、效率，也为振动夹具的使用提供依据。

3.1 振动夹具常识

1. 振动夹具的用途

振动夹具是影响振动试验质量的关键因素之一，试验的成功与否、试验结果的可置信度与振动夹具息息相关。其基本作用是将试验台产生的激励力通过机械连接真实、不失真、不放大、1∶1 地传递给受试样品；确保与试验样品、振动台面的连接和固定样品，保证样品各固定点上达到试验规范的要求，使试验样品经受所规定的试验应力；通过夹具安装位置的改变，使样品经受不同试验的轴线和方向的激励，满足样品在各个方向上振动的要求。

2. 对振动夹具的基本要求

夹具应在感兴趣的频带上设计成刚性的，而且是轻质的。之所以要求刚性，是因为振动测试由某一个点典型控制，假设控制点的运动代表对试件的输入，如果夹具不是刚性的，则很明显假设是不对的。在控制点处，柔性夹具有一个或多个频率的运行波形接近零，这将使试件产生不切实际的大响应。夹具要求是轻质的，以得到最大的力来驱动试件。轻质和刚性是互相矛盾的要求，设计时应综合经验、分析进行折中。

从机械传递的角度看，对夹具的要求类似于对振动台动圈的要求，要求夹具的比刚度尽可能大，但我们不能指望动圈和夹具都是刚体。当动圈或夹具发生共振时，其输入和输出将不再保持相同的值，而且夹具上各个点的运动参数也不保持相同的值，这样就对试验过程和试验结果产生了影响。实际上，在共振频率前的频率范围内，夹具也不是绝对刚体，振动台面各连接点及夹具上各点的运动也不是完全一致的。

目前，我国还没有制定针对振动夹具的国家标准，某跨国公司的夹具设计规范指南如表 3-1 所示，供参考。

表 3-1　夹具设计规范指南

典 型 试 件	允许夹具的传递特性	允许夹具的正交运动	试件固定点间的允许偏差
机电设备的小型零件，典型质量在 2kg 左右	（1）1000Hz 以下没有共振峰； （2）1000Hz 以上允许有三个共振峰，3dB 带宽大于 100Hz，放大因子不超过 5	Y 向和 Z 向的振动均小于 X 向的振动（直到 2000Hz）	（1）1000Hz 以下允许振动偏差最大为±20%； （2）1000～2000Hz 范围内允许振动偏差最大为±50%

典型试件	允许夹具的传递特性	允许夹具的正交运动	试件固定点间的允许偏差
机电设备的一般性零件，典型质量在 7kg 左右，体积在 164cm³ 左右	(1) 1000Hz 以下没有共振峰； (2) 1000Hz 以上允许有四个共振峰，3dB 带宽大于 100Hz，放大因子不超过 5	Y 向和 Z 向的振动均小于 X 向的振动（直到 2000Hz）	(1) 1000Hz 以下允许振动偏差最大为±30%； (2) 1000~2000Hz 范围内允许振动偏差最大为±100%
异形机械零件（如液压动作筒）、电子设备（如遥测发射器），典型质量为 5~25kg，体积为 0.03cm³ 左右	(1) 800Hz 以下没有共振峰； (2) 800~1500Hz 范围内允许有四个共振峰，3dB 带宽大于 100Hz； (3) 1500~2000Hz 范围内允许有三个共振峰，3dB 带宽大于 125Hz，放大因子不超过 8	(1) 1000Hz 以下，Y 向和 Z 向的振动均小于 X 向的振动； (2) 1000Hz 以上 Y 向和 Z 向的振动为 2 倍 X 向的振动； (3) 离开共振区 200Hz 以外个别地方 Y 向和 Z 向的振动允许为 3 倍 X 向的振动	(1) 1000Hz 以下允许振动偏差最大为±50%； (2) 1000~2000Hz 范围内允许振动偏差最大为±100%； (3) 离开共振区 200Hz 以外个别两点间允许振动偏差最大为±400%
较大型设备，质量约为 25~250kg，体积约为 0.3cm³	(1) 500Hz 以下没有共振峰； (2) 500~1000Hz 范围内允许有两个共振峰，3dB 带宽大于 125Hz，放大因子不超过 6； (3) 1000~2000Hz 范围内允许有三个共振峰，3dB 带宽大于 150Hz，放大因子不超过 8	(1) 500Hz 以下，Y 向和 Z 向的振动均小于 X 向的振动； (2) 500~1000Hz 范围内 Y 向和 Z 向的振动小于 2 倍 X 向的振动； (3) 1000~2000Hz 范围内 Y 向和 Z 向的振动小于 2.5 倍 X 向的振动，离开共振区 200Hz 以外个别地方允许为 3 倍 X 向的振动	(1) 500Hz 以下允许振动偏差最大为±50%； (2) 500~1000Hz 范围内允许振动偏差最大为±100%； (3) 500~1000Hz 范围内振动偏差最大为±150%，离开共振区 200Hz 以外为±200%
大型设备，质量超过 250kg，最小边尺寸不小于 60cm	(1) 150Hz 以下没有共振峰； (2) 150~300Hz 范围内允许有一个共振峰，放大因子不超过 3； (3) 300~1000Hz 范围内允许有三个共振峰，3dB 带宽大于 200Hz，放大因子不超过 5； (4) 1000~2000Hz 范围内允许有五个共振峰，3dB 带宽大于 200Hz，放大因子不超过 10	(1) 300Hz 以下，Y 向和 Z 向的振动均小于 1.5 倍 X 向的振动； (2) 300~2000Hz 范围内，Y 向和 Z 向的振动均小于 2.5 倍 X 向的振动； (3) 300~1000Hz 范围内在共振区 100Hz 外 Y 向和 Z 向的振动可为 3.5 倍 X 向的振动； (4) 1000~2000Hz 范围内在共振区 150Hz 外 Y 向和 Z 向的振动可为 4 倍 X 向的振动	(1) 400Hz 以下允许振动偏差最大为±50%； (2) 400~1000Hz 范围内允许振动偏差最大为±100%，离开共振区 200Hz 以外为±200%

从表 3-1 中可以得到以下一些具有普遍性的要求和规律。

① 试件大小、质量不同，对夹具的要求也不相同。试件越小，要求越高，同时也容易达到。

② 对夹具传递性的要求限制了出现共振峰的最低频率，同时限制了高频段出现共振峰的个数及峰值的大小。

③ 对正交运动给出了允许范围。

④ 对试件固定点间的差别做了限制。

3. 振动夹具的动态响应

动态响应是夹具设计非常重要的原因之一，任何振动夹具在振动频率达到其固有频率时都会产生共振，好的夹具在整个试验频率范围内都应有良好的传递特性。有时即使夹具和试件看上去很坚固，也会有振型节点、波谷和共振，使振动传递力增加或衰减。在某一特定频率下，振动量级趋于零的点为节点；当某个点上的振动量级比其他点小得多时，就叫波谷。当振动量级与其他点相比大时，就是发生了共振。当控制传感器安装在节点或波谷时，为达到参考量级，控制器将被迫加大输出。因此，传感器的安装和控制策略对振动而言非常重要。

振动夹具的动态特性计算是夹具设计中的难点，尤其是大型夹具很难按照设计图纸准确计算出其频响特性，随着技术手段的进步，可以采用模拟、仿真等方法进行估算。夹具制造完成后，必须通过正弦扫频、宽带谱随机振动等试验测试其动态特性，如有可能，应加上模拟试件后进行测试，以保证夹具的传递特性符合要求。

振动夹具因试件的种类及结构的不同变得复杂，不同类型的试件有不同的动态特性，对夹具的安装及连接的要求也不尽相同。因此，如果想得到一个理想的振动夹具，夹具的设计与制造需要有理论的指导和丰富的实践经验，并由相关方共同合作完成。

4．振动夹具的种类与特点

1）按形状分类

按形状分类的振动夹具种类与特点如表 3-2 所示。

表 3-2　按形状分类的振动夹具种类与特点

序　号	夹具形状	特　　点
1	立方体形	夹具的五个面都可以安装试件，常用整块材料加工，多采用镁、铝合金，主要用于小型零部件的振动试验
2	锥形	通常为某个特定试件而定制，部分也可以具有多用途；一阶谐振频率通常可以达到 2000Hz 或以上，质量一般大于试件，设计时要注意调整夹具和试件组合的重心，使其在振动台动圈的中心位置
3	L 形	可用焊接、螺接、整体加工等方法制造，夹具结构简单、经济性好，但垂直平板在某些频段容易产生共振。共振是由试件反作用激发的，因此板的厚度必须根据连接质量仔细计算，夹具的质量要大于试件的质量，在设计时要注意调整夹具和试件组合的重心，使其在振动台动圈的中心位置
4	T 形	除垂直平板位于中间位置外，其他与 L 形夹具类似，试件可以安装在垂直平板的两侧，很容易做到使夹具和试件组合的重心在振动台动圈的中心位置
5	封闭盒形	通常用五块金属板焊接或用螺栓连接而成，顶盖（第六块板）通常用螺栓连接，夹具的底面与振动台动圈连接，试件可以安装在其余的五个平面上，但在大振动量级和高频段不建议使用该夹具
6	圆筒形	比封闭盒形夹具有所改进，一个直径为 305mm、长度为 305mm 的圆筒形夹具的一阶谐振频率已经达到 2000Hz 以上
7	倒锥状	适用于大型试件，可增大安装试件的台面面积，通常采用增加支撑结构以增大刚度与质量比，常用铸造或焊接成型工艺
8	板形	板形夹具是最简单的夹具，形状可以是圆形（直径与振动台面一样大或比其略大），可以作为转接板，在其上安装小夹具
9	半球形	一阶谐振频率与质量比很高，但机械加工困难，通常采用铸造成型，可一次完成三方向试验
10	T 形槽转接板	板上有与振动台连接用的安装孔，安装试验用 T 形槽，安装方便，适应性强
11	台面扩展转接板	小直径端与振动台面连接，大直径端安装试件，常用于尺寸超过振动台面的试件

2）按制造分类

按制造分类的振动夹具种类与特点如表 3-3 所示。

表 3-3　按制造分类的振动夹具种类与特点

制造种类	优　点	缺　点	注　意　点	适　用
用整块原材料加工制造	最快、最优的方法			小型夹具
铸造夹具	能适应任何奇形怪状的试件； 满足多方面的设计要求，如要求有一定厚度的截面、变剖面、很多角撑板、复杂截面等，可以达到频率质量比最大； 铸造合金阻尼高，阻尼能降低输出输入比，减小共振幅度	成本高； 制作周期长； 铸造合金的加工性能或焊接性能不是很高	高阻尼合金的共同特点： 合金含量低； 具有相当粗糙的粒度； 屈服强度相当低； 在铸造状态性能最好	要求有曲面、变厚度、变截面的夹具
螺接夹具	连接方便、组合灵活、通用性好	可能会出现配合和预应力问题； 夹具的部件、夹具与试件等结合部位可能在振动时相互撞击、相对运动，螺栓间的跨度部分会产生共振，造成波形有"毛刺"畸变； 有时，需要依靠螺栓承受剪切力来传递振动力	加工面有较高的精度； 螺栓的预紧力比最大的分离力至少要大 10%； 使用大量高强度螺栓并拧紧； 螺栓的间距要小； 对于铝、镁等柔软材料，连接用的螺栓需采用粗牙； 对多次拆装夹具，螺栓应拧入钢制的螺纹衬套中，螺栓头部需压紧在淬火的钢制平垫片上，以保护螺栓头下部的光孔肩部	
焊接夹具	制作周期短，约为铸造的 1/7； 成本低，约为铸造的 1/3； 与螺栓连接夹具相比好在无"毛刺"	焊接件在振动载荷下容易断裂，但随着焊接水平的不断提高，该缺陷正在逐渐减少	焊接质量要好	
粘接夹具	共振频率大于螺栓连接夹具	共振频率低于焊接夹具	常见粘接剂是环氧树脂	

3）按用途分类

按用途进行划分，夹具可分为专用振动夹具和通用振动夹具两种。

3.2　振动夹具设计的一般步骤

振动夹具设计、制作的一般流程如图 3-1 所示。

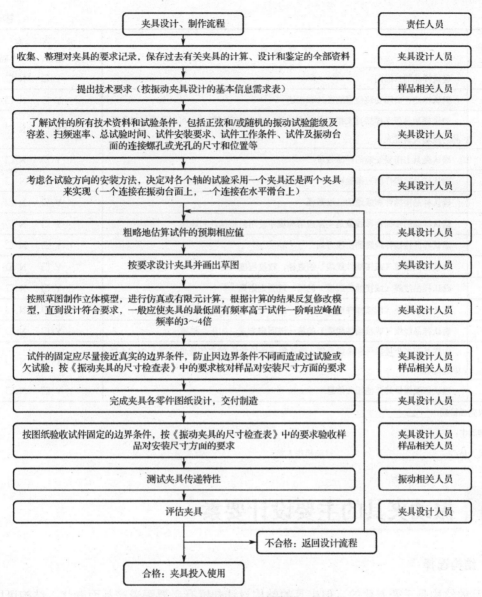

图 3-1 振动夹具设计、制作的一般流程

3.3 振动夹具设计的基本信息需求

振动夹具设计的基本信息需求如表 3-4 所示。

表 3-4 振动夹具设计的基本信息需求

样品编号：_____ 客户&项目：_____

序　号	检查项目	状　态（Y—确认，N—不确认）
1	确认样品开发的目的（平台开发、实际应用开发）	Y □　　N □
2	确认样品简化的三维数模	Y □　　N □

序　号	检查项目	状　态 （Y—确认，N—不确认）
3	确认样品的二维图	Y □　　N □
4	确认样品在实际安装位置的图片和描述	Y □　　N □
5	如果样品是带支撑架且支撑架是非刚性的，确认该支撑架是否可以取消以避免样品的振动失真过大	Y □　　N □
6	确认夹具上需要安装的样品数量	Y □　　N □
7	确认样品接插件的三维数模	Y □　　N □
8	确认样品接插件和线缆的三维数模	Y □　　N □
9	确认样品的接插件和线缆是实际应用环境中使用的接插件和线缆	Y □　　N □
10	确认样品接插件线缆的出线方向	Y □　　N □
11	确认样品线缆（或接插件线缆）的直径、软硬程度	Y □　　N □
12	确认样品线缆（或接插件线缆）的第一道固定距离	Y □　　N □
13	确认样品线缆（或接插件线缆）的第一道固定位置	Y □　　N □
14	确认样品线缆（或接插件线缆）的第一道固定方式，如压、扣等	Y □　　N □
15	如样品有多个接插件和多股线缆，确认每一个接插件/线缆都提供了以上7～14栏中的内容	Y □　　N □
16	确认需要提供的其他相关信息	Y □　　N □

要求完成日期：＿＿＿＿＿＿＿＿＿

交接签字：

相关人员：　　　　　　　　　试验操作人员：

3.4　振动夹具的主要设计要素

1. 结构选择

产品的结构是千变万化的，但夹具的结构设计却没有必要跟着产品而变化，结构可以往通用化、系列化、标准化方向靠拢，一个夹具也可以有多种用途。由此，可以将夹具分为专用夹具和通用夹具。常规夹具的结构可优先采用对称封闭形，如立方体、半球形、锥形。

2. 工艺选择

整体加工是夹具制作中的常见方法，对于小型振动夹具，应优先采用用一整块材料制作加工的工艺。

铸造夹具的设计指标是频率/质量比很大，设计有曲面的振动夹具，尤其当弧度不是常数时，应考虑采用铸造工艺，使任何奇形怪状的样品都能适应并满足多方面设计的要求，如要求有一定厚度的变剖面、截面及有很多角撑板的复杂界面。

焊接夹具比铸造夹具节省时间和费用，但焊接夹具在振动载荷下容易断裂，或不能防止夹具各部分的相对运动，使试验波形有毛刺或畸形。

螺接夹具加工简单、工艺性好，通常只要注意制作是可以获得很好性能的。

3．常见材料的物理特性与选用

1）夹具常见材料的物理特性与价格比较

控制固有频率的因素是比刚度 E/ρ，其中 E 是杨氏模量，ρ 是材料密度。对大多数金属来说，E/ρ 比值差别不太大，因此设计夹具时仅靠精选材料并不会明显地改变其频率特性。夹具常见材料的物理特性与价格比较如表 3-5 所示。

表 3-5 夹具常见材料的物理特性与价格比较

材料	杨氏模量 E（N/cm²）	密度 ρ（N/cm³）	比刚度 E/ρ（cm）	热膨胀系数（℃⁻¹）	声速（km/s）	价格
铝	7.0×10^6	$(2.5 \sim 2.8) \times 10^{-2}$	$(2.5 \sim 2.8) \times 10^8$	24×10^{-6}	$5.11 \sim 5.23$	低
钢	2.1×10^7	$(7 \sim 8) \times 10^{-2}$	$(2.6 \sim 3) \times 10^8$	18×10^{-6}	$5.05 \sim 5.13$	较低
铍	3.0×10^7	1.85×10^{-2}	1.6×10^9	12×10^{-6}	12.6	高
镁	5.0×10^6	0.94×10^{-2}	0.96×10^8	26×10^{-6}	$4.60 \sim 4.90$	高

2）材料的选用

质量是夹具最关键的参数，对同一尺寸的金属而言，铝比镁重 1/3，而钢比镁重 4 倍。某些铝镁合金的阻尼特性甚至比钢好。

夹具应尽可能采用比刚度大、阻尼大的材料，如镁、铝及其合金；尽可能不用钢做夹具的主要材料；材料的比刚度大就意味着质量轻而刚度大，则夹具对推力的影响小，其频响可展宽，因此夹具对振动试验的影响小而传递力或参数的性能却很好。

为了在整个使用频率范围内具有良好的振动传递和频率响应，普通夹具推荐选用硬度为 HB150 的铝合金作为夹具的主要材料。

4．结构强度

夹具的强度和疲劳特性在夹具设计和制造中一般很少需要考虑，因为振动夹具的高频特性所要求的刚度使得夹具非常结实，一般来说，夹具很少因强度不足而损坏。

5．结构刚性

采用过分刚性的夹具模拟做振动试验的情况与产品在实际应用中的振动情况可能是不一致的。因此，目前的夹具设计，在满足试验条件的前提下，刚性越大越好，以排除夹具对试验的影响。夹具设计时需要注意以下事项。

● 整体结构厚实，有条件时可采用一体结构；

● 局部结构厚实，尤其在样品的安装脚处；

● 要避免出现任何形式的弱体带实体（除非实际就是这样）、悬臂等结构，如无法避免，可做加固处理，以避免夹具在振动中出现任何的整体或局部的刚性不足；

● 结构中需避免出现应力集中点，必要时可做圆角或倒脚处理；

● 结构对称，应确保夹具在安装上试件后的重心处于振动台面的中心轴位置，以避免振动试验中振动台面出现摇摆或振动波形失真；

● 重心应尽可能低，以避免振动中产生较大幅度的倾覆力矩（尤其是水平方向振动）或试验进行不下去；

● 夹具的体积应尽可能小，以避免因体积问题而导致的刚性或试验一致性差的问题；

● 夹具的连接层次应尽可能少，以避免振动试验中夹具内部出现敲击使振动放大。

6. 连接强度

1）螺纹连接夹具相互之间的连接

对于螺纹连接夹具，为确保夹具的连接强度，设计时需确保足够的夹具配合面平面度、足够的螺栓连接密度（尤其是边角处）和螺栓直径、足够的螺栓咬合厚度、咬合面平面度和符合连接要求的表面粗糙度、足够的螺纹孔强度，必要时采用螺纹衬套或钢丝衬套，夹具安装时采用足够强度的螺栓等，以避免夹具在振动中出现内部敲击、螺孔滑丝、螺栓断裂、夹具解体等问题。常见标准内六角螺栓尺寸比例和夹具安装孔设计示意图如图 3-2 所示。

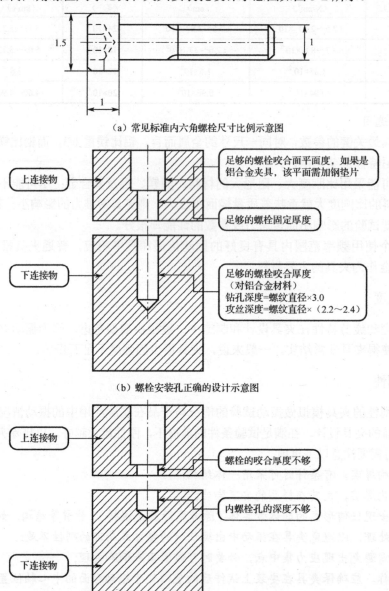

图 3-2　常见标准内六角螺栓尺寸比例和夹具安装孔设计示意图

2）夹具与振动台面的连接

就算刚性再好的夹具，如果不能与振动台面实现正确、可靠的连接，振动试验的质量也不可能得到保证，因此设计时需要注意以下问题。

- 试验时（夹具安装上样品后），应尽可能确保夹具上用于和振动台连接的安装孔在振动台面上处于对称位置，且试验的重心处于振动台面的中心轴位置；
- 夹具上有足够的可用于固定的安装孔，且安装孔有合适的孔径；
- 夹具安装孔有足够的能让连接螺栓咬合的厚度和咬合面平面度（反复使用的安装面需加钢垫片处理）；
- 夹具底平面有足够的平面度（参见相关标准）；
- 夹具安装时采用强度足够的螺栓连接，螺栓强度推荐 12.9 级。

3）样品与夹具的连接

样品在夹具上的安装通常需要符合试验委托方的要求或模拟样品的实际安装情况，否则可能做出无效振动试验，因此设计时需要注意以下几个方面。

（1）样品在夹具上的安装方法符合试验委托方的要求或模拟样品的实际情况

夹具上样品安装处的形状、尺寸、材料、方向等需要符合试验委托方的要求或样品的实际安装情况，如样品在实际的安装处是有凸台的，设计夹具时在样品的安装处就应模拟该凸台；另外，不论是通过夹具还是通过振动台实现样品的振动，都应确保不会出现因试验方向的更换而导致样品某方向试验少做或重复做的情况。

（2）夹具上用于固定样品的孔的孔径和深度正确

夹具上用于固定样品的孔的孔径和深度需要符合要求，孔径通常取决于样品。对铝合金材料，孔深通常可为孔径的 3 倍，攻丝深度可为螺纹直径的 2.2～2.4 倍，以避免安装时出现螺栓顶到螺孔底部、样品没有被紧固却误以为已紧固的情况。同时，为确保夹具经久耐用，固定孔可做镶钢套/钢丝护套处理。

不同材料的钻孔深度和攻丝深度如表 3-6 所示。

表 3-6　不同材料的钻孔深度和攻丝深度

序　号	不同材料的钻孔深度	不同材料的攻丝深度
1	钢和青铜钻孔深度=螺纹直径×（1.5～1.6）	钢和青铜攻丝深度=螺纹直径×（1.2～1.3）
2	铸铁钻孔深度=螺纹直径×（2.5～2.8）	铸铁攻丝深度=螺纹直径×（1.75～2）
3	铝钻孔深度=螺纹直径×3.0	铝攻丝深度=螺纹直径×（2.2～2.4）

（3）样品连接件能在振动夹具/振动台面上实现正确的固定

夹具设计应考虑样品相关部件的固定，如线缆、对接线缆、管路等。通常这些相关件需固定在夹具或振动台面上，以避免振动中其前后端出现相位差。相关件的固定距离和转弯半径等也需要符合试验委托方的要求或模拟样品的实际安装情况。

（4）样品的其他要求

夹具的设计还要满足样品的其他要求，如夹具是否需要设计气道、液道、通气孔等，以满足样品的特殊加载需要。

4）加速度传感器与夹具的连接

因加速度传感器的摆放位置不同而导致试验结果存在较大差异的案例并不少见，这些差异影响到了试验的可置信度和复现性。因此，为确保加速度传感器能在夹具上实现正确的安装和信号传递，设计时需要注意以下问题。

很多样品在进行振动试验的同时需要叠加温湿度试验，为使加速度传感器在试验中不会轻易松脱，采用螺纹连接是不错的方法。同时，为确保传感器能正确安装，传感器安装孔的孔径、孔深也要满足传感器的安装要求，即传感器安装孔的孔径、螺纹制式（如公制/英制/美制、粗牙/细牙）需要与使用的传感器保持一致，常见的有 10-32UNF 和 M5，孔深通常要大于 10mm。

（1）传感器摆放在正确的位置和实现正确的控制

通常振动试验中控制传感器应摆放在夹具上靠近样品的安装处，即振动力传递给样品的位置。就控制策略而言，如果是单点控制，将可能造成夹具或试件上其他点的振动量级高于或低于控制点，因此，为使试件上各点的加速度值均匀，可采用两点或多点平均控制法。

（2）传感器安装面的角度/平面度符合要求

夹具上用于加速度传感器安装面的角度/平面度需符合相关要求。

（3）传感器方向的摆放

试验样品不论是通过夹具还是通过振动台实现三个方向的振动，夹具设计均要确保加速度传感器安装孔不会有遗漏。

7. 干涉的避免

夹具设计需留有间距以避免试验相关部件在安装时会互相干涉，在振动试验中会因振动变形而导致互相碰撞，因此设计时需注意以下问题。

1）试验物品之间干涉的避免

要确保夹具、试验样品、试验加载件、加速度传感器等物品能实现正常的安装并留有一定的间距，在条件允许的情况下可在数模中预先模拟装配。

2）试验物品与试验设备之间干涉的避免

夹具设计还要确保试验不会与振动台面、温湿度试验箱底部等发生干涉并留有一定的间距，尤其是样品的线束、管路等的固定不会出现因夹具问题而导致的转弯半径过小等影响试验质量的情况。

8. 确保安全

某些样品的振动试验涉及试验液，因此为避免振动试验出现安全问题，设计时需注意以下问题。

1）泄漏的避免

设计带试验液样品的夹具时必须要慎重考虑，如夹具之间连接的高可靠性和密封性、管路连接的高可靠性和应力的避免，以及选择较高密度的材料和密封效果好的密封圈等，以避免夹具或试验中出现泄漏并引发安全隐患。

2）耐腐蚀

设计带试验液样品的夹具，必须选用能耐腐蚀的材料，以避免试验样品、试验液、振动夹具在试验期间发生化学反应并引发安全隐患。

3）安全保护

某些样品的振动试验涉及火（如安装在汽车上的点火线圈），这些试验原则上是要用惰性气体进行安全保护的，因此，夹具是否设计气道，以及气道的走向如何等都是需要考虑的。

4）钝化处理

夹具制作需确保所有的边角都要做锐角倒钝处理，以免不小心伤害操作人员。

9. 确保人性化与经济性

对需要反复使用的夹具，如果采用人性化设计，将会给夹具的搬运、试验中的装夹、试验方向的更换等带来长期便利，因此设计时需要考虑以下问题。

1）轻质处理

在不破坏夹具结构和不影响夹具刚性的前提下，可对夹具采取去除多余边角、悬臂，在合适处适当挖孔等方法来减轻夹具的质量。

某些情况下可采用轻重材料搭配等方法来减轻夹具的质量。

2）实现快速装夹

夹具设计应尽可能从操作者的角度考虑，融入人性化设计，如尽可能把操作部位设计在显眼、宜操作处，方便操作者操作和避免多余的操作动作，实现快速装夹。

3）实现方向快速更换

假如是用体积小、数量多的样品做振动试验，如果通过拆装样品来实现试验方向的更换，将花费很长的时间，同时也容易导致样品的损坏。因此，还要考虑设计不需要拆装样品就能快速更换试验方向的夹具。

4）防错设计

如果是组合夹具，设计时还要考虑安装防错问题，使安装件只有在处于正确的位置、方向时才可能被安装。另外，还可以通过在夹具上做标记等方法，使安装不会轻易出现方向错误等情况。

如果是多工位夹具，则样品安装工位应设计工位号，以方便试验中样品的查找。

5）搬运便利性

夹具设计还要考虑搬运的便利性，如小型夹具需在合适的位置设计抓手。对体积较大、较重的夹具，在合适位置设计能安装吊环的安装孔、能穿入吊带的起重孔等，以方便夹具实现正确和高效的搬运和起重。

6）经济性

样品一般是多品种、多外形的，如果为每一种外形的样品定制一款夹具，则夹具的需求量就会很大。因此，还需要根据样品的特点设计经济型的夹具，以避免不必要的浪费。例如，可以设计一个标准夹具主体，不同外形的样品通过过渡板实现与主体的连接，这样就可做到每个外形的样品共享一个夹具主体，使夹具的需求量降低。

7）标准化

必要时，夹具上与振动台面固定的安装孔的高度、直径等应尽可能标准化，避免出现同一款夹具需要使用很多不同规格的螺栓进行安装等情况发生，这样可以减小因安装情况复杂导致的安装错误概率，有效提高试验的装夹质量和效率。

10. 确保加工与装配

1）过定位的避免

对组合夹具，需确保夹具各组合件之间的装配不会发生过定位等情况，必要时可通过采用定位销等辅助定位的方法来实现定位。

2）传统工艺加工

夹具设计需确保夹具是可以采用传统工艺加工的，因此设计时需要注意以下问题。

夹具的设计结构应确保夹具装配的正确性，不会出现加工死角等传统工艺无法加工的部分；如果是复杂结构夹具，当加工死角无法避免时，可采用将夹具拆分再组合等方法。

3.5 模态分析在振动夹具设计中的运用

通常，只要制作出了有缺陷的夹具，后期会因时间等各种原因的限制给更改带来很大的困难。因此，为使夹具能一次性设计成功，作为夹具设计中和夹具制作前重要的质量分析环节，模态分析时应注意以下事项。

① 试验的重心：尽可能确保试验（夹具+产品+试验附件后）的重心处于台面的中心位置，特别是带垂直扩展台、大尺寸产品/夹具，以避免振动中试验出现偏转力矩。

② 共振频率：一阶共振频率在夹具的频率使用范围之外。

③ 不均匀度：各个关键点的不均匀度在合适的范围。

1. 旧夹具模态动力学分析

旧夹具的材料是硬度为 HBS100 的铜铝合金，外形如图 3-3（a）所示，为框架结构，仅在 4 个角落处有 4 个螺栓孔与振动台连接。为模拟振动台试验，分析夹具上的响应不均匀度，对夹具进行谐响应分析，在 4 个螺栓连接处输入响应 $1m/s^2$（见图 3-3（b）），在 8～2000Hz 频率范围内平均取 6 个点，分析结果如图 3-3（c）～（h）所示。

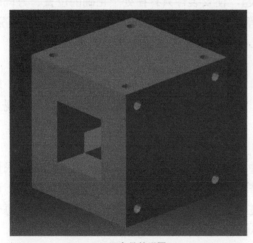

（a）旧夹具外形图

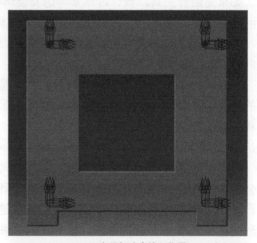

（b）旧夹具加速度输入位置

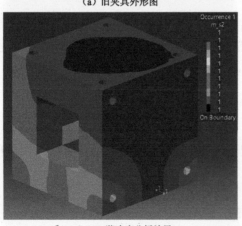

（c）8Hz 谐响应分析结果

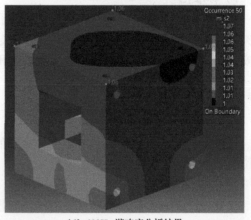

（d）400Hz 谐响应分析结果

图 3-3　旧夹具模态动力学分析

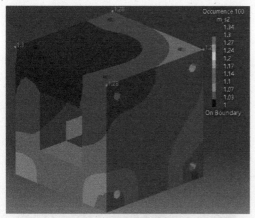
（e）800Hz 谐响应分析结果

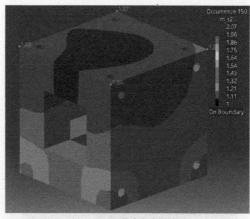
（f）1200Hz 谐响应分析结果

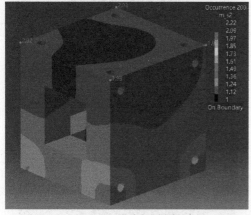
（g）1600Hz 谐响应分析结果

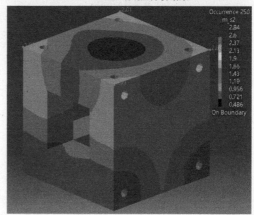
（h）2000Hz 谐响应分析结果

图 3-3　旧夹具模态动力学分析（续）

为分析夹具在各个频率下的响应、不均匀度与振动放大率，取距离台面最远的顶部 4 个点进行评价，如表 3-7 所示。

表 3-7　旧夹具顶部 4 个点的响应数据及不均匀度

序号	频率 （Hz）	#1 点响应 （m/s²）	#2 点响应 （m/s²）	#3 点响应 （m/s²）	#4 点响应 （m/s²）	不均匀度（%）	振动放大率（%）
1	8	1	1	1	1	0.00	0
2	400	1.05	1.06	1.06	1.06	0.71	6
3	800	1.30	1.28	1.24	1.28	2.75	28
4	1200	1.88	1.86	1.83	1.87	1.61	86
5	1600	2.02	1.98	1.97	2.03	1.50	100
6	2000	1.96	1.99	2.02	2.01	1.75	100

2. 新夹具模态动力学分析

新夹具的材料是硬度为 HBS100 的铜铝合金，外形如图 3-4（a）所示，为实心结构，夹具共有 13 个螺栓孔与振动台连接。类似旧夹具，同样输入条件（见图 3-4（b））对新夹具进行仿真计算，分析结果如图 3-4（c）～（h）所示。

（a）新夹具外形图

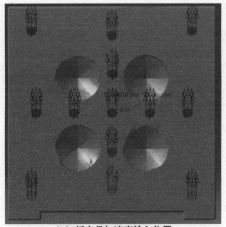

（b）新夹具加速度输入位置

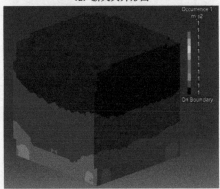

（c）8Hz 谐响应分析结果

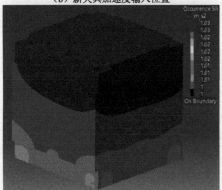

（d）400Hz 谐响应分析结果

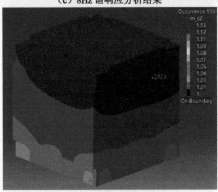

（e）800Hz 谐响应分析结果

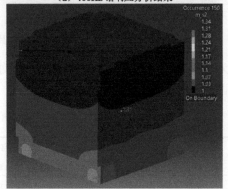

（f）1200Hz 谐响应分析结果

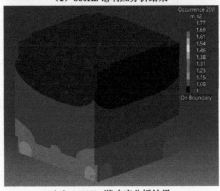

（g）1600Hz 谐响应分析结果

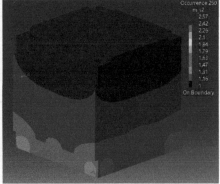

（h）2000Hz 谐响应分析结果

图 3-4　新夹具模态动力学分析

各个频率下的响应、不均匀度与振动放大率如表 3-8 所示。

表 3-8 新夹具顶部 4 个点的响应数据及不均匀度

序号	频率 （Hz）	#1 点响应 （m/s²）	#2 点响应 （m/s²）	#3 点响应 （m/s²）	#4 点响应 （m/s²）	不均匀度（%）	振动放大率（%）
1	8	1	1	1	1	0	0
2	400	1.03	1.03	1.03	1.03	0	3
3	800	1.13	1.13	1.13	1.13	0	13
4	1200	1.34	1.34	1.34	1.34	0	34
5	1600	1.77	1.77	1.77	1.77	0	77
6	2000	2.57	2.57	2.57	2.57	0	157

3. 新旧夹具模态分析对比

新旧夹具性能对比如图 3-5、图 3-6 所示，根据 GB/T 2423.10—2008《电工电子产品环境试验 试验方法 振动（正弦）》的要求，新夹具更能符合试验要求。

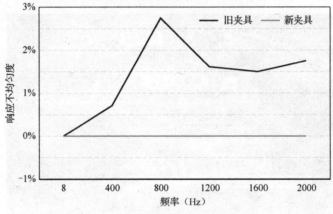

图 3-5 新旧夹具相应不均匀度对比

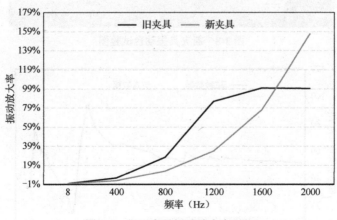

图 3-6 新旧夹具振动放大率对比

4. 模态分析与试验数据对比

此外，将新旧夹具安装于振动台，对同一点进行试验，并与仿真数据进行对比。如图 3-7～

图 3-10 所示，发现试验数据与仿真数据相差不大，旧夹具在 1500Hz 和 1860Hz 处出现共振点，新夹具在 2000Hz 内无共振点，进一步说明了新夹具优于旧夹具。

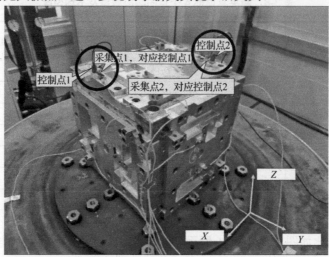

图 3-7　旧夹具振动台试验图

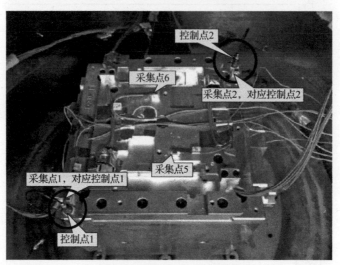

图 3-8　新夹具振动台试验图

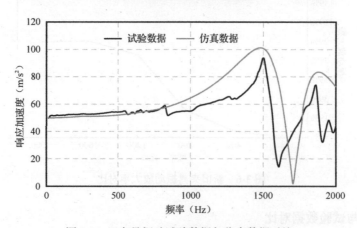

图 3-9　旧夹具振动试验数据与仿真数据对比

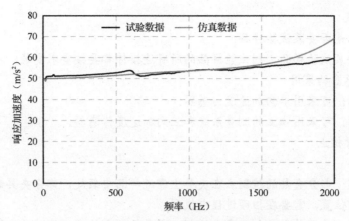

图 3-10　新夹具振动试验数据与仿真数据对比

3.6　振动夹具的测试

夹具设计过程中对其动态特性的计算是比较粗略和不精确的，通常只是估计值。在夹具制造完成后，必须进行检测。

1. 夹具测试方法

① 扫描法：用正弦扫频试验来测试夹具的传递特性。从频率响应特性曲线上可以确定各个自然固有频率及每个谐振频率的放大倍数和 3dB 带宽，也可以测量试件几个固定点之间的运动偏差值。

② 锤击法：用力敲击振动输入部位（与振动台连接处），测量夹具与试件连接部位的响应。

2. 测试的顺序性、重复性、互易性

① 顺序性：为保证测试精度，最好是先夹具、后试件加夹具在振动台上进行测试。同时，比较它们之间的差异，就能看出夹具设计和实际之间的异同。如果设计与实测的差异在5%～10%之间，则是可以接受的；若差异在 15%以上，则应对夹具进行修正。

② 重复性：可选几个点，在测试开始和结束时测量频响，对同一个点，自身的重复性一般在 5%以内。

③ 互易性：激振点与测试点互换后所得频率响应函数的误差应小于 5%。

如果按顺序进行试验，试验结果具有重复性和互易性，与理论值的误差不大，则夹具的设计和试验都是成功的。

3. 测试点布置

除了理论上、试件上的需要外，测试点的布置更多地是靠经验来确定。

必须兼顾振动台面、夹具和试件的状况。台面上要设置参考点（一般取台面中心），以监视均匀度和横向振动，同时还要注意振动的传递效果。

除了试件上的布点外，还要根据试验要求、试验状态和试验条件来确定。

1）试验的安装

● 确定夹具上是否安装试验样品；

● 如果需要安装试验样品，则试验样品的所有连接件都要按要求安装。

2）加速度传感器的采用

● 控制传感器：可采用单向加速度传感器；

● 测量传感器：可采用独立的测量系统和三向加速度传感器。

3）控制点和考核点

（1）控制点

● 控制点位置：部分夹具的控制点在夹具上靠近样品安装处，部分夹具的控制点可能在夹具上的任何位置，需要在扫频过程中找到；

● 控制策略：可采用单点控制、多点控制，通常控制点越多、越对称，控制越均匀。

（2）考核点

● 考核点1：试验控制点位置；

● 考核点2：夹具上靠近样品安装处；

● 考核点3：样品上靠近样品安装处；

● 考核点4：（部分样品）夹具上样品线缆的第一道固定处。

4）扫频图谱的采用

● 实际试验采用图谱，如果有多个试验图谱，则多个图谱都需要采用；

● 采用在试验频率范围内的正弦平直谱。

5）主要考核的因素

● 夹具的刚性和横向振动；

● 夹具与振动台面的连接强度；

● 样品与夹具的连接强度；

● 样品线缆的第一道固定处与夹具本身的连接刚性；

●（部分夹具）寻找夹具的最佳控制点。

6）考核要求

● 确保振动台面的激励力通过振动夹具能正确地传递到试验样品，且传递到试验样品上的力的放大和缩小能满足标准公差范围的要求；

● 确保振动台面的激励力（通过振动夹具）能正确地传递到样品线缆的第一道固定处，且力的放大和缩小能满足试验的要求（如因条件限制无法达到，则需要相关人员共同协商确定可以接受的值）；

●（部分夹具）找到夹具上的最佳控制点。

3.7 振动夹具的检查与修正

1. 振动夹具的特性检查

试件一阶谐振频率和夹具一阶谐振频率之比应限制在 0.5～1.4 之间。超出此范围应增加阻尼或采取相应的自动增益控制和功率储备。

夹具振动加速度传递特性应在-3～+20dB 之间，如果比-3dB 还要小，则应能通过自动增益控制提高振动的量级。

夹具的横向振动应尽可能小，通常在超过 2000Hz 的高频段也不能超过主轴向振动。

2. 振动夹具的尺寸检查

振动夹具的尺寸检查如表 3-9 所示。

表 3-9 振动夹具的尺寸检查

零件名称		振动夹具		夹具所属样品			
检验内容	□	尺寸	□	材料	□		
序 号	项目/额定值		实 际 值		评 估		
					确 认	偏差认可	拒 绝
备 注	样品工程师:				日期:		

3. 振动夹具的修正

对已制造完成的不符合要求的夹具，要及时进行修正和改进，常见的方法有增加连接螺栓的数量、增大螺栓的预紧力、增添加强筋、提高和改善局部刚性等。

3.8 振动夹具设计案例

1. 板形振动夹具

板形振动夹具典型设计案例如图 3-11 所示。

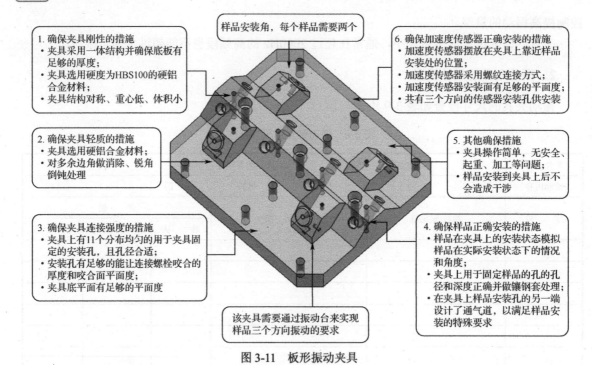

1. 确保夹具刚性的措施
 · 夹具采用一体结构并确保底板有足够的厚度;
 · 夹具选用硬度为HBS100的硬铝合金材料;
 · 夹具结构对称、重心低、体积小

样品安装角,每个样品需要两个

6. 确保加速度传感器正确安装的措施
 · 加速度传感器摆放在夹具上靠近样品安装处的位置;
 · 加速度传感器采用螺纹连接方式;
 · 加速度传感器安装面有足够的平面度;
 · 共有三个方向的传感器安装孔供安装

2. 确保夹具轻质的措施
 · 夹具选用硬铝合金材料;
 · 对多余边角做消除、锐角倒钝处理

3. 确保夹具连接强度的措施
 · 夹具上有11个分布均匀的用于夹具固定的安装孔,且孔径合适;
 · 安装孔有足够的能让连接螺栓咬合的厚度和咬合面平面度;
 · 夹具底平面有足够的平面度

5. 其他确保措施
 · 夹具操作简单,无安全、起重、加工等问题;
 · 样品安装到夹具上后不会造成干涉

4. 确保样品正确安装的措施
 · 样品在夹具上的安装状态模拟样品在实际安装状态下的情况和角度;
 · 夹具上用于固定样品的孔的孔径和深度正确并做镶钢套处理;
 · 在夹具上样品安装孔的另一端设计有通气道,以满足样品安装的特殊要求

该夹具需要通过振动台来实现样品三个方向振动的要求

图 3-11 板形振动夹具

2. 立方体振动夹具

1) 第一种立方体振动夹具

第一种立方体振动夹具典型设计案例如图 3-12 所示。

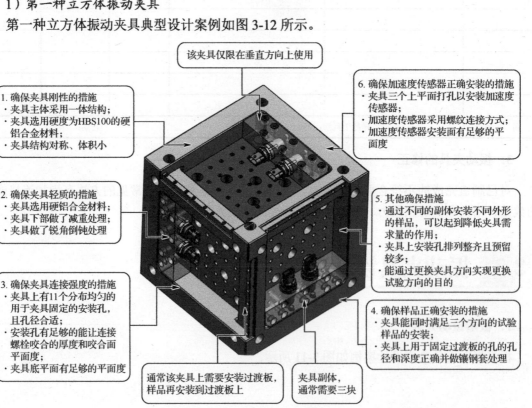

该夹具仅限在垂直方向上使用

1. 确保夹具刚性的措施
 · 夹具主体采用一体结构;
 · 夹具选用硬度为HBS100的硬铝合金材料;
 · 夹具结构对称、体积小

6. 确保加速度传感器正确安装的措施
 · 夹具三个上平面钻孔以安装加速度传感器;
 · 加速度传感器采用螺纹连接方式;
 · 加速度传感器安装面有足够的平面度

2. 确保夹具轻质的措施
 · 夹具选用硬铝合金材料;
 · 夹具下部做了减重处理;
 · 夹具做了锐角倒钝处理

5. 其他确保措施
 · 通过不同的副体安装不同外形的样品,可以起到降低夹具需求量的作用;
 · 夹具上安装孔排列整齐且预留较多;
 · 能通过更换夹具方向实现更换试验方向的目的

3. 确保夹具连接强度的措施
 · 夹具上有11个分布均匀的用于夹具固定的安装孔,且孔径合适;
 · 安装孔有足够的能让连接螺栓咬合的厚度和咬合面平面度;
 · 夹具底平面有足够的平面度

4. 确保样品正确安装的措施
 · 夹具能同时满足三个方向的试验样品的安装;
 · 夹具上用于固定过渡板的孔的孔径和深度正确并做镶钢套处理

通常该夹具上需要安装过渡板,样品再安装到过渡板上

夹具副体,通常需要三块

图 3-12 第一种立方体振动夹具

2）第二种立方体振动夹具

第二种立方体振动夹具典型设计案例如图 3-13 所示。

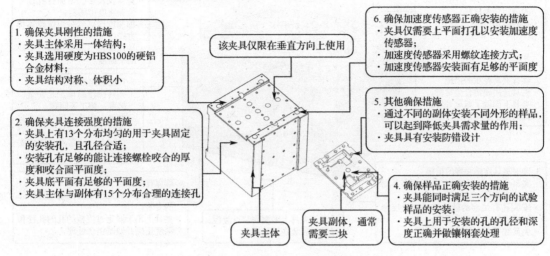

1. 确保夹具刚性的措施
· 夹具主体采用一体结构；
· 夹具选用硬度为 HBS100 的硬铝合金材料；
· 夹具结构对称、体积小

2. 确保夹具连接强度的措施
· 夹具上有 13 个分布均匀的用于夹具固定的安装孔，且孔径合适；
· 安装孔有足够的能让连接螺栓咬合的厚度和咬合面平面度；
· 夹具底平面有足够的平面度；
· 夹具主体与副体有 15 个分布合理的连接孔

该夹具仅限在垂直方向上使用

6. 确保加速度传感器正确安装的措施
· 夹具仅需要上平面打孔以安装加速度传感器；
· 加速度传感器采用螺纹连接方式；
· 加速度传感器安装面有足够的平面度

5. 其他确保措施
· 通过不同的副体安装不同外形的样品，可以起到降低夹具需求量的作用；
· 夹具具有安装防错设计

4. 确保样品正确安装的措施
· 夹具能同时满足三个方向的试验样品的安装；
· 夹具上用于安装的孔的孔径和深度正确并做镶钢套处理

夹具主体

夹具副体，通常需要三块

图 3-13　第二种立方体振动夹具

3）第三种立方体振动夹具

第三种立方体振动夹具典型设计案例如图 3-14 所示。

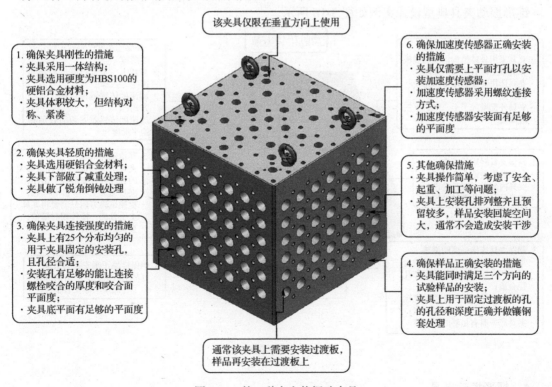

该夹具仅限在垂直方向上使用

1. 确保夹具刚性的措施
· 夹具采用一体结构；
· 夹具选用硬度为 HBS100 的硬铝合金材料；
· 夹具体积较大，但结构对称、紧凑

2. 确保夹具轻质的措施
· 夹具选用硬铝合金材料；
· 夹具下部做了减重处理；
· 夹具做了锐角倒钝处理

3. 确保夹具连接强度的措施
· 夹具上有 25 个分布均匀的用于夹具固定的安装孔，且孔径合适；
· 安装孔有足够的能让连接螺栓咬合的厚度和咬合面平面度；
· 夹具底平面有足够的平面度

6. 确保加速度传感器正确安装的措施
· 夹具仅需要上平面打孔以安装加速度传感器；
· 加速度传感器采用螺纹连接方式；
· 加速度传感器安装面有足够的平面度

5. 其他确保措施
· 夹具操作简单，考虑了安全、起重、加工等问题；
· 夹具上安装孔排列整齐且预留较多，样品安装回旋空间大，通常不会造成安装干涉

4. 确保样品正确安装的措施
· 夹具能同时满足三个方向的试验样品的安装；
· 夹具上用于固定过渡板的孔的孔径和深度正确并做镶钢套处理

通常该夹具上需要安装过渡板，样品再安装在过渡板上

图 3-14　第三种立方体振动夹具

3．长方体振动夹具

长方体振动夹具典型设计案例如图 3-15 所示。

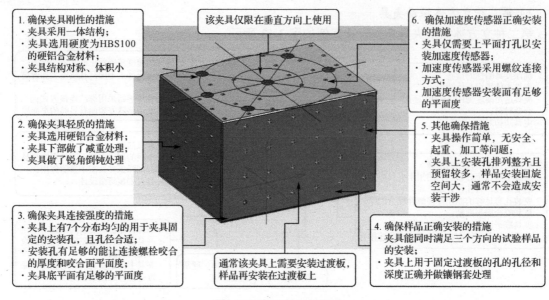

1. 确保夹具刚性的措施
   · 夹具采用一体结构;
   · 夹具选用硬度为HBS100的硬铝合金材料;
   · 夹具结构对称、体积小

该夹具仅限在垂直方向上使用

6. 确保加速度传感器正确安装的措施
   · 夹具仅需要上平面打孔以安装加速度传感器;
   · 加速度传感器采用螺纹连接方式;
   · 加速度传感器安装面有足够的平面度

2. 确保夹具轻质的措施
   · 夹具选用硬铝合金材料;
   · 夹具下部做了减重处理;
   · 夹具做了锐角倒钝处理

5. 其他确保措施
   · 夹具操作简单, 无安全、起重、加工等问题;
   · 夹具上安装孔排列整齐且预留较多, 样品安装回旋空间大, 通常不会造成安装干涉

3. 确保夹具连接强度的措施
   · 夹具上有7个分布均匀的用于夹具固定的安装孔, 且孔径合适;
   · 安装孔有足够的能让连接螺栓咬合的厚度和咬合面平面度;
   · 夹具底平面有足够的平面度

通常该夹具上需要安装过渡板, 样品再安装在过渡板上

4. 确保样品正确安装的措施
   · 夹具能同时满足三个方向的试验样品的安装;
   · 夹具上用于固定过渡板的孔的孔径和深度正确并做镶钢套处理

图 3-15 长方体振动夹具

4. 锥形振动夹具

锥形振动夹具典型设计案例如图 3-16 所示。

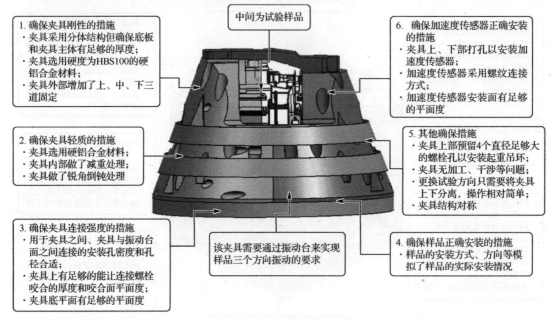

1. 确保夹具刚性的措施
   · 夹具采用分体结构但确保底板和夹具主体有足够的厚度;
   · 夹具选用硬度为HBS100的硬铝合金材料;
   · 夹具外部增加了上、中、下三道固定

中间为试验样品

6. 确保加速度传感器正确安装的措施
   · 夹具上、下部打孔以安装加速度传感器;
   · 加速度传感器采用螺纹连接方式;
   · 加速度传感器安装面有足够的平面度

2. 确保夹具轻质的措施
   · 夹具选用硬铝合金材料;
   · 夹具内部做了减重处理;
   · 夹具做了锐角倒钝处理

5. 其他确保措施
   · 夹具上部预留4个直径足够大的螺栓孔以安装起重吊环;
   · 夹具无加工、干涉等问题;
   · 更换试验方向只需要将夹具上下分离, 操作相对简单;
   · 夹具结构对称

3. 确保夹具连接强度的措施
   · 用于夹具之间、夹具与振动台面之间连接的安装孔密度和孔径合适;
   · 夹具上有足够的能让连接螺栓咬合的厚度和咬合面平面度;
   · 夹具底平面有足够的平面度

该夹具需要通过振动台来实现样品三个方向振动的要求

4. 确保样品正确安装的措施
   · 样品的安装方式、方向等模拟了样品的实际安装情况

图 3-16 锥形振动夹具

5. 桶形振动夹具

桶形振动夹具典型设计案例如图 3-17 所示。

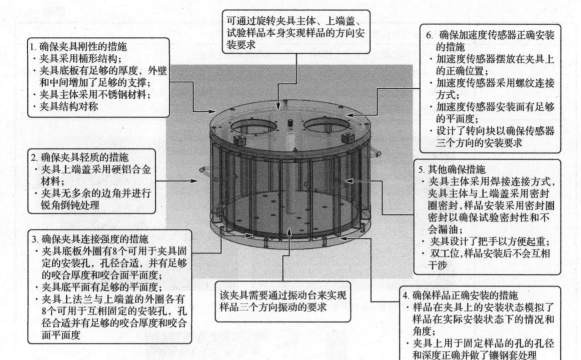

1. 确保夹具刚性的措施
· 夹具采用桶形结构；
· 夹具底板有足够的厚度，外壁和中间增加了足够的支撑；
· 夹具主体采用不锈钢材料；
· 夹具结构对称

可通过旋转夹具主体、上端盖、试验样品本身实现样品的方向安装要求

6. 确保加速度传感器正确安装的措施
· 加速度传感器摆放在夹具上的正确位置；
· 加速度传感器采用螺纹连接方式；
· 加速度传感器安装面有足够的平面度；
· 设计了转向块以确保传感器三个方向的安装要求

2. 确保夹具轻质的措施
· 夹具上端盖采用硬铝合金材料；
· 夹具无多余的边角并进行锐角倒钝处理

5. 其他确保措施
· 夹具主体采用焊接连接方式，夹具主体与上端盖采用密封圈密封，样品安装采用密封圈密封以确保试验密封性和不会漏油；
· 夹具设计了把手以方便起重；
· 双工位，样品安装后不会互相干涉

3. 确保夹具连接强度的措施
· 夹具底板外圈有8个可用于夹具固定的安装孔，孔径合适，并有足够的咬合厚度和咬合面平面度；
· 夹具底平面有足够的平面度；
· 夹具上法兰与上端盖的外圈各有8个可用于互相固定的安装孔，孔径合适并有足够的咬合厚度和咬合面平面度

该夹具需要通过振动台来实现样品三个方向振动的要求

4. 确保样品正确安装的措施
· 样品在夹具上的安装状态模拟了样品在实际安装状态下的情况和角度；
· 夹具上用于固定样品的孔的孔径和深度正确并做了镶钢套处理

图 3-17　桶形振动夹具

3.9　振动夹具的特性扫频方法案例

1. 立方体振动夹具的特性扫频方法

第一种立方体振动夹具的特性扫频方法如表 3-10 所示。

表 3-10　第一种立方体振动夹具的特性扫频方法

| 夹具介绍 | 　（a）夹具主体　（b）过渡板 | 夹具分为夹具主体和过渡板两部分，夹具主体通过 13 个 M12 的固定孔实现与振动台面的连接，过渡板通过 16 个 M8 的固定孔实现与主体的连接。通常一个样品品种需要一个主体和三块过渡板，通过更换不同的过渡板，可以实现不同外形的样品在夹具上的安装。

该夹具仅可用于垂直方向上的振动，样品可通过安装在夹具上不同的面实现三个方向振动的需要。

夹具要求最高使用频率为 2000Hz，即在该频率范围内夹具不允许发生结构共振 |

续表

扫频目的	验证夹具是否可以投入使用（样品安装部分这里不做介绍）
夹具扫频方法	控制：两个加速度传感器用于控制，位置分别在夹具的上平面； 测量：采用独立的信号采集系统和 8 个三向加速度传感器，其中两个加速度传感器分别摆放在靠近控制点的位置，另外 6 个加速度传感器分别摆放在夹具上靠近 3 个样品安装处的位置； 扫频图谱：频率范围为 20～2000Hz，加速度为 5g，扫频速率为 1oct/min
夹具上传感器摆放位置和扫频曲线	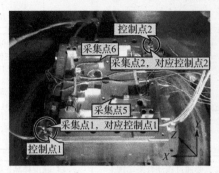 （a）控制传感器、Z 轴测量传感器摆放位置　（b）X 轴测量传感器摆放位置  （c）Y 轴测量传感器摆放位置 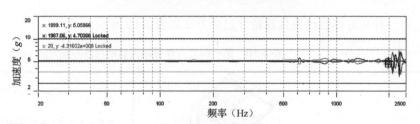 （d）Z 轴（激励向）扫频曲线 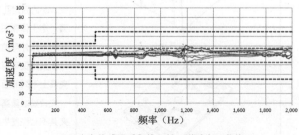 （e）三向传感器采集的 Z 轴（激励向）曲线

夹具上传感器摆放位置和扫频曲线	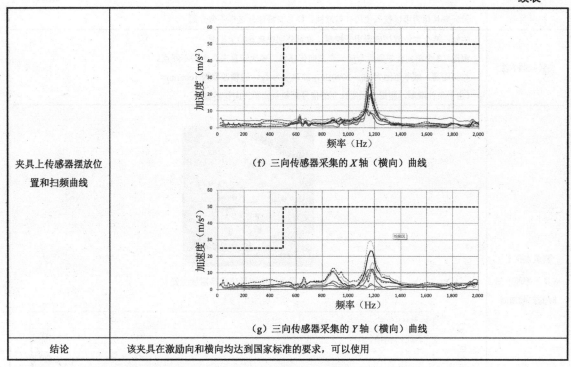 （f）三向传感器采集的 X 轴（横向）曲线 （g）三向传感器采集的 Y 轴（横向）曲线
结论	该夹具在激励向和横向均达到国家标准的要求，可以使用

第二种立方体振动夹具的特性扫频方法如表 3-11 所示。

表 3-11　第二种立方体振动夹具的特性扫频方法

夹具介绍	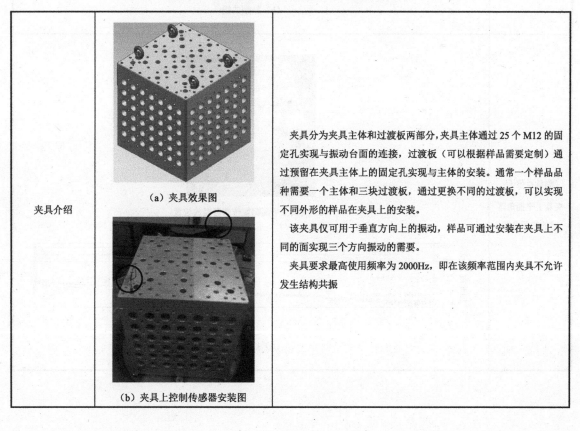 （a）夹具效果图 （b）夹具上控制传感器安装图	夹具分为夹具主体和过渡板两部分，夹具主体通过 25 个 M12 的固定孔实现与振动台面的连接，过渡板（可以根据样品需要定制）通过预留在夹具主体上的固定孔实现与主体的安装。通常一个样品品种需要一个主体和三块过渡板，通过更换不同的过渡板，可以实现不同外形的样品在夹具上的安装。 　　该夹具仅可用于垂直方向上的振动，样品可通过安装在夹具上不同的面实现三个方向振动的需要。 　　夹具要求最高使用频率为 2000Hz，即在该频率范围内夹具不允许发生结构共振

扫频目的	验证夹具是否可以投入使用（过渡板、样品安装部分这里不做介绍）
夹具扫频方法	控制：两个加速度传感器用于控制，位置分别在夹具的上平面； 测量：3个单向传感器组合成一个三向传感器，多次测量夹具上的不同点； 扫频图谱：频率范围为10～2000Hz，加速度为1g，扫频速率为1oct/min （由于条件限制，测量未采用独立的信号采集系统和三向传感器）
测量点位于 夹具上平面中间 时的扫频曲线	 （a）夹具上平面测量传感器摆放位置 （b）扫频曲线
测量点位于 夹具上平面角落 时的扫频曲线	 （a）夹具上平面测量传感器摆放位置 （b）扫频曲线

续表

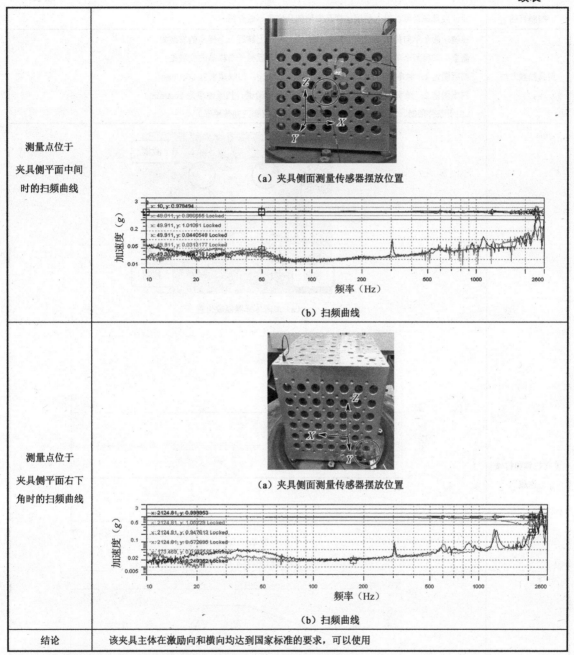

测量点位于夹具侧平面中间时的扫频曲线	（a）夹具侧面测量传感器摆放位置 （b）扫频曲线
测量点位于夹具侧平面右下角时的扫频曲线	（a）夹具侧面测量传感器摆放位置 （b）扫频曲线
结论	该夹具主体在激励向和横向均达到国家标准的要求，可以使用

2. 板形振动夹具的特性扫频方法

板形振动夹具的特性扫频方法如表 3-12 所示。

表 3-12　板形振动夹具的特性扫频方法

夹具介绍	夹具为一体，可通过 9 个 M12 的固定孔实现与振动台面的连接，一个样品品种需要一个夹具； 该夹具需要通过垂直振动台和水平滑台实现样品三个方向的振动； 夹具共两个工位，每个样品通过夹具上部的两个安装脚安装在夹具上； 夹具要求最高使用频率为 440Hz，即在该频率范围内夹具不允许发生结构共振

扫频目的	验证夹具是否可以投入使用（样品安装部分这里不做介绍）
夹具扫频方法	控制：两个单向传感器平均控制，分别位于夹具上靠近一个样品的安装处； 测量：采用两个单向传感器，分别位于夹具上靠近另一个样品的安装处； 扫频图谱1：频率范围为5～2000Hz，加速度为1g，扫频速率为1oct/min； 扫频图谱2：频率范围为100～440Hz，为样品试验谱，扫频速率为1oct/min （由于条件限制，测量未采用独立的信号采集系统和三向传感器）
X向扫频和扫频曲线	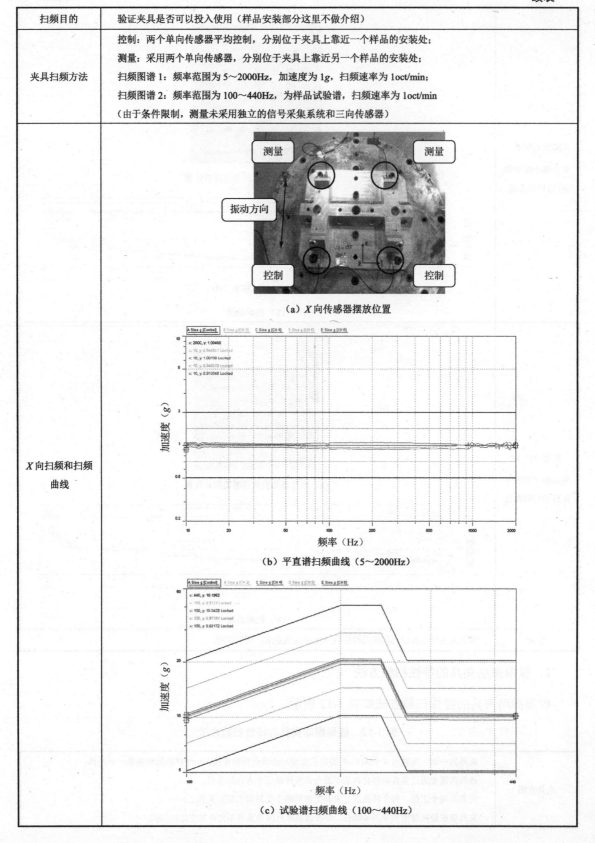 （a）X向传感器摆放位置 （b）平直谱扫频曲线（5～2000Hz） （c）试验谱扫频曲线（100～440Hz）

续表

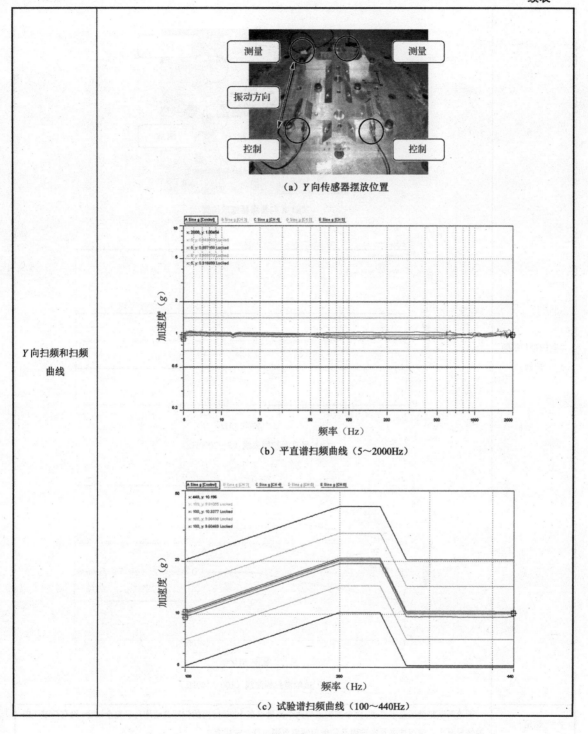

（a）Y 向传感器摆放位置

（b）平直谱扫频曲线（5～2000Hz）

（c）试验谱扫频曲线（100～440Hz）

Y 向扫频和扫频曲线

Z 向扫频和扫频曲线	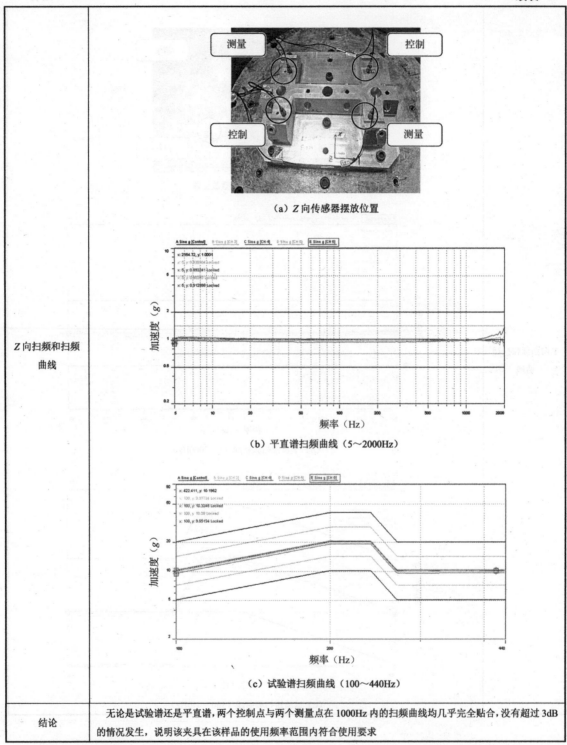（a）*Z* 向传感器摆放位置 （b）平直谱扫频曲线（5～2000Hz） （c）试验谱扫频曲线（100～440Hz）
结论	无论是试验谱还是平直谱，两个控制点与两个测量点在 1000Hz 内的扫频曲线均几乎完全贴合，没有超过 3dB 的情况发生，说明该夹具在该样品的使用频率范围内符合使用要求

3．刚柔夹具对试验的影响

刚柔夹具对试验的影响如表 3-13 所示。

表 3-13　刚柔夹具对试验的影响

分　类	刚性夹具	柔性夹具
夹具介绍	夹具分为夹具主体和过渡板两部分，夹具主体通过 13 个 M12 的固定孔实现与振动台面的连接，过渡板通过 16 个 M8 的固定孔实现与主体的连接。通常一个样品品种需要一个主体和三块过渡板，通过更换不同的过渡板，可以实现不同外形的样品在夹具上的安装。 　　该夹具仅可用于垂直方向上的振动，样品可通过安装在夹具上不同的面实现三个方向振动的需要。 　　夹具要求最高使用频率为 2000Hz，即在该频率范围内夹具不允许发生结构共振	夹具分为夹具主体和过渡板两部分，夹具主体通过位于夹具角落处的 4 个 M12 的固定孔实现与振动台面的连接，过渡板通过 16 个 M8 的固定孔实现与主体的连接。通常一个样品品种需要一个主体和三块过渡板，通过更换不同的过渡板，可以实现不同外形的样品在夹具上的安装。 　　该夹具仅可用于垂直方向上的振动，样品可通过安装在夹具上不同的面实现三个方向振动的需要。 　　夹具要求最高使用频率为 2000Hz，即在该频率范围内夹具不允许发生结构共振
扫频目的	验证不论是刚性夹具还是柔性夹具，"只要控制点摆放在样品附近确保样品的振动量级就可以"这句话是否正确	
夹具结构	（a）刚性夹具主体	（b）柔性夹具主体
	 （c）过渡板（以上两种夹具主体均可配备，通常一个夹具主体需配三块）	
夹具扫频方法	控制：采用两个单向传感器，分别位于夹具上部靠近角落处； 扫频图谱：频率范围为 20～2600Hz，加速度为 5g，扫频速率为 1oct/min	
刚性夹具和柔性夹具扫频图片	（a）刚性夹具配三块过渡板	（b）柔性夹具配三块过渡板

续表

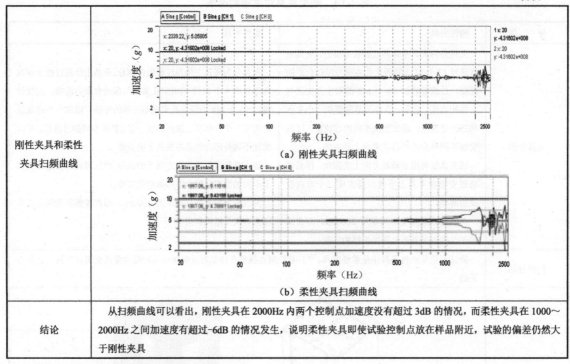

（a）刚性夹具扫频曲线

（b）柔性夹具扫频曲线

刚性夹具和柔性夹具扫频曲线	（上方图示）
结论	从扫频曲线可以看出，刚性夹具在 2000Hz 内两个控制点加速度没有超过 3dB 的情况，而柔性夹具在 1000～2000Hz 之间加速度有超过-6dB 的情况发生，说明柔性夹具即使试验控制点放在样品附近，试验的偏差仍然大于刚性夹具

4. 夹具不同固定数量对试验的影响

夹具不同固定数量对试验的影响如表 3-14 所示。

表 3-14　夹具不同固定数量对试验的影响

夹具介绍	夹具分为夹具主体和副体两部分，夹具主体可通过 5 个 M12 的固定孔实现与振动台面的连接；夹具仅可用于垂直方向上的振动
扫频目的	验证夹具 4 个点（角落处 4 个点）、5 个点（角落处 4 个点+中间处 1 个点）与振动台面固定对试验造成的差异
夹具扫频方法	控制：采用两个单向传感器，分别位于夹具上部靠近两个对角处； 扫频图谱：频率范围为 5～2600Hz，加速度为 1g，扫频速率为 1oct/min
控制传感器摆放位置	（图片）
中间点安装固定螺栓图片和扫频曲线	（图片） （a）中间点安装固定螺栓

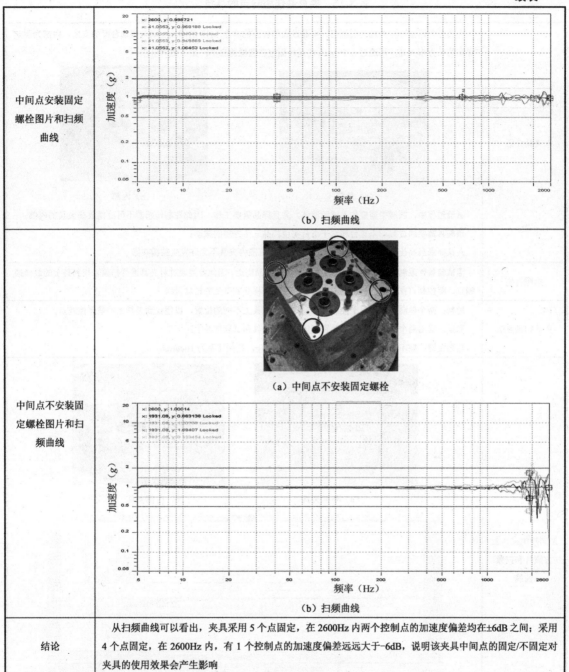

中间点安装固定螺栓图片和扫频曲线	（b）扫频曲线
中间点不安装固定螺栓图片和扫频曲线	（a）中间点不安装固定螺栓 （b）扫频曲线
结论	从扫频曲线可以看出，夹具采用 5 个点固定，在 2600Hz 内两个控制点的加速度偏差均在±6dB 之间；采用 4 个点固定，在 2600Hz 内，有 1 个控制点的加速度偏差远远大于-6dB，说明该夹具中间点的固定/不固定对夹具的使用效果会产生影响

5. 夹具最佳控制点的寻找

夹具最佳控制点的寻找如表 3-15 所示。

表 3-15　夹具最佳控制点的寻找

夹具介绍	夹具分为两部分，外部为圆桶形，可通过底部外圈的 8 个 M12 的螺栓实现与振动台面的安装，内部为固定样品的长方形夹具，可通过 6 个 M10 的螺栓固定在圆桶的底部，如下图所示；  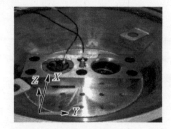 （a）外部　　　　　　　　（b）内部 试验过程中，圆桶中需要加入试验液体，并且样品需要工作，因此控制传感器不可能摆放在夹具的内部； 该夹具需要通过振动垂直台和水平滑台实现样品三个方向的振动； 夹具要求最高使用频率为 1000Hz，即在该频率范围内夹具不允许发生结构共振
扫频目的	因试验条件限制，试验控制传感器不能摆放在样品附近，因此希望通过对夹具进行扫频来找到其上的最佳控制点，即控制点在夹具的外部，但振动量级又等同样品安装处的振动量级
夹具扫频方法	控制：两个单向传感器用于控制，分别摆放在夹具上不同的位置，以便找到夹具上的最佳控制点； 测量：采用两个单向传感器，分别摆放在内部夹具和试验样品上； 扫频图谱：频率范围为 10～2000Hz，加速度为 1g，扫频速率为 1oct/min
X 向控制夹具上方照片和扫频曲线	 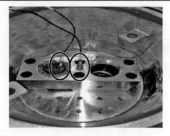 （a）外部夹具　　　　　　　（b）内部夹具 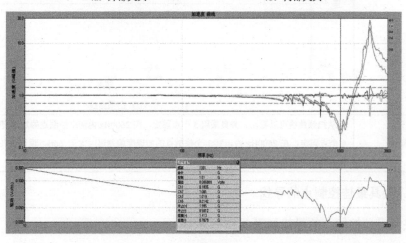 （c）扫频曲线 1

续表

| X 向控制夹具上方照片和扫频曲线 | 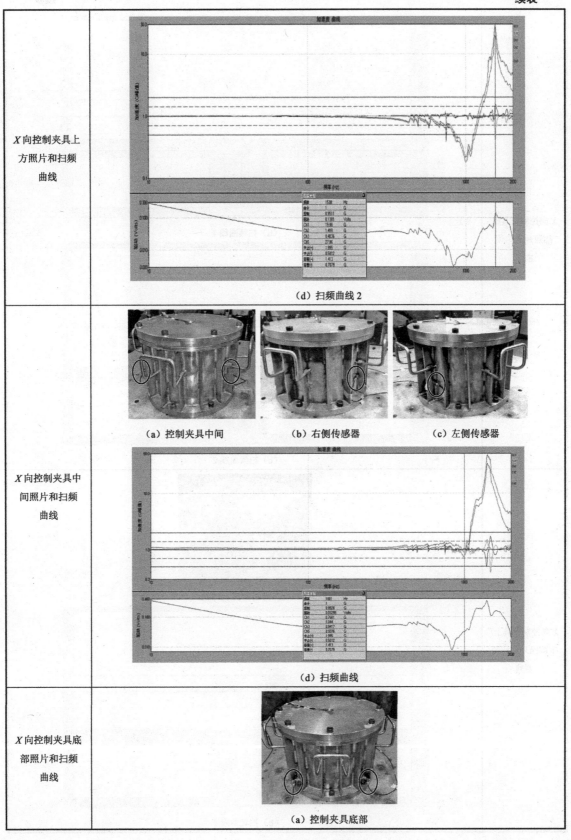 |

（d）扫频曲线 2

（a）控制夹具中间　　　（b）右侧传感器　　　（c）左侧传感器

（d）扫频曲线

（a）控制夹具底部

续表

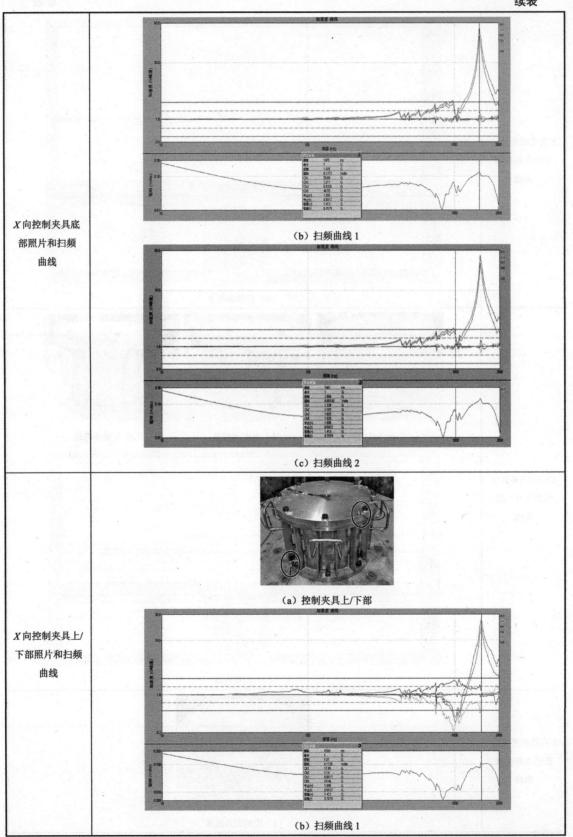

X 向控制夹具底部照片和扫频曲线	（b）扫频曲线 1
	（c）扫频曲线 2
X 向控制夹具上/下部照片和扫频曲线	（a）控制夹具上/下部
	（b）扫频曲线 1

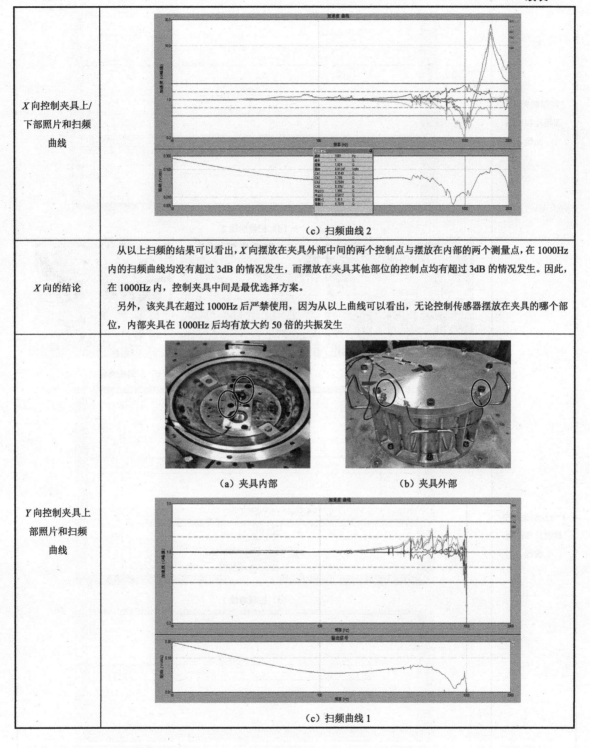

X 向控制夹具上/下部照片和扫频曲线	（c）扫频曲线 2
X 向的结论	从以上扫频的结果可以看出，X 向摆放在夹具外部中间的两个控制点与摆放在内部的两个测量点，在 1000Hz 内的扫频曲线均没有超过 3dB 的情况发生，而摆放在夹具其他部位的控制点均有超过 3dB 的情况发生。因此，在 1000Hz 内，控制夹具中间是最优选择方案。 另外，该夹具在超过 1000Hz 后严禁使用，因为从以上曲线可以看出，无论控制传感器摆放在夹具的哪个部位，内部夹具在 1000Hz 后均有放大约 50 倍的共振发生
Y 向控制夹具上部照片和扫频曲线	（a）夹具内部　　　　（b）夹具外部 （c）扫频曲线 1

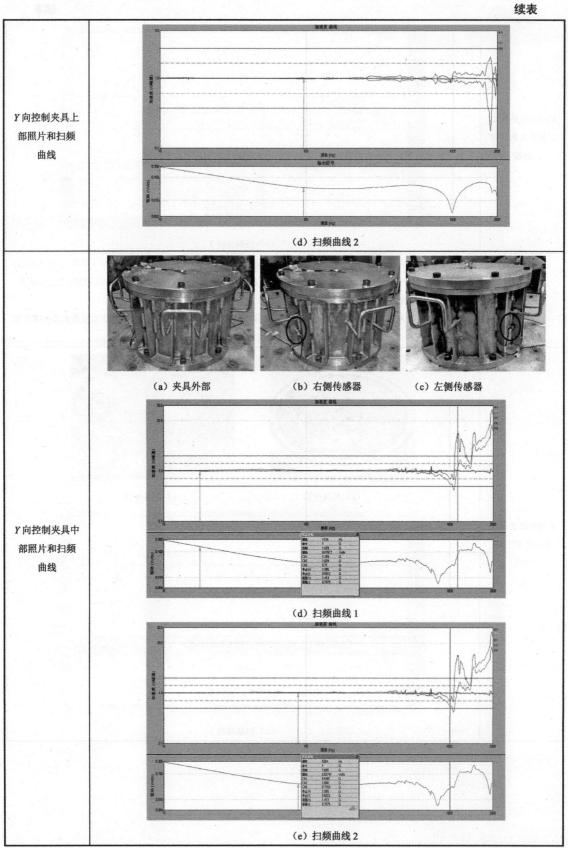

Y向控制夹具上部照片和扫频曲线	（d）扫频曲线2
Y向控制夹具中部照片和扫频曲线	（a）夹具外部　（b）右侧传感器　（c）左侧传感器 （d）扫频曲线1 （e）扫频曲线2

续表

Y 向的结论	从以上扫频的结果可以看出，Y 向摆放在夹具外部中间的两个控制点与摆放在内部的两个测量点，在1000Hz 内的扫频曲线均几乎没有超过 3dB 的情况发生，而摆放在夹具上部的控制点有超过 3dB 的情况发生。因此，在1000Hz 内，控制夹具中间是最优选择方案。 　　另外，该夹具在超过1000Hz 后严禁使用，因为从以上曲线可以看出，无论控制传感器摆放在夹具的哪个部位，内部夹具在1000Hz 后均明显超出公差范围
Z 向控制夹具上平面外侧照片和扫频曲线	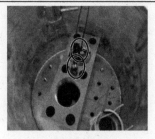  （a）夹具内部　　　　　　　　　　（b）夹具外部 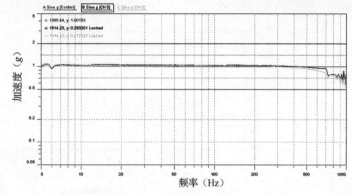 （c）扫频曲线 1 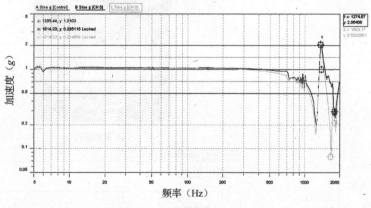 （d）扫频曲线 2
Z 向控制夹具下部照片和扫频曲线	  （a）左侧传感器　　　　　　　　　　（b）右侧传感器

续表

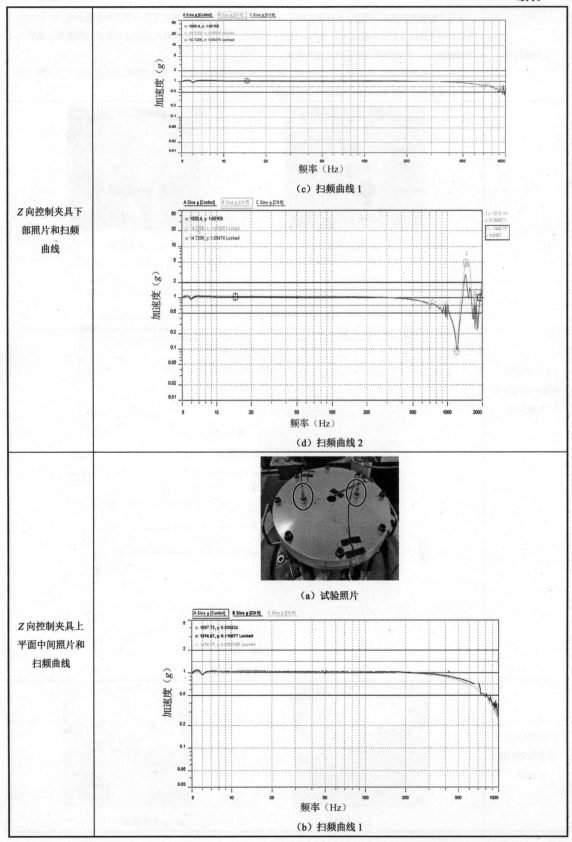

Z 向控制夹具下部照片和扫频曲线	（c）扫频曲线 1 （d）扫频曲线 2
Z 向控制夹具上平面中间照片和扫频曲线	（a）试验照片 （b）扫频曲线 1

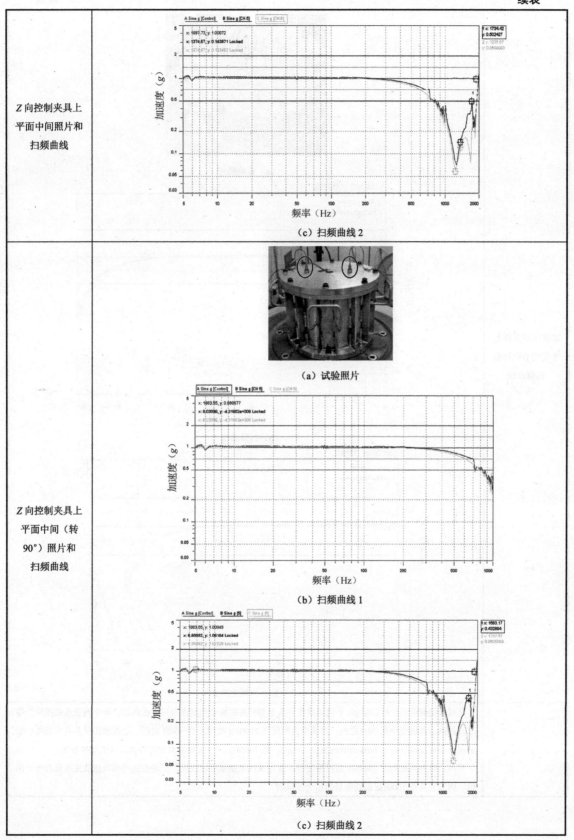

Z向控制夹具上平面中间照片和扫频曲线	（c）扫频曲线 2
Z向控制夹具上平面中间（转90°）照片和扫频曲线	（a）试验照片 （b）扫频曲线 1 （c）扫频曲线 2

Z 向控制夹具上平面中心照片和扫频曲线	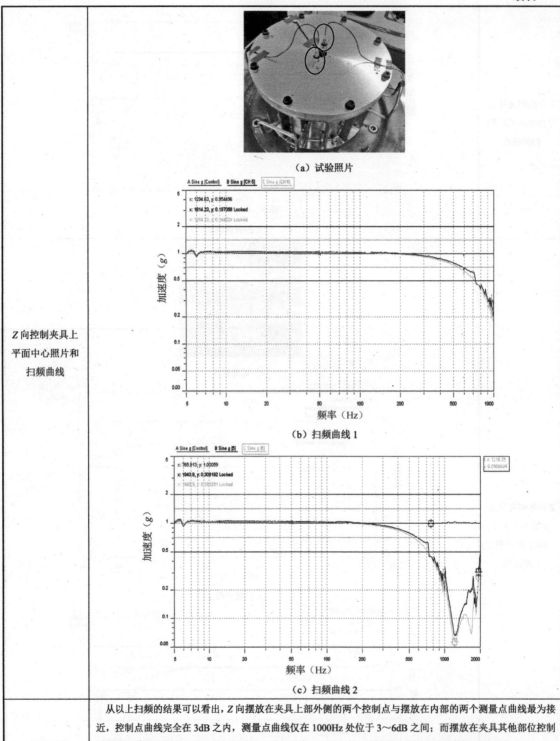 （a）试验照片 （b）扫频曲线 1 （c）扫频曲线 2
Z 向的结论	从以上扫频的结果可以看出，*Z* 向摆放在夹具上部外侧的两个控制点与摆放在内部的两个测量点曲线最为接近，控制点曲线完全在 3dB 之内，测量点曲线仅在 1000Hz 处位于 3～6dB 之间；而摆放在夹具其他部位控制的测量点曲线均有超过 6dB 的情况发生。因此，在 1000Hz 内，控制夹具上部外侧是最优选择方案。 　　另外，该夹具在超过 1000Hz 后严禁使用，因为从以上曲线可以看出，无论控制传感器摆放在夹具的哪个部位，内部夹具在 1000Hz 后均明显超出公差范围

6. 温度对振动夹具的影响

温度对振动夹具的影响如表 3-16 所示。

表 3-16　温度对振动夹具的影响

夹具介绍	夹具为立方体一体夹具，选用硬度为 HBS100 的硬铝合金材料，可通过 13 个 M12 的固定孔实现与振动台面的连接
扫频目的	比较高低温变化对材料为硬铝合金的夹具的影响
夹具扫频方法	为说明问题，将该夹具安装在振动台水平滑台上，在水平方向进行振动，使夹具在振动方向上形成向上的悬臂以便能测量出较大的共振峰。 控制点位于夹具的下方，测量点位于夹具的上方。 扫频图谱：频率范围为 10~2000Hz，加速度为 1g，扫频速率为 1oct/min。 温度和时间要求如下： 温度（℃）：20、−40、−40、20、140、140、20； 时间（min）：0、60、150、210、300、410、480
扫频图片	
扫频曲线	（a）控制点高低温曲线汇总 （b）测量点高低温曲线汇总

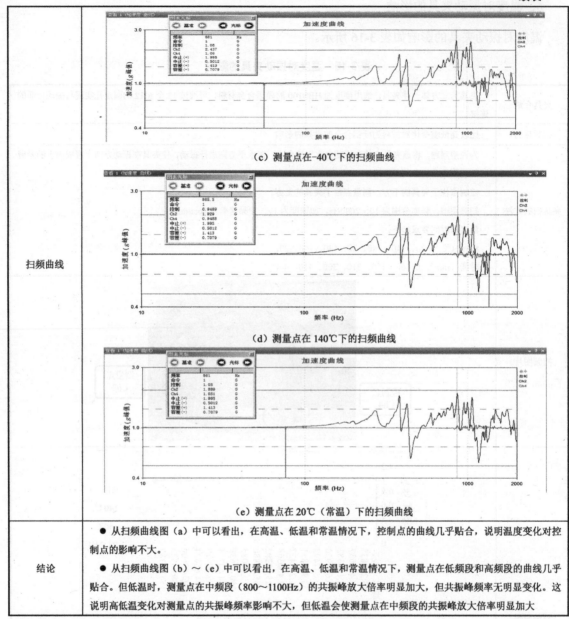

（c）测量点在-40℃下的扫频曲线

（d）测量点在140℃下的扫频曲线

（e）测量点在20℃（常温）下的扫频曲线

扫频曲线	
结论	● 从扫频曲线图（a）中可以看出，在高温、低温和常温情况下，控制点的曲线几乎贴合，说明温度变化对控制点的影响不大。 ● 从扫频曲线图（b）～（e）中可以看出，在高温、低温和常温情况下，测量点在低频段和高频段的曲线几乎贴合。但低温时，测量点在中频段（800～1100Hz）的共振峰放大倍率明显加大，但共振峰频率无明显变化。这说明高低温变化对测量点的共振峰频率影响不大，但低温会使测量点在中频段的共振峰放大倍率明显加大

3.10 振动夹具设计应避免的问题及其维修与报废

1. 振动夹具设计应避免的问题

振动夹具设计应尽可能避免以下问题：夹具整体刚性不够、夹具局部刚性不够（尤其在样品安装脚处）、夹具有拼装结构和悬臂结构、夹具之间的连接强度不够、夹具有空心结构、夹具重心过高、夹具的力传递不合理等。下面对常见的几个问题进行介绍。

1）夹具整体刚性不够

夹具整体刚性不够典型案例如图 3-18 所示。

问题1：
夹具为板块拼装结构，导致力传递层次过多

问题2：
用于板块之间的连接螺栓直径为M6，会导致连接强度不够

问题3：
用于板块之间的连接螺栓密度不够，会导致连接强度不够

（a）方形夹具整体刚性不够（夹具上部）

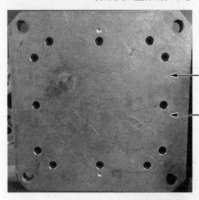

问题1：
用于底板连接的螺栓直径为M8，会导致连接强度不够

问题2：
空心夹具使夹具中间无任何连接，会导致夹具强度不够

（b）方形夹具整体刚性不够（夹具底部）

问题1：
夹具过高，且仅靠4根立柱支撑

问题2：
夹具与振动台面的连接强度不够，仅底部中间有4个螺栓与振动台面连接

（c）框形夹具整体刚性不够1

图 3-18　夹具整体刚性不够

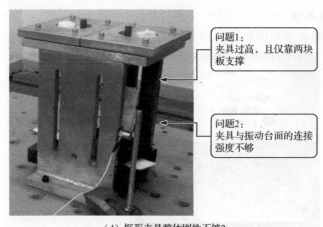

（d）框形夹具整体刚性不够2

图 3-18　夹具整体刚性不够（续）

2）夹具局部刚性不够

夹具局部刚性不够典型案例如图 3-19 所示。

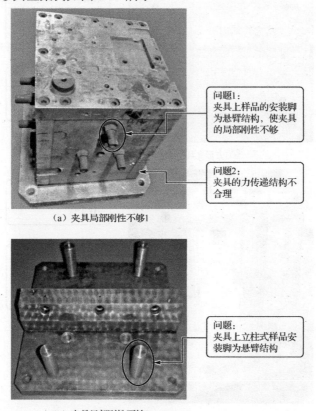

（a）夹具局部刚性不够1

（b）夹具局部刚性不够2

图 3-19　夹具局部刚性不够

3）夹具有悬臂结构

夹具有明显悬臂结构典型案例如图 3-20 所示。

4）夹具的力传递不合理

夹具的力传递不合理典型案例如图 3-21 所示。

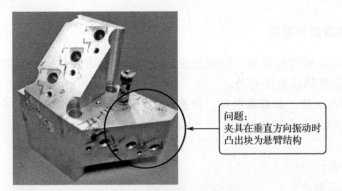

问题:
夹具在垂直方向振动时凸出块为悬臂结构

图 3-20　夹具有明显悬臂结构

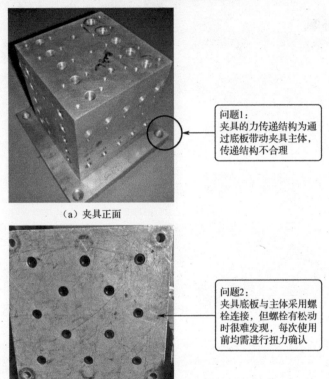

问题1:
夹具的力传递结构为通过底板带动夹具主体,传递结构不合理

（a）夹具正面

问题2:
夹具底板与主体采用螺栓连接,但螺栓有松动时很难发现,每次使用前均需进行扭力确认

（b）夹具反面

图 3-21　夹具的力传递不合理

5）夹具重心过高

夹具重心过高典型案例如图 3-22 所示。

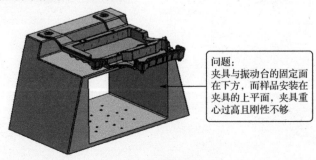

问题:
夹具与振动台的固定面在下方,而样品安装在夹具的上平面,夹具重心过高且刚性不够

图 3-22　夹具重心过高

2. 振动夹具的维修与报废

夹具从开始使用就要做好记录，如记录夹具的每次维修和原因、夹具的报废和原因等。通常以下情况夹具应做维修或报废处理。

- 使用性能存在缺陷，如存在裂纹、折叠、锐角、毛刺、剥裂及过烧等；
- 连接、固定部分发生损坏；
- 无维修价值；
- 达到使用寿命；
- 因样品更新而淘汰；
- 无法修复；
- 缺陷无法弥补等。

第 4 章   应用实施

本章主要介绍振动试验应用实施的基本常识、试验交接、试验装夹要素、试验的容差。目的是帮助振动试验人员正确进行试验。

4.1   环境试验基本常识

1. 环境试验的种类

① 气候环境试验：低温、高温、湿热（交变湿热、稳态湿热）、盐雾、霉菌、温度变化、温度冲击、低气压、太阳辐射、防尘防水（IP 等级）。

② 机械环境试验：振动（正弦、随机、混合模式）、冲击、碰撞、跌落、弹跳、冲击响应谱、振动—时间历程法、振动—正弦拍频法。

③ 综合试验：高低温/振动综合试验、高低温/湿热/振动综合试验、高低温/冲击综合试验、高低温/振动/低气压综合试验、高低温/振动/湿热/低气压综合试验。

2. 对环境试验的基本要求

● 可重复和再现；
● 使用不同的方法；
● 使用不同的试验设备；
● 由不同的人员观测操作；
● 经过比单一试验测量的持续时间更长的时间间隔后；
● 在不同的试验设备下；
● 在不同的实验室完成。

3. 试验的步骤和操作过程

● 预处理：使样品稳定；
● 初始检测：性能及外观；
● 条件试验：使样品暴露在规定的环境条件下；
● 中间检测：在环境应力下进行；
● 恢复：消除环境应力的可逆影响；
● 最后检测：性能及外观。

4. 振动环境示例和推荐的试验方法

振动环境示例和推荐的试验方法如表 4-1 所示。

表 4-1　振动环境示例和推荐的试验方法

试验方法		混合方式 GB/T 2423.58—2008	随机 GB/T 2423.56—2006	正弦 GB/T 2423.10—2008
振动试验信号的类型		随机+正弦	随机	正弦
样品的振动环境	存储		√	
	便携式使用		√	
	运输		√	
样品安装位置	建筑物/固定使用		√	
	建筑物，安装或靠近旋转机械或部件			√
	轨道和道路车辆		√	
	样品靠近或固定在发动机上	√		
	喷气飞机	√		
	直升机、螺旋桨飞机	√		
	航天飞机系统，模拟准静态载荷			√
	航天飞机部件		√	
	船舶，螺旋桨驱动	√		
	船舶，推进驱动		√	
估计的动态条件、信号类型	随机+正弦	√		
	随机		√	
	正弦			√

注：动态条件的分级描述见 GB/T 4798

5. 传统振动试验持续时间上限

有关规范在规定持续时间时应考虑到样品在全部工作寿命期间可能经受的振动的总时间。通常应对每一规定频率和轴线的组合进行上限为 10^7 次的应力循环。

定频耐久试验的持续时间是按危险频率情况下的时间来确定的，并取决于预计的应力循环数。由于材料种类繁多，不可能给出应力循环的统一数据。通常对一般的振动试验，引用 10^7 作为上限数据而不需要超过它。

6. 传统钢制产品的疲劳极限

表示外加应力水平和标准试样疲劳寿命之间关系的曲线，称为材料的 S-N 曲线，简称 S-N 曲线。其中，S 为应力，N 为寿命。S-N 曲线上的水平段，意味着在与它相应的应力水平下，试样可以承受无限多次循环而永不破坏。因此，可以把疲劳极限定义为疲劳寿命无穷大时的中间疲劳强度。在 S-N 曲线上，将与非水平段对应的最大应力 σ_{max} 定义为条件疲劳极限。

试验一般进行到 10^7 次循环。这一预定的循环次数也称为循环基数。

对于钢制试件，通常取 10^7 为循环基数。这是因为钢试件 S-N 曲线的转折点一般都在 10^7 次循环以前出现，只要经过 10^7 次循环后试样不被破坏，则以后就不再会被破坏。

7. 传统有色金属的疲劳极限

对于有色金属和腐蚀疲劳，其 S-N 曲线没有水平段，因此不存在真正意义的疲劳极限。但是，在 $10^7 \sim 10^8$ 次循环以后，其 S-N 曲线渐趋平坦，因此，一般以 10^7 或 10^8 次循环失效时的最大应力 σ_{max} 作为条件疲劳极限。

8. 元件的一般试验顺序

选择元件的试验顺序应考虑以下几点：首先进行温度剧变试验；然后进行引出端强度和锡焊（包括耐焊接热）试验；最后进行全部或部分的机械试验，以便扩展由温度剧变可能产生的损伤，以及引起的新损伤，如开裂和泄漏。

为了查出温度的短期影响，在气候试验中应把高温和低温试验排在前面，交变湿热试验会使湿气进入裂缝，低温试验和低气压试验会加强这种影响，再继续进行交变湿热试验，会使更多湿气进入裂纹，恢复之后，测其电气参数变化可以证实这种影响。

1）一般试验顺序举例

一般试验顺序如表 4-2 所示。

表 4-2　一般试验顺序

试　　验	说　　明
A 低温 B 高温 N 温度剧变	可产生机械应力，这种应力使试验样品对其后的试验更为敏感
E$^{(1)}$ 冲击 F$^{(1)}$ 振动	产生机械应力，这种应力可使试验样品立即损坏或使它对其后的试验更为敏感
M 空气压力 Db 交变湿热 C$^{(2)}$ 恒定湿热 K$^{(2)}$ 腐蚀	应用这些试验，可加重上述热和机械应力试验的影响
L 沙尘	进行这些试验，可加重上述热和机械应力试验的影响
固体物质的侵入 水（如雨）的侵入	宜采用 GB/T 2423.37—2006 中的试验 L 和 GB/T 2423.38—2008 中的试验 R
（1）试验 E 和试验 F 的试验次序可互换； （2）应尽可能采用不同试验样品分别进行恒定湿热和腐蚀试验	

2）试验顺序

以某样品为例，其试验顺序如图 4-1 所示。

9. 不同试验目的及其适用的试验类型

按预期目的，选择试验顺序要进行多方面考虑，有时可能是矛盾的。不同试验目的及其适用的试验类型如表 4-3 所示。

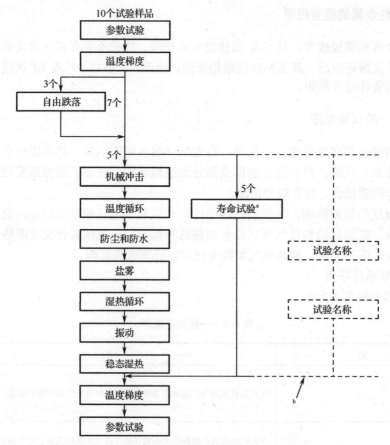

注：ᵃ确定与产品寿命周期和特性相关的负荷类型，明确将要进行的试验；

ᵇ选择的附加试验顺序按试验规程进行，可删减

图 4-1   试验顺序

表 4-3   不同试验目的及其适用的试验类型

试 验 目 的	试 验 类 型
为了从前几项试验获得有关故障趋势的资料，先从最严酷的试验开始。但要将能导致试验样品无法承受进一步试验的试验项目放在最后	试制品试验。通常用于研究样机的性能
为了在试验样品损坏前取得尽可能多的资料，应先从最不严酷的试验开始（如非破坏性试验）	研究性试验。通常用于研究样机的性能，适用于有限数量的试验样品
采用能给出最严酷影响的试验顺序，某些试验可暴露前一些试验所引起的损坏	元件和设备标准化的鉴定试验
采用的试验顺序能模拟实际上最可能出现的环境的顺序	在使用条件已知时，设备和整套系统的鉴定试验

10. 振动造成的主要失效模式

振动对样品的破坏多表现为损伤累积，通常引起样品形变、元器件共振、导线位置变化、锡焊或熔接开裂，以及螺钉、螺母的松动和脱落。

4.2　机械振动试验常识

1. 正弦振动试验的类型

1）正弦定频振动

正弦定频振动指在固定的频率点（如共振频率或危险频率）上进行的正弦振动。试验的位移幅值或加速度幅值是固定值，按照预设的试验持续时间，考虑受试样品的承受能力，即定频耐久试验。

2）正弦扫频振动

正弦扫频振动指在给定的频率范围（下限频率 f_1、上限频率 f_2）内，以给定的扫频速率进行的往返扫频振动。试验的位移振幅或加速度振幅是固定值。正弦扫频振动可用于以下若干任务目的。

受试样品在进行某项力学动态试验之前或之后，将分别进行的频率响应检查进行对比，可以通过频率敏感点的偏移来判断样品的结构是否发生了变化或损坏。

找出受试样品的共振频率或危险频率，用于确定试验方案，如确定定频耐久试验的频率点；作为宽带随机振动或混合振动试验的前导试验。

扫频耐久试验按照预设的试验持续时间，考核受试样品的承受能力。ISO16750 规定的扫频速率为不大于每分钟 0.5 个倍频程。

3）有限频率范围扫频振动

有限频率范围扫频振动指在覆盖危险频率的 0.8～1.2 倍频率扫频范围内进行的扫频振动。试验的位移幅值或加速度幅值是固定值，按照预设的试验持续时间，考核受试样品的承受能力。考虑到受试样品结构的细小改变会导致共振频率或危险频率有略微的改变，用有限频率范围扫频振动试验可以保持对受试样品的有效激励。

2. 正弦振动试验的目的

试验的目的是确认样品的机械薄弱环节和（或）特性降低情况。通过这些资料，结合有关规范用以判定样品是否可以接受。在某些情况下，正弦振动试验方法可用于论证样品的机械结构完好性和（或）研究它的动态特性，也可根据经受该试验不同严酷等级的能力来划分元器件等级。它是一种在实验室内再现样品可能经受的实际环境影响的方法，而不是再现实际环境。

3. 振动耐久试验和共振耐久试验的关系

在振动试验中，以往的规范通常要求先寻找共振，然后使样品在共振频率上按规定时间进行耐久试验。可惜一般的确定方法很难将容易引起失效的共振与在长期振动下不可能引起样品失效的共振区别开来。

此外，这种试验程序对于大多数现代化的样品也适用。因为在评价任何封闭器件或现代化小型装置的振动特性时，直接观察几乎是不可能的。若采用传感技术，则要改变该装置的质量-刚度分布，所以通常不能使用。即使可以使用，其成败的关键也取决于试验工程师在该装置中恰当地选择测量点的技巧和经验。

本部分提出将扫频耐久试验作为优先程序，可以将上面提到的困难降到最小，并且避免了确定有重要影响或有破坏作用的共振的必要性。若允许如同规定现行环境试验那样规定这些方法，则会大大降低对试验工程师的技术依赖。但由于需要规定试验方法，致使本方法受到影响。扫频耐久的时间是由有关的应力循环数导出的扫频循环数给出的。

在某些情况下，如果耐久性试验的持续时间足以保证样品的疲劳寿命与所要求的使用时间相当，或足以保证使用中所受到的振动条件的无限寿命，就会导致扫频耐久试验的持续时间过长。因此，给出了另一种方法，其中包括定频耐久试验。当采用定频耐久试验时，不是在预定频率上进行，就是在响应检查期间所发现的危险频率上进行。共振响应检查期间每轴线上所发现的危险频率点较少，且不超过 4 个，则定频耐久试验是合适的；如果超过 4 个，则采用扫频耐久试验会更合适。

当然，既用扫频耐久试验又用定频耐久试验也可能是合适的，但应注意在定频耐久试验中仍需一定程度的工程判断。

4．宽频带随机振动试验的目的

宽频带随机振动试验用于确定元器件和设备经受规定严酷等级随机振动的能力。随机振动试验适用于使用中可能受到随机性振动条件影响的元器件和设备。试验目的在于确定机械弱点和（或）规定性能是否下降，并结合有关规范使用这些信息来决定试验样品是否可以接受。

5．正弦和随机振动试验的等价替代

正弦振动试验的运动是以振动台面的质点为模型的。在单轴向振动试验中，振动台面的所有质点应沿主振运动轴线方向做直线往返平动。正弦振动试验的运动是指符合正弦规律的运动。正弦运动既是循环的又是重复的。很明显，其所有能量都集中在一个频率上。

随机振动是一种不确定的振动，因为随机过程的每一个样本函数都是不重复的。只有全部统计特性都相同才符合随机振动的等价条件。要再现或评估一个环境或试验，至少应满足以下特性。

● 幅值域：均值、均方（均方根）、方差（标准差）；
● 时差域：自相关函数；
● 频率域：自功率谱密度函数。

最重要的是功率谱等价，由标准的试验方法予以规范。

可见，随机振动试验和正弦振动试验是不可等价替代的，评估结论也不能相互引证。

6．正弦和随机振动试验的混合与拆分

混合模式试验同时具备了正弦和随机试验的优点，可能更接近真实环境。此外，可以更大程度地进行剪裁，从而将欠试验或过试验导致的灾难性结果最小化。这种试验方法的主要缺点是增加了理解、规范、控制和验证试验的复杂性。

相对于正弦试验（S 试验）或随机试验（R 试验），混合模式试验（SOR 试验）的优点是显而易见的。

对于汽车标准，以前由于混合模式软件没有大规模应用、推广，普遍将正弦和随机试验两部分分开进行。

目前，混合模式软件已经有了大规模的应用，2005 年 IEC 首次发布了混合模式标准，2008 年我国首次发布了混合模式国家标准，2011 年 GB/T 28046.3 首次明确提出以下要求。

检测 DUT（被试件）因受振动导致的故障和损坏。

变速器的振动可以分为两种类型：由不平衡质量产生的频率范围在 100～440Hz 的正弦振动和由齿轮摩擦产生的振动及其他随机振源。变速器振动试验引起的主要失效是由疲劳造成的损坏，路面粗糙产生的影响在 10～100Hz 的最低频段。

下述条款中规定的试验描述用于变速器振动产生的负荷，而换挡引起的机械冲击应单独考虑。建议采用 GB/T 2423.58 规定的混合振动试验替代上述试验。

鉴于以上标准，SOR 试验不可拆分，S 试验和 R 试验也不能合并。合并或拆分的结果不同。

4.3 机械撞击试验常识

1. 撞击试验的比较

撞击试验的比较如表 4-4 所示。

表 4-4 撞击试验的比较

冲击	用来模拟元器件和设备在使用和运输期间可能经受的非重复性冲击的效应
碰撞	用来模拟元器件和设备在运输期间或安装在不同类型的车辆中时可能经受的重复性冲击的效应
倾跌与翻倒	用来评价设备型样品在维修工作期间或在工作台、机架上被粗率搬运时可能经受的敲击或撞击效应的简单试验
自由跌落和重复自由跌落	用来评价由于粗率搬运而可能经受的跌落效应的简单试验，该试验也适用于验证强度等级
弹跳	用来模拟散装货物装载在轮式车辆上，在不平的路面上运输时，可能经受的随机冲击条件的效应

在进行冲击和碰撞试验时，需将样品固定在振动台或冲击机上；而在进行倾跌与翻倒、自由跌落、重复自由跌落和弹跳试验时，样品是不固定的。

2. 机械撞击试验的三种标准脉冲波形

1) 半正弦波

最常用的是半正弦波，它适用于模拟线性系统的撞击或线性系统的减速所引起的冲击效应，如弹性结构的撞击。其波形如图 4-2 所示。

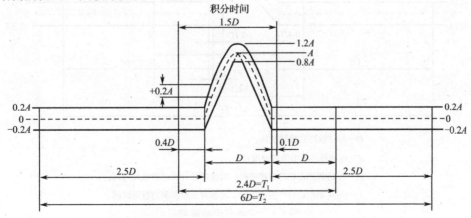

D—标称脉冲的持续时间；

A—标称脉冲的峰值加速度；

T_1—用常规冲击机产生冲击时，对脉冲进行监测的最短时间；

T_2—用电动振动台产生冲击时，对脉冲进行监测的最短时间

图 4-2 半正弦波波形

2）梯形波

梯形波基本不用于元器件型样品，它在较宽的频谱上可以比半正弦波产生更高的响应。如果试验的目的是模拟诸如空间探测器或卫星阶段爆炸螺栓所引起的冲击环境的效应，则可采用这种冲击波形。其波形如图 4-3 所示。

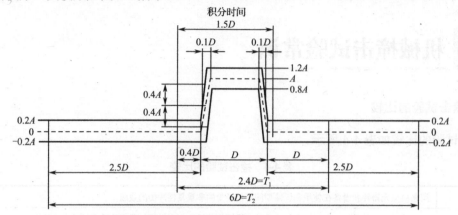

D—标称脉冲的持续时间；

A—标称脉冲的峰值加速度；

T_1—用常规冲击机产生冲击时，对脉冲进行监测的最短时间；

T_2—用电动振动台产生冲击时，对脉冲进行监测的最短时间

图 4-3　梯形波波形

3）后峰锯齿波

与半正弦波和梯形波相比，后峰锯齿波具有更均匀的响应谱。其波形如图 4-4 所示。

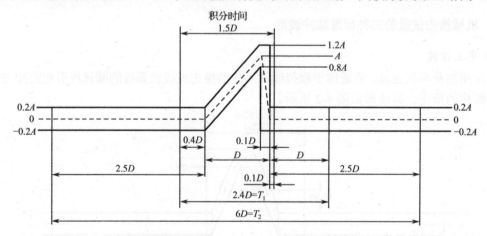

D—标称脉冲的持续时间；

A—标称脉冲的峰值加速度；

T_1—用常规冲击机产生冲击时，对脉冲进行监测的最短时间；

T_2—用电动振动台产生冲击时，对脉冲进行监测的最短时间

图 4-4　后峰锯齿波波形

3. 机械撞击试验的严酷等级

撞击试验的严酷等级是峰值加速度和标称脉冲持续时间的组合。

4. 机械撞击的等效原则

一般按最大响应等效的原则。单自由度系统对半正弦波的最大响应为激励的 1.78 倍左右，对后峰锯齿波的最大响应是激励的 1.25 倍左右。GJB 150.18—1986 中有两种不同冲击波形等效关系的描述，推荐半正弦 15g 或后峰锯齿 20g，$15g×1.78≈20g×1.25$。

4.4 试验样品与辅件

1. 试验样品

1）样品的尺寸检验

样品的尺寸检验如表 4-5 所示。

表 4-5 样品的尺寸检验

零件名称：		零件号：							供应商：		
序号	要　求	实　测　值								测量工具	评　价	
		1	2	3	4	5	6	7	8		合格	不合格
1												
2												
3												
4												
5												
6												
7												
8												
9												
10												
11												
12												
13												
14												
15												
16												
17												
18												
19												
20												
21												
供应商负责人：		日期：		客户负责人：				日期：				

2）样品的制造检验

样品的制造检验如表4-6所示。

表4-6 样品的制造检验

样品名称：_____   样品生产日期：_____

客户：_____   零件号：_____

样品状态：A □   B □   C □   D □

要求样品数量：_____   实际样品数量：_____

检查项目：

序 号	组 件	检 查 项	状 态	备 注
1			Y □ N □	
2			Y □ N □	
3			Y □ N □	
4			Y □ N □	
5			Y □ N □	
6			Y □ N □	
7			Y □ N □	
8			Y □ N □	
9			Y □ N □	
10			Y □ N □	
11			Y □ N □	
12			Y □ N □	
13			Y □ N □	
15			Y □ N □	

□ 是否有返工零件？如有，请提供可以使用返工零件的相关人员签字证明。

□ 经检查确认，试验样品可以按照试验计划进行试验。

□ 经检查确认，试验样品（编号）_____仅可用于_____试验。

□ 其他要求：_____。

3）样品的性能检验

通常，如果用于振动试验的样品在试验过程中不需要加载和不检测性能，则相关人员在试验前应提供受试样品的性能检验报告，以确保样品的性能是符合要求的。

4）样品操作的注意事项

对样品的操作不当很可能造成样品接触不良、损坏或其他问题。样品操作的注意事项如表4-7所示。

表4-7 样品操作的注意事项

要 求	一 般 样 品	特殊样品（如电子元件）
环境要求	一般实验室环境	注意高低温、水、易燃易爆、化学品、潮湿、盐雾、霉菌、静电、电磁干扰、油
穿戴要求	一般工作穿戴	需要穿戴防护（静电）手套、防护（静电）鞋、防护（静电）衣等

要 求	一 般 样 品	特殊样品（如电子元件）
搬运要求	搬运时用手掌紧握样品,轻拿轻放、避免脱落、跌落、撞击、震（振）动、挤压	搬运时用手掌紧握样品,轻拿轻放、避免脱落、跌落、撞击、震（振）动、挤压
摆放要求	摆放注意合理、稳当	摆放注意合理、稳当

5）样品操作的失效案例

案例：用油不当对样品的影响。

在操作过程中，操作人员不小心将汽油滴到了某样品的透光面板上（材料为 PC），使透光面板出现了变白、变脆的现象，在振动试验后该处出现了裂纹，如图 4-5 所示。

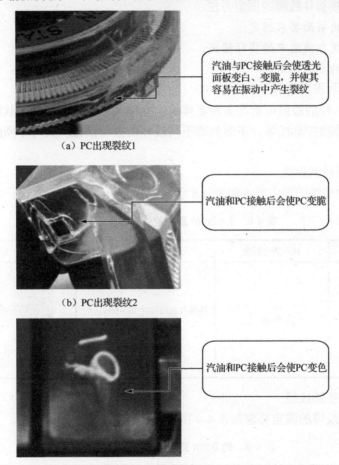

汽油与PC接触后会使透光面板变白、变脆，并使其容易在振动中产生裂纹

（a）PC出现裂纹1

汽油和PC接触后会使PC变脆

（b）PC出现裂纹2

汽油和PC接触后会使PC变色

（c）PC出现变色

图 4-5　汽油和 PC 接触后使 PC 变脆、变色

2. 常见样品的辅件

1）接插件

（1）样品接插件的来源

首先应该由相关人员提供样品的原装接插件；如相关人员无法提供，也应由相关人员指定或确认。

（2）样品接插件的使用

无论是顺序（系列）试验还是单一试验，样品接插件的使用通常需遵循以下原则。

① 振动试验、耐久试验后的样品接插件不能再重复使用。因此，每次振动试验使用的样品接插件通常应该是未使用过的新件，对已经做过试验的、反复插拔过的接插件，原则上不能再使用。

② 如果是功能试验，短时间试验后的样品接插件可以重复使用。

③ 样品接插件的使用还要考虑温度范围，有些样品的原装接插件和线缆不能直接用于试验，因为试验的环境温度通常较样品的实际环境温度严酷。

④ 相关规范应对样品的接插件在试验期间允许的插拔次数给出规定，以避免试验过程中反复插拔导致试验的非正常失败。

（3）样品/样品接插件线缆的固定方法

● 按相关人员的书面要求固定；

● 模拟样品线缆在使用中的实际情况；

● 按样品规范的要求固定。

2）线缆的种类和固定要求

样品或样品接插件的线缆可能是多种多样的，有粗线、细线、硬线、软线、单股线、多股线、金属护套线、橡胶护套线等。下面列举不同线缆在振动试验装夹时不同的固定长度和转弯半径基本要求。

（1）1～2mm 直径的线缆

1～2mm 直径的线缆的固定要求如表 4-8 所示。

表 4-8　1～2mm 直径的线缆的固定要求

线 缆 直 径	最小固定长度	转 弯 半 径	示 意 图
1～2mm（硬线） 1～2mm（软线）	8mm	样品引出端保持30～50mm的 直线距离	

（2）约 5mm 直径的线缆

约 5mm 直径的线缆的固定要求如表 4-9 所示。

表 4-9　约 5mm 直径的线缆的固定要求

线 缆 直 径	最小固定长度	转 弯 半 径	示 意 图
约 5mm	150mm	>50mm	

（3）约 7mm 直径的线缆

约 7mm 直径的线缆的固定要求如表 4-10 所示。

表 4-10　约 7mm 直径的线缆的固定要求

线 缆 直 径	最小固定长度	转 弯 半 径	示 意 图
约 7mm	200～400mm	>20mm	 （a）约7mm直径的线缆的固定方法1
	200～300mm	>12mm	 （b）约7mm直径的线缆的固定方法2

（4）约 7mm 直径的波纹管

约 7mm 直径的波纹管的固定要求如表 4-11 所示。

表 4-11　约 7mm 直径的波纹管的固定要求

线 缆 直 径	最小固定长度	转 弯 半 径	示 意 图
约 7mm	200～400mm	>20mm	 （a）约 7mm 直径的长波纹管
		>12mm	 （b）约 7mm 直径的短波纹管

（5）10～12mm 直径的线缆

10～12mm 直径的线缆的固定要求如表 4-12 所示。

表 4-12　10～12mm 直径的线缆的固定要求

线 缆 直 径	最小固定长度	转 弯 半 径	示 意 图
10～12mm	150mm	>50mm	

（6）30～40mm 直径的普通线缆

30～40mm 直径的普通线缆的固定要求如表 4-13 所示。

表 4-13　约 35mm 直径的普通线缆的固定要求

线 缆 直 径	最小固定长度	转 弯 半 径	示 意 图
30～40mm（通常内部为较细的多股导线）	100～150mm	刚引出部分的线缆应保持一段直线距离	

（7）30～40mm 直径的钢丝套线缆

30～40mm 直径的钢丝套线缆的固定要求如表 4-14 所示。

表 4-14　30～40mm 直径的钢丝套线缆的固定要求

线 缆 直 径	最小固定长度	转 弯 半 径	示 意 图
30～40mm（通常内部为较细的多股导线）	100～150mm	刚引出部分的线缆应保持一段直线距离	

3）其他辅件

由于样品其他连接件可能是多种多样的，这里无法一一列举，其使用要求、试验连接要求、固定要求等可参考样品接插件的使用要求和样品对接线缆的固定要求。

3．常见试验辅件

1）转接板（如果振动台面必须采用）

（1）对转接板的要求

如果通过转接板装夹振动夹具，则转接板必须是符合振动试验使用要求的，并确保满足以下要求。

● 转接板的尺寸（直径）应小于或等于振动台面的尺寸（直径）；
● 转接板需确保一定的厚度，通常应不小于 30mm；
● 转接板需确保有足够的安装通孔密度，以便与振动台面的安装螺纹孔连接，最好振动台面分布有的安装螺纹孔，转接板上都有相应的安装通孔；
● 转接板上安装通孔的沉孔应能让固定螺栓有足够的咬合厚度，通常应不小于 15mm，螺栓咬合面的平面度应符合连接面的粗糙度要求；
● 转接板使用的材料需确保有足够的硬度，推荐选用硬度为 HBS100 的铜铝合金材料；
● 转接板需确保有足够的上、下配合面的平面度；
● 转接板上平面用于夹具安装的螺纹孔需确保足够的强度，应进行镶钢套处理。

（2）转接板的选用

转接板必须与振动台面匹配，不能随便借用其他转接板或使用与振动台面不匹配的转接板。

（3）转接板的采用

振动夹具与振动台面直接安装是推荐的方法，这样可以避免因采用转接板而产生的不确定因素。

在振动台面上安装转接板，再将振动夹具安装在转接板上是一种较为被动的方法，原则上应尽可能少采用或不采用，只有在振动夹具与振动台面的安装孔不匹配时才采用。

2）试验用辅件及其使用注意事项

试验用辅件及其使用注意事项如表 4-15 所示。

表 4-15 试验用辅件及其使用注意事项

物 品 名 称	推荐使用型号/技术要求	质 保 期	保存环境	重复使用/其他重复因素	报 废 标 准
设 备 件					
密封泥（温度箱孔密封用）	耐温范围需大于-50～160℃，推荐使用的型号为 TEROSON-RBIX-10KG	按说明书	常温保存	可重复使用	过保质期、变硬失效
起 重 件					
起重吊带	能很好地保护被吊物品，使其表面不被损坏；使用过程中能减震、不腐蚀、不导电、不产生火花；弹性伸缩率小	按说明书	常温保存	可重复使用	过保质期、出现护套破损露出内层纤维；有穿孔现象；出现切口、撕裂；横截面积达到原尺寸的 10%；任何部位出现死结；起吊 500 次以上
起重吊环	采用 R235 钢筋制作，抗拉强度设计值为 195MPa，拉应力不应大于 50MPa	按说明书	常温保存	可重复使用	过保质期；从吊环不弯曲的平面算起，扭曲超过 10%；圆形环内径变形率在 5%以上；直径磨损或锈蚀超过名义尺寸的 10%；吊环上出现裂纹、裂痕或凹槽
紧 固 件					
螺栓	强度等级为 12.9 级	按说明书	常温保存	可重复使用	过保质期，有明显裂纹、断扣、滑丝、乱扣、折弯、拉伸变形，生锈较严重，有剪切痕迹或其他认定不能修复的损伤
产品安装用紧固件	由产品相关人员提供、指定或提出标准	按产品相关人员要求	按产品相关人员要求	按产品相关人员要求	按产品相关人员要求
螺母	标准螺母	按说明书	常温保存	可重复使用	过保质期，有明显裂纹、断扣、滑丝、乱扣、折弯、变形，生锈较严重，有剪切痕迹或其他认定不能修复的损伤
平垫片	标准垫片	按说明书	常温保存	可重复使用	过保质期，有明显裂纹、折弯、变形，生锈较严重，有剪切痕迹或其他认定不能修复的损伤
弹簧垫片	标准弹簧垫片	按说明书	常温保存	可重复使用	过保质期，有明显裂纹、折弯、变形，生锈较严重，有剪切痕迹或其他认定不能修复的损伤

物品名称	推荐使用型号/技术要求	质保期	保存环境	重复使用/其他重复因素	报废标准
装夹件					
弹簧卡箍	耐温范围需大于-50~160℃，钢制	按说明书	常温保存	可重复使用	过保质期、有变形、有损坏
喉箍卡夹	耐温范围需大于-50~160℃，钢制	按说明书	常温保存	可重复使用	过保质期、有变形、有损坏
扎带（不耐高低温）	常温	按说明书	常温保存	不可重复使用	过保质期、仅限一次性使用
扎带（耐高低温）	耐温范围需大于-50~160℃，尼龙制	按说明书	常温保存	不可重复使用	过保质期、仅限一次性使用
麻绳	耐温范围需大于-50~160℃	按说明书	常温保存	可重复使用	过保质期；老化、脆化、强度明显减弱；严重磨损、折断；腐蚀、热熔化、烤焦
胶带	耐温范围需大于-50~160℃，推荐使用铝箔胶带	按说明书	常温保存	不可重复使用	过保质期、黏性下降
粘接件					
液体胶水	耐温范围需大于-50~160℃	按说明书	常温保存	不可重复使用	过保质期、黏性下降
固体胶	耐温范围需大于-50~160℃	按说明书	常温保存	不可重复使用	过保质期、黏性下降
加载件					
三通/多通	耐温范围需大于-50~160℃，钢制	按说明书	常温保存	可重复使用	过保质期、有变形、有损坏
快装接头	耐温范围需大于-40~150℃，耐油、尼龙制、耐压、满足 SAE J2044 标准要求	按说明书	常温保存	可重复使用	软化、老化、脆化、强度明显减弱；严重磨损、折断；腐蚀、热熔化、烤焦；连接不密封、漏油
油管路	耐高低温（-80~300℃）、耐压缩、耐油、耐冲压、耐酸碱、耐磨、难燃、耐电压，硬度满足 GB/T531 标准要求，拉伸强度满足 GB/T528 标准要求	按说明书	常温保存	可重复使用	按 DIN、SAE、ISO 和 GB/T 标准执行
精致煤油	航空精致煤油	按说明书	常温保存	不可重复使用	过保质期、变质、变色

3）试验辅件的采用原则

固定样品用辅件首先应该由样品相关人员按样品安装的实际情况提供或指定，如相关人员无法提供，也可由试验人员按相关人员的要求提供，常见的有带法兰螺栓、标准螺栓+标准垫片等。

固定试验用的螺栓、垫片等紧固件通常可由试验操作人员选用。

4. 试验要求与信息

1）试验要求的采纳

● 样品安装通常应按样品相关人员的要求执行；

● 试验装夹通常按振动相关的标准、规范执行的要求执行；

- 对不明确类要求可由样品、试验双方共同书面确认;
- 试验操作人员切忌在整个试验操作过程中一味听从样品相关人员的意见,因为很多时候样品相关人员对振动试验的操作并不专业。

2)试验信息的沟通

试验前,样品相关人员应告知试验人员样品异常的描述和异常的判断标准,如样品外观有异常等。

如果样品加载监控需要由振动试验人员查看,则样品相关人员需要(书面)向振动试验人员提供样品监控异常的判断标准,如样品的加载信号超过标准、电压/电流异常等。

试验过程中或试验后,试验人员如发现试验、样品及样品加载有异常等,则需保留现场,拍下详细的异常情况信息并及时向样品相关人员反馈情况,通知样品相关人员到现场进行确认,不能直接拆除试验设备。

4.5 试验的应用实施流程

试验的应用实施流程如图 4-6 所示。

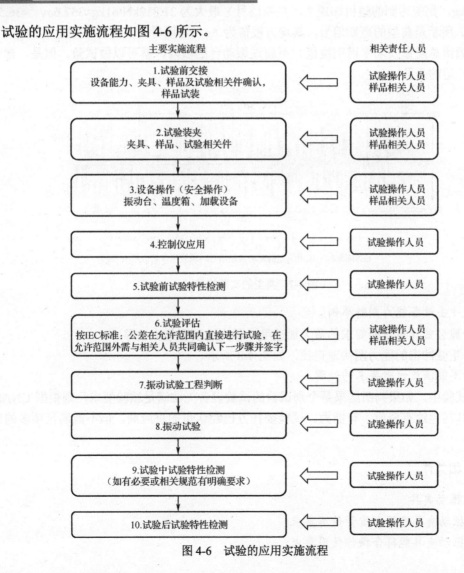

图 4-6　试验的应用实施流程

4.6 试验交接要素

1. 确认设备

● 确认设备的状态是可以被使用的;
● 评估振动台推力能满足试验要求;
● 评估设备的性能(最大加速度、速度、位移)能满足试验要求,通常,当试验要求达到或超过设备能力70%以上时,设备的损坏率将可能倍增,因此建议采用能力高一个等级的设备。

1)随机振动设备能力判断举例

例如,对于3t振动台,最大随机推力为0.7×31.16kN=21.812kN(其中,31.16kN是3t振动台的实际推力,长时间使用时随机推力为正弦推力的70%)。其动圈质量为31kg,如果负载(含夹具)为30kg,则能达到的随机加速度(高斯信号)最大为21.812kN/61kg≈357.6m/s²≈36.5g。

如图4-7所示是典型的高斯信号,其均方根值为6g,可以看出其峰值有可能是18g。只要整个试验的频谱总能量(功率谱密度值)不超过振动台的极限,就可以做试验。但是,建议做试验时要留一定的余量。

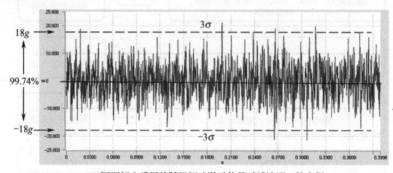

ESS国军标中采用的随机振动激励信号时域波形(均方根σ: 6g)

图4-7 典型的高斯信号

2)机械冲击设备能力判断举例
① 按计算公式计算试验要求的最大加速度、最大速度和最大位移。
② 按半正弦冲击的能力图快速查找,如图4-8所示。

3)判断不能满足试验要求的处理

在系列试验中,如果判断结果是个别试验的试验设备无法满足试验要求,则根据CNAS规定,可以将其转包给有资质、有能力、试验委托方已经认可的供应商,但不能满足项多的则不能转包。

2. 确认相关件

1)确认振动夹具
● 确认振动夹具能符合质量使用要求;
● 确认振动夹具能符合操作使用要求;

● 确认振动夹具的状态是好的（如长时间未使用的夹具）。

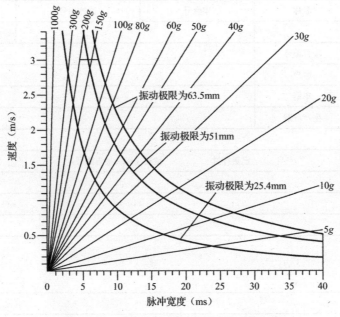

图 4-8　电动振动台复现半正弦冲击的能力图

2）确认试验样件

● 确认试验样品的唯一性（标识）；

● 确认试验样品的正确性；

● 确认试验样品对接件的正确性；

● 确认试验样品对接件能符合使用要求。

3）样品试装

● 确认安装试验的紧固件/相关件能满足试验/相关人员的要求；

● 确认样品/相关件的安装能模拟样品实际安装情况/满足试验要求。

4）确认样品功能加载

● 确认样品加载设备能符合质量使用要求；

● 确认样品加载设备能符合试验使用要求（如线缆的长度等）；

● 确认样品加载的实现方法及人员。

3．试验委托单举例

试验委托单如表 4-16 所示。

表 4-16　试验委托单

样品试验申请单			
申请人			
试验编号		是否需要报告	
试验名称			
试验类型			

	名称	零件号	试件编号	生产单位
试件	项目编号			
	客户			
	车型			
	生产日期			
试件状态	已进行过　　　　　试验（试验报告编号：　　　　　）			
试验缘由				
试验目标				
试验标准/编号				
试验条件				
判断标准				
日期要求	预计送样日期		要求完成日期	
试验员				
试验设备大类				
备注				

注：试验如需外包，则分包单位必须满足 ISO17025 的要求。

4. 试验交接单举例

如果仅有试验委托单，相关人员可能会遗漏对某些样品的特殊要求。另外，从试验委托单的生成到试验交接通常会有一段时间间隔，在此期间试验的某些要求/信息可能已经发生变化，因此，还需要采用试验交接单在试验前对相关信息进行再次确认。

通过试验交接单交接试验，能起到帮助规范试验交接行为和确保试验交接质量，帮助试验人员在试验前得到完整的试验信息和正确的试验物品，以及帮助试验人员对试验能力进行正确的评估和正确进行试验操作等作用。试验交接单的内容是可以根据使用的实际情况不断添加和补充的。

试验交接单如表 4-17 所示。

表 4-17　试验交接单

样品名称：　　　　　　　　　　　零件号：

试验委托单要求样品数量：　　　　实际样品数量：

检查项目：

序　号	检查项目	状　态（Y/N）	备　注
1	确认委托单试验条件		
1.1	确认设备的能力是否能满足试验样品的试验要求（含振动台垂直、水平方向）	Y □　　N □	
1.2	确认振动曲线每个方向是否是相同的	Y □　　N □	

续表

序 号	检 查 项 目	状 态 (Y/N)	备 注
1.3	确认振动曲线是否是带图谱的	Y □　N □	
1.4	确认试验时间每个方向是否是相同的	Y □　N □	
1.5	确认试验委托单是否是带附件的	Y □　N □	
1.6	确认试验是否是带温湿度的三综合试验	Y □　N □	
2	确认试验夹具		
2.1	确认试验夹具是否是经过相关人员"刚性部分"确认的	Y □　N □	
2.2	确认试验夹具是否是经过相关人员"尺寸部分"确认的，确认单是有编号的	Y □　N □	
2.3	确认试验夹具上是否是带有夹具编号的	Y □　N □	
2.4	确认试验夹具上所有的紧固件是否是处于紧固状态的（一体夹具忽略）	Y □　N □	
2.5	确认试验夹具上的加速度传感器安装螺纹孔是否是可以使用的（英制/美制/米制、粗牙/细牙）	Y □　N □	
2.6	确认试验夹具的使用频率范围是否是能覆盖当前试验要求的频率范围	Y □　N □	
3	确认试验样品信息		
3.1	确认试验样品不是特殊的试验样品（如是请说明）	Y □　N □	
3.2	确认试验样品已通过"样品设计核对清单"进行核对，核对清单是有编号的	Y □　N □	
3.3	确认试验样品已通过"样品制造核对清单"进行核对，核对清单是有编号的	Y □　N □	
3.4	确认试验样品已通过"样品性能检测清单"进行核对，核对清单是有编号的	Y □　N □	
3.5	确认试验样品的外观目检是完好无损的	Y □　N □	
3.6	确认试验样品上（正面位置）有"试验委托单"编号	Y □　N □	
3.7	确认试验样品上有项目编号	Y □　N □	
3.8	确认试验样品上有零件编号或样品唯一性标识	Y □　N □	
3.9	确认试验样品和夹具的尺寸是在设备能摆放空间的范围内的	Y □　N □	
3.10	确认试验样品和夹具的质量是在设备的能载质量之内的	Y □　N □	
3.11	确认试验样品的洁净度是符合试验要求的	Y □　N □	
3.12	如果是顺序试验，确认试验样品在试验前后的操作是否有特别需要注意的	Y □　N □	
3.13	确认试验样品的方向是有定义描述的	Y □　N □	
3.14	确认试验的方向顺序是否是有顺序要求的	Y □　N □	
4	确认试验样品的性能检测（不带性能检测的忽略）		
4.1	确认试验过程中试验样品是否是需要性能检测的	Y □　N □	
4.2	确认试验样品的性能检测是否是需要相关人员到现场检测的	Y □　N □	
4.3	确认检测设备是在标定日期内的（如否，则请相关人员评估风险）	Y □　N □	
4.4	确认试验样品是否是带对接插头的	Y □　N □	
4.5	确认试验样品的对接插头是否是首次使用的（如否，则请相关人员评估风险）	Y □　N □	
4.6	确认试验样品的对接插头的线缆长度是能满足试验要求的	Y □　N □	
4.7	确认试验样品的对接插头上标注有与试验样品编号一致的编号	Y □　N □	
4.8	确认试验样品的对接插头的型号是正确的	Y □　N □	

序　号	检 查 项 目	状　态 （Y/N）	备　注
4.9	如果试验是委托第三方进行的，确认试验样品的性能检测过程是否需要第三方试验室来完成。如是，则请相关人员给出书面的性能检测方法说明	Y □　　N □	
5	确认样品试装（振动试验人员负责，相关人员支持）		
5.1	确认试验夹具是仅在振动台体的垂直方向上使用的	Y □　　N □	
5.2	确认试验样品安装螺栓的长度是合适的	Y □　　N □	
5.3	确认试验样品的安装螺栓是否是需要加垫片的	Y □　　N □	
5.4	确认试验样品（对接）线缆的第一道固定是可以固定在运动体上并能满足布线要求的	Y □　　N □	
5.5	确认试验样品的安装扭力是可以实现的	Y □　　N □	
6	确认其他要求，双方确认		
6.1	确认试验是否还有其他临时要求	Y □　　N □	
6.2	确认试验是否还有其他需要特别注意的事项	Y □　　N □	

□ 是否有返工零件？如有，请提供可以使用返工零件的相关人员签字证明。

□ 经检查确认，试验样品可以按照试验计划进行试验。

□ 其他要求：

经检查确认，试验样品（编号）_____ 仅可用于_____试验。

要求完成日期_____，样品工程师/试验工程师签名_____，日期_____。

计划完成日期_____，试验工程师签名_____，日期_____。

4.7 振动试验装夹和试验要素

　　试验装夹是振动试验操作中的一个重要环节，有不少的装夹要素，稍不留意即可能造成振动试验的非正常失败。因此，为使振动试验操作人员进行高质量的试验装夹和确保振动试验的质量，下面按振动试验的装夹步骤对试验装夹的基本要素做简单介绍。

1．夹具/转接板与振动台面的安装

1）转接板与振动台面的安装

本方式夹具必须采用转接板安装方式。

（1）固定转接板的螺栓数量

转接板上所有与振动台面匹配的安装通孔必须全部安装螺栓。

（2）转接板安装步骤

① 测量振动台面上的固定螺纹孔的深度。

② 在转接板的安装通孔中放入安装螺栓，看螺栓伸出转接板底部的长度。

③ 通常安装螺栓的咬合深度应等于螺栓直径的 1.5 倍。如果螺纹孔的深度不够，则应根据实际情况选择长度合适的螺栓，如图 4-9 所示。

④ 将带有安装螺栓的转接板轻轻放上振动台面，并将转接板安装孔内的所有螺栓对准振动台面上的固定孔。

⑤ 将转接板在振动台面上轻微地来回移动，使安装螺栓与振动台面的固定螺纹孔口贴合。

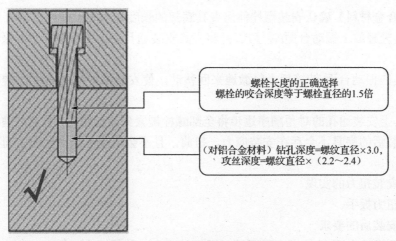

图 4-9 螺纹孔深与螺栓长度的选择

⑥ 按转接板的对角顺序逐步将其上的全部安装螺栓旋紧到较低扭力,目的是确保转接板的安装平整度,使安装后的转接板不会存在安装应力、扭曲,且不会出现与振动台面之间存在安装间隙等现象。

⑦ 按转接板的对角顺序逐步将其上的全部安装螺栓旋紧到规定的扭力。

（3）螺栓安装扭力的实现

必须使用扭力扳手。

（4）转接板安装后的要求

转接板安装到振动台面上需服帖,无额外应力,并保证安装扭力,如图 4-10 所示。

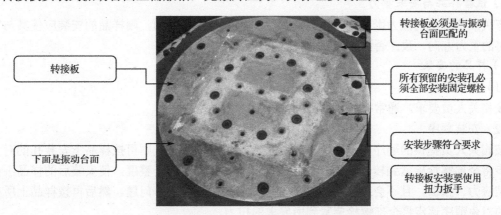

图 4-10 转接板安装后

2）夹具与振动台面/转接板的安装

（1）夹具与振动台面/转接板的匹配

原则上振动夹具的底面积应不大于振动台面/转接板的面积。

（2）螺栓安装数量

振动夹具上所有与振动台面/转接板相匹配的安装通孔都要安装固定螺栓。

（3）夹具安装步骤

① 测量振动台面/转接板上的安装螺纹孔的深度。

② 在夹具上所有与振动台面匹配的安装通孔中放入安装螺栓,看螺栓伸出夹具底部的长度。

③（对铝合金材料）确认安装螺栓伸出夹具底部的长度基本等于螺栓直径的 1.5 倍。

④ 将夹具轻轻放上振动台面/转接板，并将夹具安装通孔内的所有螺栓对准振动台面上的安装螺纹孔。

⑤ 将夹具在振动台面/转接板上轻微地来回移动，使安装螺栓与振动台面/转接板上的安装螺纹孔口贴合。

⑥ 按夹具上安装通孔的对角顺序逐步将全部螺栓旋紧到较低扭力，目的是确保夹具的安装平整度，使安装后的夹具不会存在安装应力、扭曲，且不会出现与振动台面之间存在安装间隙等现象。

（4）螺栓安装扭力的实现

必须使用扭力扳手。

（5）夹具安装后的要求

夹具安装到振动台面/转接板上需服帖，无额外应力，并保证安装扭力。

2. 样品与夹具的安装

1）试验样品与方向定义

有关规范应规定样品经受振动的轴向和相对位置。如果有关规范未做规定，样品应在三个互相垂直的轴向上依次经受振动，而且轴向应选择最可能暴露故障的方向。

2）试验样品与试验顺序

除有关规范另有规定外，样品应依次在每一个选定试验轴上经受振动激励，且沿着这些轴的试验顺序是不重要的。

3）试验样品与安装重力

有关规范应说明重力影响是否重要。如果重力影响重要的话，则样品的安装应使其与实际使用时的重力方向一致；否则，样品可任意安装。

4）样品的安装

（1）安装数量

按相关人员要求，通常样品上所有的螺栓都需要安装。

（2）安装顺序

按相关人员提供的顺序要求安装；如相关人员无特殊要求，则可按样品上安装孔的对角顺序逐步将全部螺栓旋紧到较低扭力，目的是确保被安装样品的平整度，使安装后的样品不会存在安装应力、扭曲，且不会出现与夹具的安装面之间存在间隙等问题，然后再按样品上所有安装孔的对角顺序逐步将全部螺栓旋紧到所要求的扭力。

（3）扭力的实现

必须使用扭力扳手（实现的扭力最好能留下照片作为证据）。

3. 样品线缆与布置

1）保护线缆的措施
● 在样品线缆/接插件线缆的外部全部增加保护套管；
● 在样品线缆/接插件线缆上可能会与其他物件发生摩擦的局部增加保护；
● 在其他物件上可能会磨损线缆的部分（如夹具、设备的棱角等处）增加保护；
● 将增加保护的线缆与其他物品固定在一起，以避免相互之间产生摩擦。

2）首道线缆的固定方法

（1）线缆线槽固定方式

此方式将线缆固定在夹具上的线槽内（优先采用），如图 4-11 所示。

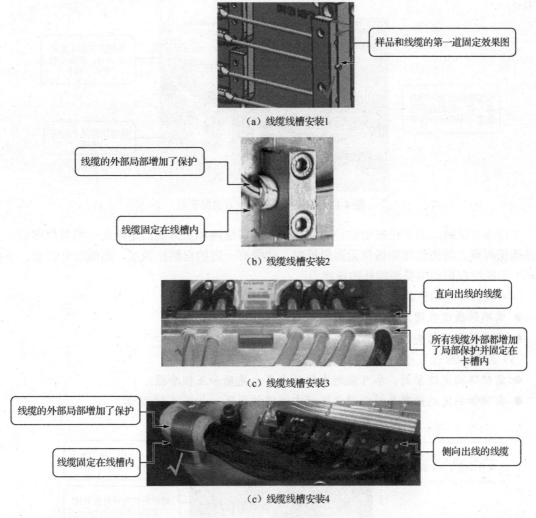

（a）线缆线槽安装1

样品和线缆的第一道固定效果图

线缆的外部局部增加了保护

线缆固定在线槽内

（b）线缆线槽安装2

直向出线的线缆

所有线缆外部都增加了局部保护并固定在卡槽内

（c）线缆线槽安装3

线缆的外部局部增加了保护

线缆固定在线槽内

侧向出线的线缆

（c）线缆线槽安装4

图 4-11　线缆线槽固定方式

（2）将线缆固定在固定螺栓上

在夹具或振动台面上安装固定螺栓，再将样品线缆与螺栓固定（被动采用）。

在某些情况下，由于受到条件的限制，样品线缆不得不采用螺栓固定方法。该固定方法因容易造成线缆磨损，所以操作要求也较高，需非常注重细节以防因连接问题而导致试验失败，通常需注意以下事项。

- 需确保螺栓有足够的强度以避免螺栓在振动中被振断，通常强度要求为 12.9 级；
- 需确保螺栓有足够的直径以避免螺栓在振动中被振断，通常直径不小于 M10；
- 需确保螺栓伸出端不能过长以避免螺栓在振动中被振断，通常是能短则短；
- 需确保螺栓不能在多个试验中连续使用以避免螺栓在振动中被振断，尤其是大量级试验；
- 需确保螺栓伸出端根部要固定以避免螺栓在振动中发生旋转；
- 需确保螺栓外部包裹有耐磨材料，以避免振动中磨损到样品线缆；

● 在大量级振动试验中谨慎使用该安装方式。

（3）将线缆固定在上方的架子上（谨慎使用）

对又细又软的样品线缆，也可在试验装置的上方搭架子，将线缆固定在架子上，如图 4-12 所示。

图 4-12　将线缆固定在上方的架子上

采用该方法时，由于在振动试验中样品线缆的引出端和上方的固定端是有相对位移的，因此需确保两点之间的线缆顺畅且无剧烈折弯，线缆有一定的自然松弛度，不能过分拉紧，不会使其中的线缆在振动中受到额外的拉拽力。

（4）线缆固定的注意事项

● 需确保线缆在固定处有耐磨、耐温材料保护；

● 需确保线缆与夹具边缘等棱角处保持一定的距离，如 2cm。

（5）线缆和螺栓互相固定的注意事项

● 需确保固定处紧固，尽可能避免振动中发生晃动和互相磨损；

● 需确保固定的强度足够以避免振动中线缆被振落，如图 4-13 所示。

（a）线缆螺栓固定方式1

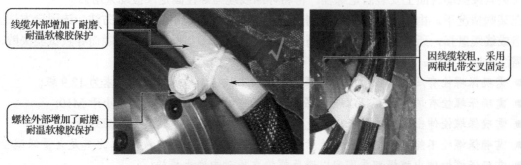

（b）线缆螺栓固定方式2　　　　（c）线缆螺栓固定方式3

图 4-13　线缆采用螺栓固定方式

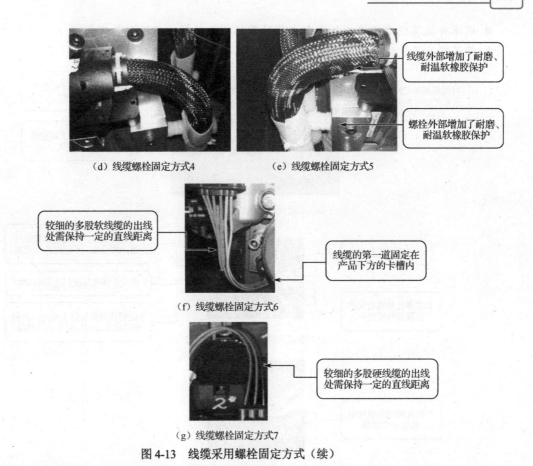

（d）线缆螺栓固定方式4　　　　（e）线缆螺栓固定方式5

（f）线缆螺栓固定方式6

（g）线缆螺栓固定方式7

图4-13　线缆采用螺栓固定方式（续）

（6）首道线缆的固定要求

● 线缆的固定距离和弯曲半径等遵循相关要求，在夹具设计时这些因素就应予以考虑；

● 通常需固定在运动件上，以避免振动中第一固定点与产品之间发生相对位移。

3）后道线缆的固定方法

（1）线缆的固定位置

线缆可以固定在运动件上，也可以不固定在运动件上。

（2）布线方式

固定时应使线缆顺畅且无剧烈折弯，确保线缆有一定的自然松弛度，不能过分拉紧；尤其是从运动件的一端到静止的一端，中间部分的线缆在振动中是有相对位移的，固定应不会使线缆在振动中受到额外的拉拽力。后道线缆的走线和固定方式如图 4-14 所示。

4. 样品在温湿度试验箱中的操作规范

● 样品不能直接放在箱底，而应放在样品架上；

● 样品尽可能放在试验箱的中间位置；

● 样品线缆不从样品的上方穿过，以避免温湿度试验冷凝水滴在样品上；

● 样品的线缆不互相影响。

5. 样品的其他连接件与布置

● 确保样品其他连接件（如冷却水管的管路等）的布置不会使连接处受到额外的应力；

- 确保样品其他连接件（如冷却水管的管路等）的第一道固定长度合适；
- 确保样品其他连接件（如冷却水管的管路等）不会在振动中发生磨损。

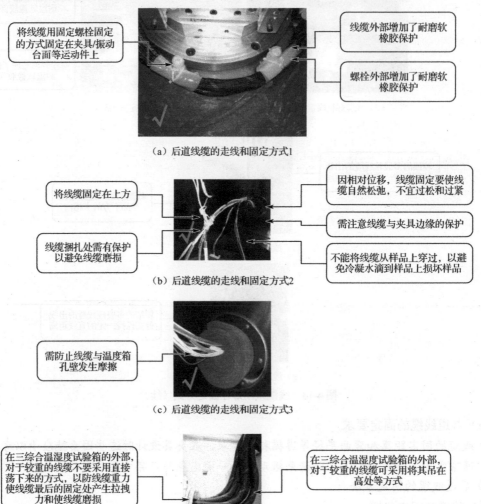

将线缆用固定螺栓固定的方式固定在夹具/振动台面等运动件上

线缆外部增加了耐磨软橡胶保护

螺栓外部增加了耐磨软橡胶保护

（a）后道线缆的走线和固定方式1

将线缆固定在上方

因相对位移，线缆固定要使线缆自然松弛，不宜过松和过紧

线缆捆扎处需有保护以避免线缆磨损

需注意线缆与夹具边缘的保护

不能将线缆从样品上穿过，以避免冷凝水滴到样品上损坏样品

（b）后道线缆的走线和固定方式2

需防止线缆与温度箱孔壁发生摩擦

（c）后道线缆的走线和固定方式3

在三综合温湿度试验箱的外部，对于较重的线缆不要采用直接荡下来的方式，以防线缆重力使线缆最后的固定处产生拉拽力和使线缆磨损

在三综合温湿度试验箱的外部，对于较重的线缆可采用将其吊在高处等方式

（d）后道线缆的走线和固定方式4

图 4-14　后道线缆的走线和固定方式

样品其他连接件的固定方式如图 4-15 所示。

将样品的其他连接件固定在夹具上的卡槽内

需防止样品的其他连接件与夹具等物发生摩擦

图 4-15　样品其他连接件的固定方式

6. 加速度传感器的使用

1）加速度传感器的选用

- 选用传感器的型号、灵敏度等需与当前试验要求相匹配；
- 选用传感器的温度使用范围需能覆盖当前振动试验的温度要求范围。

2）加速度传感器线缆的采用

传感器线缆的温度使用范围能覆盖当前振动试验的温度要求范围。

3）试验点的定义

（1）固定点

固定点指样品与夹具或直接与振动台接触的部分。

（2）检测点

检测点是位于夹具、振动台或样品上的用于信号检测的点，应尽可能靠近某个固定点并与之刚性连接。

① 应有足够多的检测点以满足试验要求。

② 若固定点少于或等于 4 个，则全部作为检测点；否则，按照有关规范中的规定取 4 个有代表性的固定点作为检测点。

③ 对大型或复杂样品，若检测点无法靠近固定点，则有关规范应有规定。

④ 当许多小样品安装在同一个夹具上或一个小样品上有若干个固定点时，可以选择单个检测点（参考点）来获取控制信号。此信号与夹具有关而与样品的固定点无关。此时夹具的最低共振频率应充分高于试验频率的上限。

（3）基准点

基准点是在检测点中选择的用于控制的点。

（4）控制点

控制点是振动试验中用以控制振动量值的传感器的安装点。常见的振动试验控制方法有单点控制和多点控制。

4）样品上测量点的摆放

样品上放置检测点（部分样品有此需求），目的是了解样品的动态特性或记录试验中样品是否发生了松动。

摆放数量和位置如下。

● 如果是很多样品在同一个夹具的同一个方向上振动，则可在对角位置选择两个样品放置；

● 如果是立方体夹具，样品分别安装在 3 个面上，则可在每个方向上选择 1 个样品放置；

● 对有些需要寻找共振的样品，通常可将测量点摆放在样品的结构最薄弱处。

5）加速度传感器对安装平面的要求

推荐传感器安装平面度小于 10μm，粗糙度小于 2μm。

6）加速度传感器的安装方式及特性比较

加速度传感器的安装方式和特性比较如表 4-18 所示。

表 4-18　加速度传感器的安装方式和特性比较

安装方式	适用温度（℃）	重测性	安装时间	频宽范围	承受强度	备　注
螺栓	1000	优	短	最宽	最高	可配合屏蔽块使用
蜜蜡	40	良	短	宽	低	连接强度使振动试验的最大加速度可做到 10g 左右
粘接剂	80	优	短	宽	高	特殊胶可达 200℃
磁座	150	良	短	次宽	中低	连接强度使振动试验的最大加速度可做到 20g 左右
双面胶	65	良	短	次宽	中	必须选择薄胶带
探针式	—	劣	极短	窄	—	准确性低

7）螺栓式加速度传感器的安装扭力

目前，传感器供应商对螺栓安装式传感器的安装扭力无特别规定，常见做法是用小型扳手将传感器（带屏蔽块）轻微旋紧，扭矩通常为 0.5～4N·m，如图 4-16 所示。

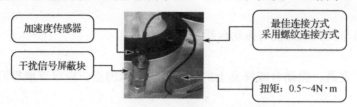

图 4-16　螺栓式加速度传感器的安装

8）加速度传感器线缆的固定

加速度传感器线缆的走线和固定方式如图 4-17 所示。

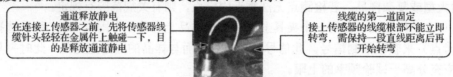

（a）加速度传感器线缆的走线和固定方式1

（b）加速度传感器线缆的走线和固定方式2

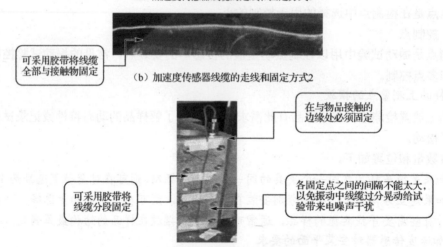

（c）加速度传感器线缆的走线和固定方式3

图 4-17　加速度传感器线缆的走线和固定方式

9）控制传感器与布置位置

对于单一被测样品，控制传感器应布置在样品的固定点或靠近固定点处；对装有减振器的样品，控制传感器应布置在减振器下的安装基座上。

控制传感器布置的位置应尽可能以振动台面的中心位置为基准保持对称。

10）机械振动试验与样品性能检查

当有关规范有要求时，样品在条件试验期间应工作，并进行性能检查。其工作和检查时间按规定总时间的百分比来确定。

11）机械冲击试验与样品加载

如果样品需在工作环境下运行，则不但需要按运输环境条件的要求进行碰撞试验，而且还需要按工作环境条件的要求进行碰撞试验。在进行前一试验时，仅需在试验后进行功能检测；但在进行后一试验时，在试验过程中需进行功能检测。

7. 设备与试验的点检、巡检

为确保试验质量，少犯低级错误，同时也为满足质量审核要求，需要对设备和试验进行点检。

1）设备点检举例

设备点检如表 4-19 所示。

表 4-19　设备点检

序　号	检 查 项 目	点 检 日 期	状　态
	试验设备预防性维护		（Y—确认，N—不确认）
1	确认振动台/温度箱外观无油渍、污渍、锈渍、积水	日点检	Y □　N □
2	确认振动台/温度箱零部件无缺失	日点检	Y □　N □
3	确认振动台/温度箱风管/水管无破损	周点检	Y □　N □
4	确认振动台隔振气囊无泄漏现象	周点检	Y □　N □
5	确认加速度传感器线缆无绝缘破损、无接头松动或脱落	周点检	Y □　N □
6	确认振动台水平滑台的液压系统的压力值在要求范围内	周点检	Y □　N □
7	确认振动台外部所有的紧固件都处于锁紧状态	周点检	Y □　N □
8	确认振动台功率放大器上所有的冷却风扇都处于正常状态	周点检	Y □　N □
操作人/核对人签字：			

2）试验点检举例

试验点检如表 4-20 所示。

表 4-20　试验点检

序　号	检 查 项 目	状　态
	试验的点检	（Y—确认，N—不确认）
1	试验前确认实验室	
1.1	确认实验室的环境温度是符合试验要求的	Y □　N □
1.2	确认实验室的环境湿度是符合试验要求的	Y □　N □
2	试验前确认使用的设备和仪器	
2.1	确认使用的设备（含振动台、温湿度试验箱、产品加载设备等）是在标定日期内的	Y □　N □
2.2	确认（处于垂直方向的）振动台体的隔振气囊的充气压力是符合要求的	Y □　N □
2.3	确认使用的加速度传感器的型号和系列号	Y □　N □
2.4	确认使用的加速度传感器是在标定日期内的	Y □　N □
2.5	确认使用的加速度传感器的温度可使用范围是能满足试验要求的	Y □　N □
2.6	确认振动台的台面上部和水平滑台上部是带有有效隔温层的	
3	试验前确认试验样品	
3.1	确认已经拍摄了样品 6 个方向的清晰照片（上下、左右、前后）	Y □　N □
4	试验前确认试验装置的装夹	
4.1	确认振动夹具/过渡板/振动台面之间所有的连接螺栓全部安装，螺栓强度足够、长度合适（不会出现安装顶底/咬牙数太少的情况），安装是按对角逐渐紧固的	Y □　N □

序　号	检 查 项 目	状　态
	试验的点检	（Y—确认， N—不确认）
4.2	确认样品/振动夹具之间所有的连接螺栓全部安装，螺栓强度足够、长度合适（客户提供螺栓除外），安装是按对角逐渐紧固的，安装扭力符合试验委托单/试验交接单的要求	Y □　N □
4.3	确认样品/样品对接线缆的第一道固定是固定在运动件上的，距离和方法符合试验要求,线缆的第二道固定顺畅并无剧烈折弯，整个线缆的布线没有与其他物品互相摩擦的情况，也不是从样品的上方穿过，以避免温湿度导致的冷凝水滴到样品上	Y □　N □
4.4	确认样品（尽可能）摆放在振动台和试验箱的中间位置	Y □　N □
4.5	确认试验控制用加速度传感器安装数量和位置是符合试验要求的（通常不应少于两个控制点），如果试验是带温湿度的三综合试验，则加速度传感器宜采用螺纹连接方式	Y □　N □
4.6	确认样品加载情况（相关人员参与）	Y □　N □
4.7	确认试验布置情况（相关人员参与）	Y □　N □
4.8	确认试验启动前拍了清晰的试验照片（含振动台面、振动夹具、传感器布点、产品加载情况等信息）	Y □　N □
4.9	确认夹具和试验装夹已进行了特性检查（如果特性检查的结果是符合试验要求的，则可以开始试验；如果特性检查的结果是不符合试验要求的，则需要通知相关人员共同讨论后续方案，如果后续方案是接受不符合项和可以开始试验，则方案需要由相关人员签字确认）	Y □　N □
5	试验前确认振动台的试验参数(含振动控制仪的输入值和试验开始后计算机显示屏上的显示值)	
5.1	确认试验委托单的编号是正确的	Y □　N □
5.2	确认使用的传感器灵敏度是（标定后给出的）新灵敏度	Y □　N □
5.3	确认使用的传感器灵敏度单位是正确的	Y □　N □
5.4	确认试验的控制策略是符合试验要求的	Y □　N □
5.5	确认试验谱和试验要求是一致的	Y □　N □
5.6	确认试验谱使用的单位和试验要求是一致的	Y □　N □
5.7	确认试验的时间和试验要求是一致的	Y □　N □
5.8	随机振动：确认 RMS 值和试验要求是一致的	Y □　N □
5.9	（峭度控制的随机振动）确认峭度值和试验要求是一致的	Y □　N □
5.10	正弦振动：确认试验的量级（含斜率部分）和试验要求是一致的	Y □　N □
5.11	正弦振动：确认试验的扫频速率和试验要求是一致的	Y □　N □
5.12	机械冲击：确认冲击的方向是符合试验要求的	Y □　N □
5.13	机械冲击：确认冲击次数、脉宽、加速度是符合试验要求的（为保护设备，建议二次冲击间隔时间不小于 3000ms 为佳）	Y □　N □
5.14	确认试验的容差是符合试验要求的	Y □　N □
5.15	确认试验数据的存储间隔时间是能满足相关人员要求的（根据时间长短确定，通常 1 小时/次）	Y □　N □
5.16	确认试验数据的存储路径已经过核对	Y □　N □
6	试验前确认温湿度试验箱的试验参数(含温湿度试验箱的输入值和试验开始后计算机显示屏上的显示值)	
6.1	确认温湿度曲线的名称编号是正确的	Y □　N □
6.2	确认温湿度曲线和试验要求是一致的	Y □　N □

续表

序　　号	检 查 项 目	状　　态
	试验的点检	（Y—确认， N—不确认）
6.3	确认温湿度循环次数和试验要求是一致的	Y □　N □
6.4	确认设置的（独立于温湿度试验箱控制软件的）高/低温保护值是合理的	Y □　N □
7	试验中试验异常/中断的记录、评判和处理（如无则忽略）	
7.1	确认试验异常/中断的时间和现象已记录（含原因、设备状态、样品状态等）	Y □　N □
7.2	确认试验异常/中断的原因已经过分析和评判（如属于过试验、欠试验、试验不受影响等）	Y □　N □
7.3	确认试验异常/中断的后续处理结果已得到相关人员的认可（如试验继续进行、试验终止、更换新样品等）	Y □　N □
8	试验后确认试验样品	
8.1	确认拍摄了清晰的样品六个方向的照片（上下、左右、前后）	Y □　N □

操作人/核对人签字：

注：若样品在试验过程中发生了失效，应保留现场，并第一时间通知相关人员到现场处理。

8. 试验样品的拆卸

需要记录试验样品拆解扭矩并最好予以保留，以核实样品在振动中是否发生过松动。通常，如果螺栓是靠人力旋松的，就说明是有一定扭力的。

4.8　振动试验中的关键控制参数

1. 随机振动试验

1）交、直流耦合

交流耦合（AC Coupling）：去除了信号中的直流成分（加滤波）。一般为避免信号调节器的直流激发电压滤除不干净，多使用交流耦合。

直流耦合（DC Coupling）：包含信号中的交流和直流成分（不加滤波）。在静态或低频时，为避免感应信号被误判为直流成分而加以滤除，此时应使用直流耦合，一般冲击试验中可以使用直流耦合。

2）多通道控制模式设置

多通道控制模式（Multi-Channel Control Mode）定义了当设定多个控制通道时如何将多个控制通道信号组合成一个信号。

Single：仅单通道控制模式。

Average：多个通道控制时将每个 PSD 平均为一个 PSD 进行控制。

Extremal：多个通道控制时比较每个通道、每个频率的峰值量级进行控制。

Max RMS：选择最大的有效值通道进行控制。

Min RMS：选择最小的有效值通道进行控制。

3）控制信号灵敏度设置

控制信号灵敏度（Sensitivity）：在控制信号和参考信号之间有差异时调整驱动信号的速率，

通过对差异信号增加阻尼来防止控制信号对修正的过度补偿，通过增加灵敏度的值来增加阻尼。

在闭环控制中通过控制误差乘以灵敏度值来修正参考谱和控制谱之间的差异。

控制信号灵敏度的设置范围为1~10，在不同的控制仪中，控制信号灵敏度参数有些是可以调整的，有些默认不可调整或没有出现。

4）削波因子设置

削波因子（Sigma Clip）定义了驱动信号产生时最大的峰值/RMS 的比例值，它限定了相对于有效值而言最大的峰值。比如，如果削波因子设置为4，则峰值可以在有效值4倍范围内变化，削波因子范围为0~10。削波因子设置如图4-18所示。

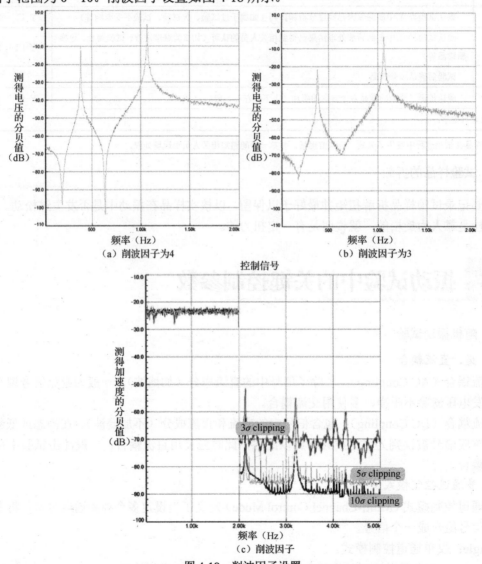

图 4-18 削波因子设置

5）峭度设置

凡是峭度（Kurtosis）控制，其削波系数通常均应大于峭度系数，如峭度系数为6，则削波系数就应大于6，如可设置为7。峭度设置如图4-19所示。

6）自由度设置

随机控制过程中时间的平均通常是由成为自由度（DOF）的统计量来表征的。

线性平均为

$$G_{\mathrm{m}} = \frac{1}{K} \sum_{i=1}^{k} G_i, \quad \mathrm{DOF} = 2k \qquad (4\text{-}2)$$

指数平均为

$$G_{\mathrm{new}} = G_{\mathrm{old}} + \left(\frac{G_{\mathrm{m}} - G_{\mathrm{old}}}{N} \right), \quad \mathrm{DOF} = 2k(2N\text{-}1) \qquad (4\text{-}3)$$

在线性平均后再进行指数平均，可以极大提高自由度。

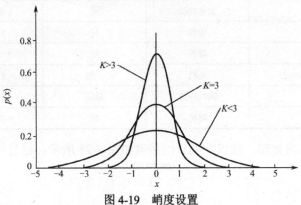

图 4-19　峭度设置

控制精度与自由度、置信度的关系如表 4-21 所示。

表 4-21　控制精度与自由度、置信度的关系

DOF	平均次数	控 制 精 度			
		3.0dB	2.0dB	1.0dB	0.5dB
		置 信 度			
256	128	100%	100%	98%	50%
64	32	99%	95%	80%	50%
16	8	95%	80%	50%	20%

不同自由度下控制精度的对比如图 4-20 所示。

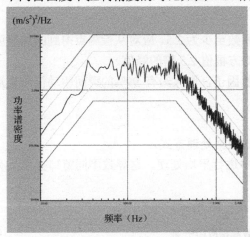

(a) 60 DOF

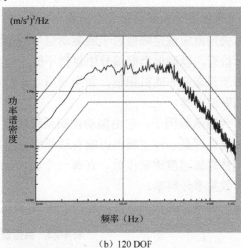

(b) 120 DOF

图 4-20　不同自由度下控制精度的对比

7）振动信号处理——窗函数

窗函数的信号处理比较如表 4-22 所示。

表 4-22　窗函数的信号处理比较

窗　口　类　型	适合的分析信号	频域分辨率	谱　泄　漏	幅　值　精　度
巴特利特窗（Bartlett）	随机	好	一般	一般
布莱克曼窗（Blackman）	随机或混合	差	最好	好
平顶窗（Flat top）	正弦曲线	差	差	最好
汉宁窗（Hanning）	随机	好	好	一般
汉明窗（Hamming）	随机	好	一般	一般
凯塞–贝塞尔窗（Kaiser-Bessel）	随机	一般	好	好
矩形窗（None）	瞬时冲击	最好	差	差
图基窗（Tukey）	随机	好	差	差

对时域信号进行加窗处理，加汉宁窗后的频谱如图 4-21 所示，信号的频谱泄漏明显减小。

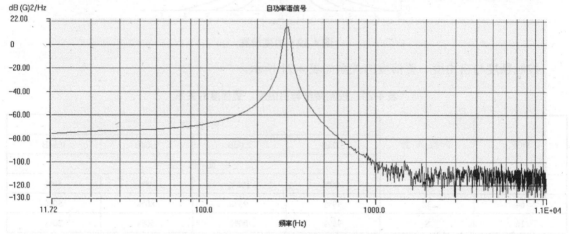

图 4-21　加汉宁窗后的频谱

8）峰值因子或驱动信号与削波

有关规范应规定峰值因子或驱动信号的削波系数至少为 2.5。应对从检测点得到的加速度波形进行检查，以确保当前信号中包括不低于规定均方根值 2.5 倍的峰值。

对于正态分布随机振幅，如果采用 2.5 的峰值因子，则大约有 99% 的瞬间驱动信号直接施加于功率放大器。

W 为窗函数因子，它由振动控制系统确定。

加窗处理是一种主要的影响有效频率分辨率的数据处理方式。

当估算加速度谱密度时，在每一个窗口记录中进行平均处理。这导致不同窗口类型具有不同的有效频率分辨率。

对一些典型的窗函数，相应因子 W 的数值如表 4-23 所示。

表 4-23　典型窗函数和相应因子 W

窗　函　数	因　子　W
矩形窗	1

续表

窗 函 数	因 子 W
三角窗	1.33
汉宁窗（$0.54+0.46\cos\frac{\pi t}{\tau}$）	1.36
汉明窗（$0.5+0.5\cos\frac{\pi t}{\tau}$）	1.50
布莱克曼窗（4 项）	2.00

9）随机振动常用参数标准化输入值的推荐

如表 4-24 所示是在客户无特殊要求情况下随机振动常用参数标准化输入值的推荐。

表 4-24　随机振动常用参数标准化输入值的推荐

常 用 参 数	标准化输入值的推荐
频率分辨率（frequency lines）	2Hz
自由度（DOF）	120
削波（drive-clipping）	3（非峭度控制）。 如果是峭度控制，削波系数需大于峭度系数，推荐在峭度系数的基础上加 1，如峭度系数采用 6，则削波系数可采用 7
峭度系数（kurtosis）	6
警示和停止线数（warning and abort lines）	全部线数的 5%
警示和停止限制（warning and abort limits）	±3dB、±6dB（控制通道）

2．正弦振动试验

1）多通道控制模式设置

多通道控制模式（Multi-Channel Control Mode）定义了当设定多个控制通道时如何将多个控制通道信号组合成一个信号，或者在不同的频带范围内使用不同的通道进行控制，这通常在位移传感器、速度传感器和加速度传感器的切换控制中使用，如图 4-22 所示。

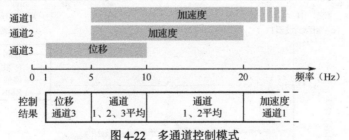

图 4-22　多通道控制模式

2）压缩比设置

幅值灵敏度定义了驱动信号匹配控制信号的速度，也叫幅值的压缩比，如图 4-23 所示。它决定了控制系统中为了确保系统稳定所使用的阻尼大小，也就是防止驱动的过调和振荡。较小的灵敏度系数提供了较小的阻尼比，因此响应控制信号的速度快；较大的灵敏度系数提高了阻尼比，梯度式地修正驱动信号。

0 为对控制信号不修正，1 定义了最高灵敏度，999 为最低灵敏度。

扫频参数								
序列号	最低频率（Hz）	最高频率（Hz）	速率（oct/min）	持续时间	磁感应	H 参与	最低量级（EU）	中止感应
1	10	1000	2	000：03：19	2.5	0	0.0005	1

图 4-23　幅值的压缩比

3）跟踪滤波器设置

跟踪滤波器设置如图 4-24 所示。

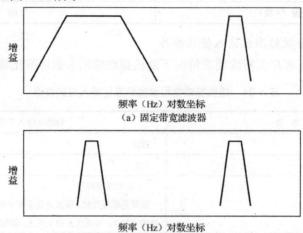

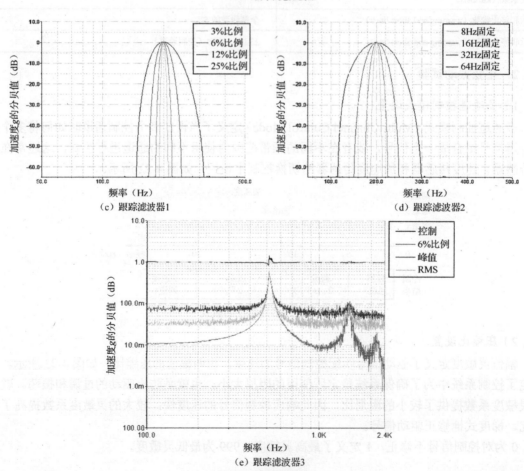

图 4-24　跟踪滤波器

3. 机械冲击试验

1）控制模式

控制模式如图 4-25 所示。

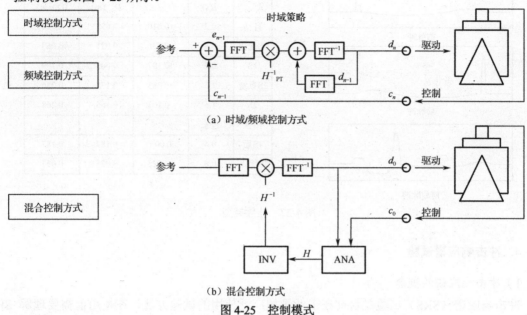

（a）时域/频域控制方式

（b）混合控制方式

图 4-25 控制模式

2）补偿设置

为什么要补偿？振动台都有其位移/速度/加速度的物理极限，无法进行超出其范围的冲击。在实际过程中，由于振动台必须从绝对 0 位（位移、速度、加速度）启动到绝对 0 位（位移、速度、加速度）停止，这就使得要充分使用振动台的物理极限，需要对其在实际脉冲出现之前和之后进行额外的补偿，如图 4-26 所示。

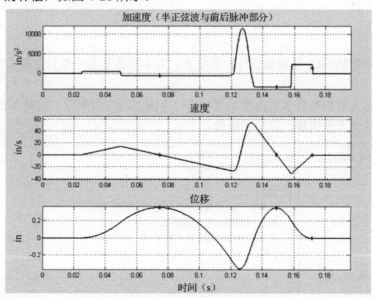

图 4-26 脉冲出现之前和之后进行的补偿

3）补偿类型

补偿类型如图 4-27 所示。

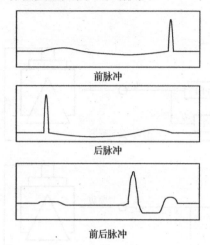

前脉冲

后脉冲

前后脉冲

	T(s)	D_{min}(in)	D_{max}(in)	IDA(in)
自动	0.2	-0.010	0.010	0.020
2S优化	0.8	-0.036	0.027	0.063
1S	0.8	-0.197	0.002	0.199
2S系统	1.6	-0.083	0.173	0.256
2S	1.6	-0.103	0.165	0.268
1S预	过长			
1S后	0.4	0.000	0.187	0.187
2S优化	0.8	-0.025	0.026	0.051

图 4-27 补偿类型

4. 冲击响应谱试验

1）冲击响应谱的概念

冲击响应谱（SRS）试验是目前在工业领域广泛使用的试验方法，在使用前需要理解 SRS 代表的实际意义。

冲击响应谱于 1932 年由 Dr. Maurice Biot 首次提出，用于描述地震特征，在 20 世纪 60 年代由美国海军用于描述机械冲击的烈度指标，目前 SRS 广泛用于冲击载荷特征的设计规范，如：

- 地震；
- 跌落冲击；
- 发射冲击；
- 分离冲击；
- 爆破。

一个常见的误解是 SRS 是频域信号，事实上，其本质是从各个单自由度系统上获取的时域峰值。

理解 SRS，首先需要理解单自由度系统对于一个瞬态冲击的响应，如图 4-28 所示是一个单自由度系统，它包含了点质量、阻尼和弹簧。

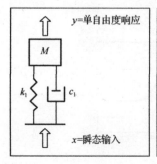

y=单自由度响应

M

k_1 c_1

x=瞬态输入

传递率$=\dfrac{1+j2\zeta\beta}{(1-\beta^2)+j2\zeta\beta}$

其中：

传递率$=y/x$=质量运动与基础运动的复比值；

$\beta=f/f_n$=频率比，$f_n=(1/2\pi)\sqrt{(K/M)}$；

$\zeta=C/(2Mf_n)$=无量纲阻尼因子（0~1）

图 4-28 单自由度系统

2）冲击响应谱计算

刚度和质量的比值决定了单自由度系统的固有频率，图 4-29 所示为传递率图，在固有频率点上幅值放大，在通过固有频率后，幅值降低，阻尼比影响了共振时的放大效果。

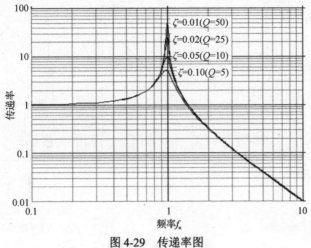

图 4-29　传递率图

以参考频率为中心（一般是 1000Hz），按倍频方式向上和向下拓展中心频率，形成一系列这样的 SDOF 滤波器簇，每个这样的滤波器都有设定的阻尼比，如图 4-30 所示。

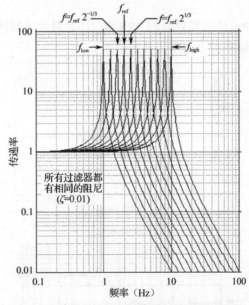

图 4-30　若干个 SDOF 滤波器形成的滤波器簇

对于每个单自由度系统的响应，通过这样的滤波器计算时域上的峰值。SRS 有多种极值响应信号，首先响应的时域信号可以分为两段，在激励施加过程中的响应作为主响应，在激励结束之后的响应称为残留响应，两个过程中的正向和反向极大值都用于不同的 SRS 类型，总体的绝对极大值作为 Maxi-Max。冲击响应谱如图 4-31 所示。

SRS 类型如下。

● Maxi-max；

● 主正向；

- 主反向；
- 残留正向；
- 残留反向。

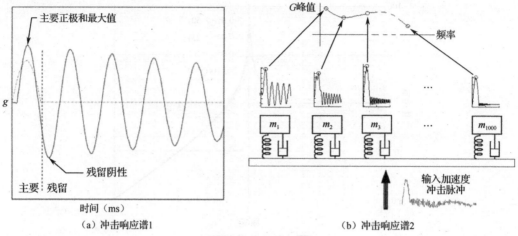

（a）冲击响应谱1 　　　　　　　　　　　（b）冲击响应谱2

图 4-31　冲击响应谱

对于试验件的潜在最大破坏在共振频率处，SDOF 模型用于预测在现有冲击共振频率下可能达到的响应，由于共振频率可能在试验范围内的各个位置，SRS 计算的是 $1/n$ 倍频为间隔和单自由度响应峰值的函数。

如图 4-32 所示为一段冲击信号和对应的 SRS 谱，注意最大时域冲击是 $17g$，而 SRS 最大值为 $40g$，这个值是由于在该频率点上出现了共振放大。

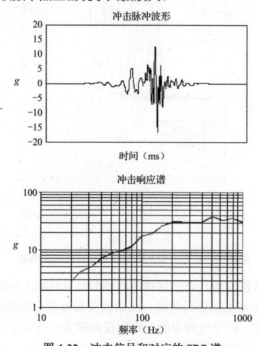

图 4-32　冲击信号和对应的 SRS 谱

3）冲击响应谱合成

对冲击响应谱进行控制，控制谱也成为所需的响应谱 RRS，必须通过时域波形以迭代的方式进行综合，从而获得最终匹配 RRS 的时间域波形。

为了满足 RRS，一些称之为小波的单频正弦信号用来合成最终的时间信号。这些频率信号由 1/n 倍频定义，其幅值由 RRS 的幅值决定。这些小波信号通过部分重叠和叠加形成复合信号。冲击响应谱合成如图 4-33 所示。

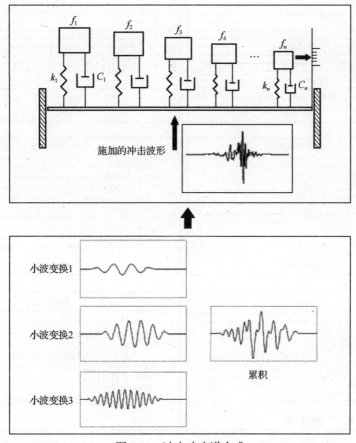

图 4-33　冲击响应谱合成

对于爆破冲击，大多使用 Sine Beat 和 Damped Sine 作为小波；而对于地震冲击，则一般采用随机小波进行合成。

采用这种小波的前提是每个小波的最终加速度、速度和位移归零，以满足振动试验设备的使用特性。冲击响应谱合成波形如图 4-34 所示。

5．时域模拟振动试验

1）时域模拟的概念

随着对样品可靠性要求的不断提高，希望试验条件越来越接近实际的振动情况并保持可重复性。随着计算机及控制技术的变革，将现场记录的试验数据在计算机上复现已成为可能。其核心就是实时计算由振动台、样品、夹具形成的整个系统的传递函数，并同时将记录的数据流通过和逆传递函数进行卷积来输出控制信号。这样控制的结果会很好地匹配现场试验数据，因此往往将其称为路谱仿真（Field Data Replicator）。

在美军标 MIL-810-F 中增加了直接时域复现的内容，并且做了如下描述：对于单点的相对简单材料的动态响应，直接复现现场数据是接近最优的方法，它涵盖了实际响应的非稳态或瞬态过程。这一试验技术的优势就在于不再需要对测量数据进行统计学上的处理以获得最终保守的试验谱。但是在试验过程中还是需要从小量级开始最终过渡到满量级试验，以防系统中存在非线性问题。

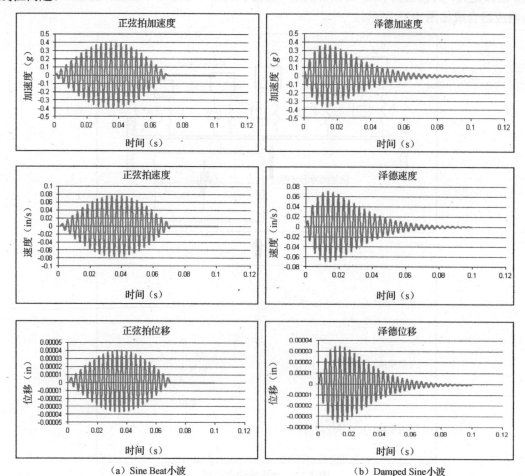

图 4-34　冲击响应谱合成波形

2）时域模拟流程

时域波形复现试验是一个多步骤的试验过程，需要仔细考虑现场记录数据的传感器和控制传感器的匹配位置，从而实现最接近真实情况的控制效果。通常包含以下几个步骤。

① 现场数据采集。

② 记录数据编辑和信号处理。

③ 预试验系统识别。

④ 迭代（传统的时域控制方法，主要应用在液压振动台控制，如 MTS 的 RPIII 控制器）。

⑤ 开始试验。

3）时域模拟数据处理

现场采集的数据最终需要在振动台上进行复现，有两个原因造成了原始数据不能直接在振动台上复现。

一是电磁或液压振动台存在着物理限制，如频率范围、最大加速度、速度和位移的限制，不可能无限制地模拟振动量级，因此需要对原始信号进行响应的有条件的滤波、缩放等工作，以满足振动台的使用要求。

二是最终试验条件可能只需要原始数据的一部分,因此需要对数据进行截取。比如发射过程的发射、飞行、分离,每个阶段的试验时间可能会有所调整,因此可以对任意部分进行截取或复制,以形成最终的试验时间历程曲线,如图 4-35 所示。

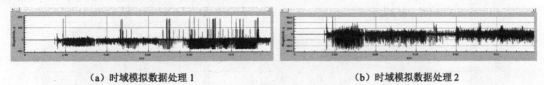

（a）时域模拟数据处理 1　　　　　　　　（b）时域模拟数据处理 2

图 4-35　时域模拟数据处理

4）时域模拟控制方法

在早期的汽车或地震领域中应用最为广泛的是时域修正方法,在通过逆傅里叶变换得到初始驱动信号后进行反复迭代,通过 $e_{n-1}(t)$ 不断比较响应和参考信号之间的差异来修正驱动信号,如图 4-36 所示,前一次数据的差异 $e_{n-1}(t)$ 通过 FFT 变换得到频率域的 $E(f)$,它乘以系统的逆传递函数产生修正的驱动信号 $\Delta D(f)$ 从而完成一次迭代,最终达到试验设定的误差范围,然后稳定输出控制信号。其特点是稳定状态下的控制精度较高。

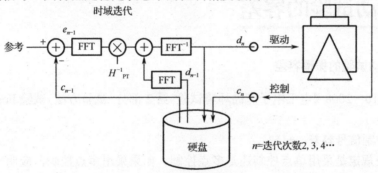

图 4-36　时域模拟控制方法

对于实时性要求很高的系统,特别是电磁振动台,在进行时域控制谱高达上千赫兹的试验时,会采用实时的传递函数,并结合参考谱通过卷积算法来获取最新的控制谱。这一点非常类似于随机控制方式,其特点是不需要长时间的迭代均衡,会根据当前实际的系统动态特性更新驱动谱,响应速度快,适合于电磁振动台的高频激励情况。时域模拟控制方法如图 4-37 所示。

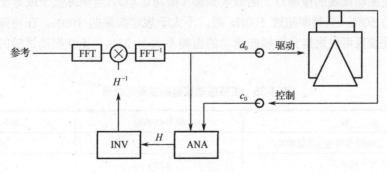

图 4-37　时域模拟控制方法

5）时域模拟应用

使用时域波形复现试验方法成功地模拟了某型号舵机舱的实际出筒振动状态,对样品的可靠性能进行了最直接的验证,如图 4-38 所示。

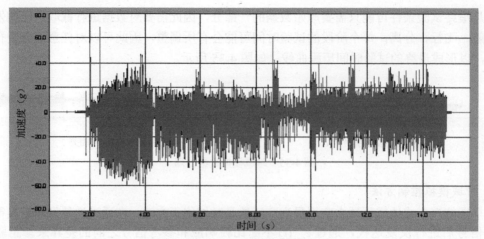

图 4-38 时域模拟应用

4.9 振动试验的容差

1. 正弦振动试验的振幅容差

GB/T 2423.10—2008《电工电子产品环境试验 第 2 部分 试验方法 试验 Fc：振动（正弦）》中这样描述：

参考点的控制信号容差：±15%。

有关规范应规定是采用单点控制还是多点控制。如果采用多点控制，应明确是将各检测点上信号的平均值控制到所规定值，还是将所选择的一个点（如最大振幅点）上的信号控制到所规定的值。

在每个检测点上，低于或等于 500Hz 时的容差：±25%；高于 500Hz 时的容差：±50%。

对于较低频率或大尺寸、大质量的样品，达到要求的容差也许是困难的。在这种情况下需要较宽的容差或采用可替代的方法。应在有关规范中规定，并记录在试验报告中。

垂直于规定振动轴线的检测点上的最大振幅（横向运动），当频率低于或等于 500Hz 时，不大于规定振幅的 50%；当频率超过 500Hz 时，不大于规定振幅的 100%。在特殊情况下，如对于小样品，有关规范可以规定允许横向运动的振幅不大于 25%。正弦振动试验的容差汇总表如表 4-25 所示。

表 4-25 正弦振动试验的容差汇总表

类　别	频率≤500Hz	频率>500Hz
参考点的（平均）控制信号容差（虚拟参考点）	±15%	±15%
在每个检测点	±25%	±50%
横向振动	<规定振幅的 50%	<规定振幅的 100%
对小样品（GB/T 2423.56—2006）	<规定振幅的 25%	<规定振幅的 25%

在某些频率上或对于大尺寸、大质量的样品，要达到上面的要求是困难的。有关规范应指出下列适用的一条：

- 在报告中指出并记录超过上面要求的任何横向运动；
- 已知横向运动无害于样品，不监控。

2. 随机振动试验的容差

对应的国家标准为 GB/T 2423.56—2006《电工电子产品环境试验 第 2 部分：试验方法 试验 Fh：宽带随机振动（数字控制）和导则》。

在要求方向上检测点和参考点的含仪器允许误差的规定加速度谱密度示值容差应在 ±3dB 范围内。

计算或测量得到的加速度均方根值应在规定加速度谱密度的均方根的 ±10% 之内。此值适用于单点或多点控制。

在某些频率上或对于尺寸大、质心高的样品，达到这些值可能是困难的。在这种情况下，有关规范应规定较宽的容许误差。

初始和最终斜率谱应分别不低于 +6 dB / oct 和不高于 -24 dB/oct。

在垂直于指定轴向的任一轴上（横向运动）测得的检查点的加速度谱密度不应超过规定值 5dB，并且相应加速度均方根值不应超过基本运动值的 50%。在特殊情况下，如对于小样品，有关规范应限制横向运动的加速度谱密度以保证不超过基本运动 -3dB。随机振动试验的容差汇总表如表 4-26 所示。

表 4-26　随机振动试验的容差汇总表

按 GB/T 2423.56—2006 标准要求汇总			
类　别	PSD：<500Hz	PSD：>500Hz	RMS
参考点的（平均）控制信号容差（虚拟参考点）			±10%
在每个检测点	±3dB	±3dB	
横向振动	<规定值 5dB	<规定值 5dB	<规定值的 50%
按 IEC 60068-2-64：2008 标准要求汇总			
类　别	PSD：<500Hz	PSD：>500Hz	RMS
参考点的（平均）控制信号容差（虚拟参考点）			±10%
在每个检测点	±3dB	±3dB	
横向振动	<基本运动 3dB	<基本运动 0dB	<规定值的 50%

在某些频率上或者对于尺寸大或质心高的样品，达到这些值可能是困难的。在这种情况下，有关规范应说明采用下列两条中的一条：

超出上述给定值的任何横向运动都应记录在试验报告中；已知不会对试验样品损坏的横向运动不需要监测。

随机振动信号公差用 dB 代替 %，使绝对偏差高偏差大于低偏差，目的为避免欠试验。

3. 机械冲击试验的容差

机械冲击试验的容差如图 4-39 所示。

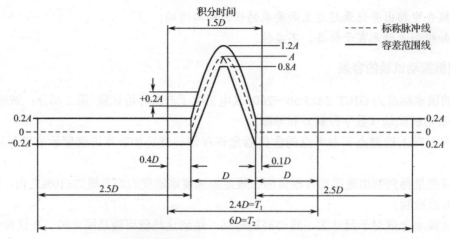

D—标称脉冲的持续时间；

A—标称脉冲的峰值加速度；

T_1—用常规冲击机产生冲击时，对脉冲进行监测的最短时间；

T_2—用电动振动台产生冲击时，对脉冲进行监测的最短时间

图 4-39   机械冲击试验的容差

4. "大的"和"复杂的"样品试验容差

对"大的"和"复杂的"样品这两个术语下定义是困难的。"大的"是指样品与夹具组合在一起，在设备实验室内处理起来通常比较困难，其质量、物理尺寸、连接的复杂性和所规定的频率范围等要求超出了目前工程技术水平的解决能力。

当不可避免要求这样的夹具时，将会发现常规方法很难完全满足试验要求，因为夹具和样品的共振性能不好控制。在这种情况下，通常要求记录所达到的各种参数值，并且供需双方要取得一致意见。

另外，在 GB/T 28046.3—2011 中有这样的描述：

至少对于大/重的 DUT（受试装置），在共振状态下，在振动台试验时类似的激励会比在实际情况下产生更大的响应峰值。为避免过试验，可以采用 GB/T 2423.56Z 标准中相关的平均控制方法。

额外推荐： 平均控制信号 = (3×激励) + (1×DUT响应)。

4.10   共振试验

1. 共振的定义

研究振动问题，在很多情况下，首先就要求确定结构的固有频率。结构振动试验常根据结构强迫振动时的共振原理来确定结构的动力特性，称为共振法。以一个单自由度系统为例，根据振动理论分析，可以分别求得强迫振动时的位移共振频率、速度共振频率及加速度共振频率。在无阻尼时，上述各种共振频率相同，均等于无阻尼系统自由振动频率，即固有频率。在有阻尼的情况下，只有速度共振时测得的共振频率才是系统的固有频率。当阻尼很小时，位移共振频率和加速度共振频率也接近于固有频率。

2. 共振搜寻

试件以较低的振动能，从低频到高频、从高频到低频往复扫描一次，并以固定的振动强度、连续频率及适度的扫描速率进行共振搜寻。

其主要目的是激发试件的振动模式，找出结构或零部件的共振频率、共振放大倍数和振动模态，作为共振驻留的重要依据。

通常在进行共振搜寻时，如果实际危险频率不是很清晰，如出现颤动或有多个独立的样品同时进行试验，则为了保证充分激励的效果，比较方便的方法是在危险频率 0.8~1.2 倍的频率范围内扫频。

3. 共振评判

1）Q 值的计算

$$Q = 共振频率/共振半功率带宽$$

式中，Q 为最高峰值的半功率带宽下两个频率之差（两频率要相对峰值频率进行归一化）的倒数，$Q = f_c/(f_2 - f_1)$。

Q 值的计算如图 4-40 所示。

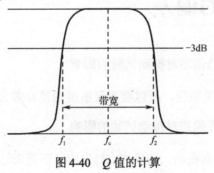

图 4-40 Q 值的计算

2）Q 因子列表

以某样品为例，其在各个频率段内的 Q 因子列表如表 4-27 所示。

表 4-27 Q 因子列表

频　　率	$Q(f)$
14Hz	1,5
50Hz	3,0
100Hz	6,0
150Hz	12,0
>200Hz	20,0

4. 共振驻留试验

共振驻留试验的目的在于测试试件是否具有长期耐共振环境的能力。首先针对共振搜寻时所找出的共振频率及共振模式加以分析，选择试件在特定的环境中可能长期出现或较易出现的频率分布，或振动环境中振动强度较高的频率分布，作为共振驻留的测试依据。

良好的共振驻留系统可随时跟踪已漂流的共振频率，以达到最佳的共振效果。传统共振驻

留常用 10^7 次或使用期间可能分布在该有效共振频率区间的累积时间，作为测试的时间参考。如表 4-28 所示是共振驻留试验的方式和特点。

表 4-28 共振驻留试验的方式和特点

驻留方式	解释	特点
定频耐久	在固定频率上振动	适合出现单个共振情况。 如果试件的共振峰出现偏移，则施加到试件危险频率上的时间会不足
跟踪驻留	可随时跟踪已漂流的共振频率	适合出现单个共振情况。 如果试件的刚性不足会难以跟踪，对振动系统的要求较高
有限扫描频率/窄带	覆盖危险频率的 0.8～1.2 倍频率扫描范围	适合单个或集中出现多个共振频率的情况。 为目前采用较多的方法，但施加到试件危险频率上的时间会不足，通常需要加长扫描时间
中心共振频率/窄带	来自振动响应检查，为实际上共振自动集中的频率	适合集中出现多个共振频率的情况。 为目前采用较多的方法，但施加到试件危险频率上的时间会不足，通常需要加长扫描时间

4.11 振动试验的偏差

1. 加速度传感器灵敏度的偏差对振动试验的影响

加速度=采集到的电压值/灵敏度，所以要看灵敏度偏差有多大。

2. 加速度传感器安装角的偏差对振动试验的影响

每个加速度传感器都有横向振动，通常在 5%以内（下图表达了意思），偏差的百分比是可以通过传感器安装的偏离角计算的，5%（0.05）偏差意味着偏离角度为 2.9°，5° 偏离角等于 8.7% 偏差，10° 偏离角等于 17.4%偏差。传感器安装角的偏差对振动试验的影响如图 4-41 所示。

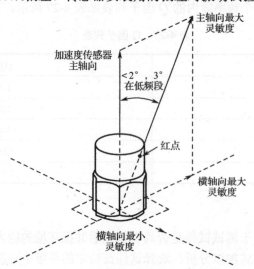

图 4-41 传感器安装角的偏差对振动试验的影响

因此，要给出一个具体的角度数值说明不会对试验造成影响是困难的，这取决于多大的试验偏差是可以被接受的，以及对偏差的补偿。对大多数的试验来说，3°的偏差应该是安全的。

3. 加速度传感器人为使用错误对试验结果的影响

1）加速度传感器的使用错误

例如，电压型传感器和电荷型传感器可能由于后端控制仪或采集器通道供电的问题，而导致传感器无输出数据。

2）加速度传感器灵敏度单位的选择错误

例如，灵敏度单位为 10mV/g 的传感器，误选择为 10mV（m/s²），当实际振动量为 1g（9.8m/s²）时，则采集到的电压信号为 98mV，而正确的电压信号输出应该为 10mV，此种情况为过试验。

3）加速度传感器灵敏度的使用错误

例如，灵敏度为 10mV/g 的传感器，误输入为 100mV/g，当实际振动量为 1g 时，则采集到的电压信号为 100mV，而正确的电压信号输出应该为 10mV，此种情况也为过试验。如表 4-29 所示是加速度传感器的使用错误和对试验结果的影响。

表 4-29　加速度传感器的使用错误和对试验结果的影响

错 误 类 型	人 为 错 误	对试验的影响	对试验结果的影响
加速度传感器的使用错误	如电压型为电荷型	无输出	—
	如电荷型为电压型	无输出	—
加速度传感器灵敏度单位的选择错误	如 g 误为 m/s²	数据有误	过试验
	如 m/s² 误为 g	数据有误	欠试验
加速度传感器灵敏度的使用错误	如 10 误为 100	数据有误	过试验
	如 100 误为 10	数据有误	欠试验

4. 设备因能力无法满足试验要求的处理

因振动台极限的限制不能完全满足试验要求时，如随机振动因振动台能力极限在低频区内必须减小加速度谱密度值时，则必须注明所减小的值，并取得产品/试验双方的同意。

5. 试验的重心不在试验的中心位置

如果试验的重心（含夹具、产品）不在试验的中心位置，将可能导致试验发生共振。该情况可通过在合适位置（具体位置需要尝试）加装平衡质量块来解决。

例如，某产品做垂直方向振动试验，采用的是重心在中心位置的立方体振动夹具，试验前先对试验进行特性扫频，试验的控制点安装在夹具上，用于测量的（接在独立数据采集器上）三向加速度传感器也安装在夹具上。启动试验，此时，因试验的重心在试验的中心位置，试验的曲线和三向加速度传感器采集到的振动曲线均在标准范围内。

为了说明重心对试验的影响，有意在试验的一侧加装质量块，使试验的重心偏离试验的中心位置。启动试验，这时数据采集器采集到的振动曲线在约 1500Hz 处发生了较大的共振，说明重心不在试验的中心位置对试验的影响还是很大的。如遇这种情况，假定先前对试验加装的质量块本身就是夹具的设计缺陷，则可采用在试验的另一侧位置也加装平衡质量块的方法来解决试验的重心问题（质量块的质量和摆放的具体位置是需要尝试的）。

4.12 振动试验常见异常的发现及解决方法

振动试验在启动和运行过程中必然会碰到各种问题，如试验无法启动、振动量级达不到要求值、振动曲线不在公差范围内、振动曲线有毛刺、各通道的曲线差异大、振动声音异常、试验突然中断、试验后样品非正常失效等。

下面介绍能发现振动试验常见异常的排除法和根据经验能快速判断造成振动试验常见异常的经验法。

1. 排除法

1）造成信号干扰的原因和排除

（1）造成信号干扰的原因

很多时候，问题是由信号干扰引起的，而造成信号干扰的原因又可能来自不同的方面，下面介绍几个主要原因。

① 振动系统中，信号电路的接地超过一个就形成了接地回路和工频信号（50Hz 或整倍数频率的大信号，对于低量级实验尤其明显，如图 4-42 所示。

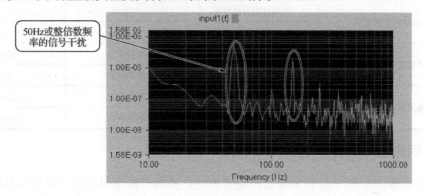

图 4-42　50Hz 或整倍数频率的信号干扰

② 多数加速度传感器使用壳体作为信号回路（参考地），加速度传感器与振动台壳体未绝缘的典型表现是存在接地回路。

③ 连接振动控制仪和振动台体的信号线缆很脆弱，经长期使用后线头的损坏和振动中电缆的磨损、屏蔽层的损坏都会造成信号干扰。

④ 任何在信号线上感应出的外部干扰信号都会随同实测的加速度传感器振动信号一起被放大器放大。

⑤ 干扰来自接地端本身，接地端的电阻大于 4Ω。

（2）信号干扰的排除

为排除信号干扰造成的问题，可以尝试：

① 更换新的加速度传感器屏蔽块并确认连接紧固。

② 更换加速度传感器与振动控制仪之间的信号线缆为新的低噪声抗干扰信号线缆并确认连接紧固。该信号线缆的一端需要随着试验一起振动，线头损坏或线缆磨损的概率很高，但该信号线缆发生问题时通常只会影响单路通道。

③ 更换振动控制仪与功率放大器之间的信号线缆为新的低噪声抗干扰信号线缆并确认连接紧固。该信号线缆通常处于静止状态，发生问题的概率较低，但该信号线缆发生问题时通常会影响多路通道。

④ 确认系统是否是单点接地。

振动系统需要采用单点接地，电路的各个参考点必须具有同一个接地点，这个接地点通常是永久信号公共接地端。振动系统的接地通常会在设备安装时由系统供应商连接完成，但试验操作人员在试验操作中的任何对振动控制仪的移动或更换，都可能导致系统接地发生变化。

⑤ 确认接地端的电阻不大于 4Ω 或采用独立接地。

若以上尝试未能解决问题，则说明问题和信号干扰无关，需要进一步查找。

2）加速度传感器问题的发现

有时，问题是由加速度传感器引起的，为排除该问题，可以尝试更换加速度传感器并确认连接紧固。若该措施未能解决问题，则说明问题和加速度传感器无关，需要进一步查找。

3）振动控制仪、输入振动控制仪参数问题的发现

很多时候，问题是由振动控制仪、输入振动控制仪的参数引起的，为排除这些问题，可以尝试将振动控制仪自闭环运行。

操作的方法为用低噪信号线缆对接振动控制仪的输出和输入端，在振动控制仪中设置一个常用振动图谱（注意通道的恒流源不能打开），启动程序看振动图谱是否正常运行和有无信号输出，必要时还可以更换到振动控制仪的上下通道（上下通道通常会处于振动控制仪不同的电路板上）尝试，以便能对振动控制仪的状况全面进行了解。

若振动控制仪自闭环运行仍然不正常或无信号输出，则说明问题和振动控制仪、输入控制仪的参数有关；若振动控制仪自闭环运行正常且有信号输出，则说明问题和振动控制仪、输入振动控制仪的参数无关，需要进一步查找。

4）水平滑台、振动夹具、试件或试件加载问题的发现

很多时候，问题是由水平滑台、振动夹具、试件或试件的加载引起的；但有时候，问题却是由振动台体、功率放大器或冷却系统引起的。为排除这些问题，可以尝试直接控制振动垂直台的台面运行试验。

操作的方法为试验移除水平滑台、振动夹具、试件或试件的加载，将振动台体置于垂直位置，在台面中心位置安装一个加速度传感器，越靠近中心越好，然后运行试验。

5）振动台体、功率放大器或冷却系统问题的发现

若以上措施未能使问题排除，则说明问题和振动台体、功率放大器或冷却系统有关。

如果确认问题和振动台体、功率放大器或冷却系统有关，为帮助系统专业维修人员得到较为准确的系统故障信息，可以尝试进行系统开环控制进一步查找问题，具体方法如下（以下情况需由专业人员操作和处理）。

对接振动控制仪的输出和输入端，并用三通连接功率放大器的信号线缆，在振动控制仪中设置一个常用正弦定频振动图谱（注意通道的恒流源不能打开），如 200Hz、5g 或低频的 10Hz、2g，这就相当于把振动控制仪当作一个开环的 200Hz 或 10Hz 正弦信号发生器，启动自检程序，振动控制仪正常工作后，打开功率放大器，慢慢从 0 开始打开增益，看功率放大器上的电压、电流显示值及振动台面是否振动。

如果功率放大器上显示有电压、无电流，动圈无振动，则检查动圈（以下在主电源断开下进行）。方法为在振动台体连接线处断开台体上的动圈输入和输出电缆，并断开接地线缆，用万用表测量动圈，电阻约为 1Ω 为正常（参考供应商提供的参数，不同的振动系统会有差异），不

导通为不正常。

如果功率放大器上显示有电压、有电流，动圈无振动，则检查励磁（以下在主电源断开下进行）。方法为在振动台体连接线处断开台体上的励磁输入和输出电缆，并断开接地线缆，用万用表测量励磁的电阻，如上下励磁阻值相近并对地不导通则为正常，如上下励磁阻值偏差较大或对地导通（阻值小）则为不正常。

如果功率放大器上显示无电压、无电流，动圈无振动，则检查功率放大器上的前置板和模块（以下在主电源断开下进行）。方法为测量台体、功率放大器后面的动圈、励磁的输入和输出电缆有无开路和接触不良，模块有无输出。如果检查功率放大器有信号输出，模块输出信号也正常，则检查动圈和励磁有无开路。

注意：振动台的推力取决于振动系统功率放大器模块的大小，通常推力越大的振动台功率放大器中的模块数量也会越多，且模块通常也多采用串联连接。因此，一般情况下，如果确定振动台故障是由功率放大器中某个模块出现问题而导致的，则在模块修复前，只要拔掉该模块的连接信号线缆，振动台是可以在降低推力的基础上暂时使用的。

2. 经验法

采用排除法可以将造成振动试验问题的原因缩小到一个较小的范围，但一步一步地排除，操作起来毕竟烦琐，很多时候并不需要采用该方法，也能做到快速地将造成问题的原因缩小到一个较小范围。下面介绍几个借助经验和问题发生的概率快速判断造成问题原因的案例。

1）根据振动控制仪中的提示判断造成问题的原因

问题描述：某样品振动试验在安装完毕后，单击振动控制仪中的"试验开始"启动试验，控制软件开始运行并显示试验电压逐渐上升，但此时动圈不动，约数十秒后控制软件显示试验运行停止并提示"通道开路"故障（部分振动控制仪发生"通道开路"故障时通道会有红灯提示）。

问题判断：振动控制仪提示为"通道开路"故障，从严格意义上来说，试验的相关部分都可能发生问题，但可以初步断定通道发生问题的概率最高，这时可以尝试：

① 确认使用的振动控制仪通道的恒流源已打开（对电压型传感器）。

② 更换其他通道运行试验。

③ 更换新的加速度传感器信号线缆、新的加速度传感器屏蔽块，并确认连接紧固。

经验告诉我们以上尝试通常能解决问题，如果还不行，则再尝试检查其他部分。

2）根据振动量级的大小判断造成问题的原因

问题描述：某振动系统做振动试验时一直处于正常状态，但是在更换了小量级随机振动后，试验却启动不了。

问题判断：试验一直处于正常状态，但在更换了小量级随机振动后，试验就启动不了，初步可以断定通道出现干扰的概率最高，这时可以尝试：

① 按"造成信号干扰的原因和排除"中的方法排除问题。

② 在系统中加装电荷放大器（部分振动控制仪中直接组合了电荷放大器），采用电荷型加速度传感器控制试验，并确保振动控制仪通道的恒流源没有打开且输入电荷放大器中的灵敏度（mV/g）与输入振动控制仪中的灵敏度（mV/g）数值保持一致，如采用 100mV/g。

③ 采用较高灵敏度的加速度传感器控制试验，通常较高灵敏度的加速度传感器（如 100mV/g、300mV/g 等）适用于小量级的振动试验。

经验告诉我们以上尝试通常能解决问题，如果还不行，则再尝试检查其他部分。

3）根据试验运行的时间判断造成问题的原因

问题描述：某样品做正弦叠加随机振动试验，初始一直处于正常状态，但在运行了 3h 后，随机部分振动曲线在低频段出现了畸变。

问题判断：试验初始运行正常，但过程中出现了问题，说明问题和疲劳有关，从严格意义上来说，试验的相关部分都有可能出现问题，但初步可以断定运动件出现问题的概率最高，因此可以尝试：

① 更换其他通道运行试验。

② 更换新的加速度传感器信号线缆、新的加速度传感器屏蔽块并确认连接紧固（该信号线缆的一端需随着试验一起振动，线头出现疲劳并损坏的概率很高）。

③ （以下在主电源断开下进行）移去振动台体顶部的护盖，对台体上部进行直观的检查，确认台体上部的悬挂系统很坚固，螺钉无松动，螺孔内无碎片且整个上部不太脏等（因振动台体上部的部分零部件也需要随着试验一起振动，所以出现疲劳损坏的概率很高）。

经验告诉我们以上尝试通常能解决问题，如果还不行，则再尝试检查其他部分。

4）根据试验运行的方向变化判断造成问题的原因

问题描述：某样品做 3 个垂直方向的混合模式（正弦叠加随机）振动试验，试验首先在垂直方向进行且运行正常，但在转到水平方向振动时，随机部分的振动曲线却发生了畸变，如图 4-43 所示。

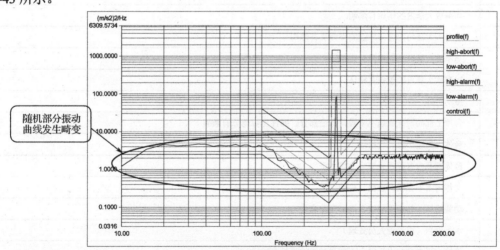

图 4-43　水平方向振动曲线发生畸变

问题判断：试验在垂直方向振动时曲线正常，移到水平方向后曲线就发生畸变，可以初步断定问题和水平滑台、振动夹具、试件或试件的加载有关，尝试移除安装在水平滑台上的振动夹具、试件和试件的加载，用加速度传感器直接控制水平滑台远端进行尝试。如果尝试结果为试验正常，则可断定是振动夹具、试件或试件的加载有问题；如果尝试结果为试验仍然不正常，则基本可以断定问题和水平滑台有关。

5）根据信号的传递情况判断造成问题的原因

问题描述：某样品振动试验初始运行正常，但 9min 后试验不明原因中断并再也启动不了，此时单击振动控制仪中的"试验开始"，控制软件显示电压上升，但功率放大器上的电压和电流数值显示无任何变化。

问题判断：试验初始正常，但数分钟后中断并再也启动不了，功率放大器上的电压、电流数值显示无任何变化，说明从振动控制仪发出的信号未能传递到功率放大器（此时动圈无振动），可以初步断定振动系统的某个部分出现问题的概率最高。

6）根据实际发生现象判断造成问题的原因

问题描述：振动台大修后，某（带峭度）随机振动试验经常发生中断，传感器也有损坏，在又一次更换传感器时，传感器在触碰到安装在振动台上的试验装置后发生电火花。

问题判断：振动台刚刚大修，传感器触碰到试验装置会发生电火花，而且传感器也发生了损坏，说明系统中存在电位差。因此，可初步判定是功率放大器和振动控制仪之间的接地未连接或连接不好导致了它们之间出现电位差，并进一步引起了传感器等其他问题。

4.13 振动试验常见异常一览

造成振动试验异常的因素是多种多样的，为方便快速查找，下面对异常因素进行分类和汇总。如表 4-30 所示是振动试验常见异常一览。

表 4-30 振动试验常见异常一览

序　号	问　题
1	功率放大器
1.1	功率放大器内的熔丝有熔断
1.2	功率放大器内的连接导线的接线头有烧灼
1.3	功率放大器内的继电器有烧灼
1.4	功率放大器内的模块有损坏
2	振动台体
2.1	台体上部的悬挂系统不坚固，弯曲部分、弹性支撑部分有断裂
2.2	台体上的连接螺钉有松动
2.3	台体螺孔内有碎片且整个上部太脏
2.4	台体内上下导轮有磨损、松动
2.5	动圈损坏，如出现裂纹、局部短路烧灼
3	水平滑台（由专业人员处理）
3.1	连接水平滑台与水平滑台下部导向块的螺栓有松动
3.2	水平滑台的底平面不平整，有凸出块
4	冷却系统
4.1	（风冷）抽风管的距离过长导致对台体的冷却效率下降
4.2	（风冷）抽风管的管路有破裂导致对台体的冷却效率下降
4.3	（风冷）冷却风机发生故障
4.4	（水冷）用于内循环水的热交换器发生堵塞
4.5	（水冷）用于外循环水的热交换器发生堵塞
5	振动控制仪
5.1	通道的背景噪声太大
5.2	通道有损坏
5.3	振动控制仪内部电路板有损坏

序 号	问 题
6	加速度传感器
6.1	加速度传感器无信号输出
6.2	加速度传感器有损坏，如脱焊等
7	通信异常
7.1	信号无屏蔽（可在加速度传感器连接端增加屏蔽块）
7.2	加速度传感器与振动控制仪之间的信号线缆出现问题或连接松动
7.3	振动控制仪与功率放大器之间的信号线缆出现问题或连接松动
8	电源影响
8.1	电网污染
8.2	附近高功率设备的启动或关闭
8.3	设备突然断电
8.4	设备断开一路电
9	接地干扰
9.1	系统非独立接地
9.2	系统非单点接地
9.3	接地电缆的两端与底座的连接有松动
9.4	功率放大器与振动控制仪之间未连接接地线导致它们之间存在电位差
9.5	接地端的电阻大于 4Ω
10	三综合温湿度试验箱与振动台体之间的配合不当
10.1	三综合温湿度试验箱与振动台体连接处不密封导致试验中温湿度试验箱内部湿度增大
10.2	三综合温湿度试验箱与振动台体连接处的保温效果不好导致发生凝露
11	振动夹具使用不当
11.1	振动夹具的刚性不够，不能满足使用要求
11.2	振动夹具上的样品安装工位的尺寸不符合样品安装要求
11.3	振动夹具上与振动台面配对的安装孔位无法确保夹具安装后的连接强度
11.4	夹具质量过大、重心过高，尤其是水平方向
11.5	组合、拼装的振动夹具，夹具相互之间的连接强度不够
12	设备能力不够
12.1	振动试验的要求接近或超过振动系统的最大推力
12.2	振动试验的要求接近或超过振动系统的最大加速度、最大速度、最大位移行程
13	振动控制仪通道、加速度传感器的错误使用
13.1	振动台上使用的加速度传感器通道与振动控制仪上的通道不一致
13.2	选用加速度传感器的类型不正确，如电压型传感器、电荷型传感器等
13.3	加速度传感器的温度使用范围不能覆盖当前试验要求的温度范围
13.4	输入振动控制仪的加速度传感器灵敏度与实际不一致
13.5	（对电压型传感器）使用的振动控制仪通道的恒流源未打开
13.6	输入的加速度传感器灵敏度的单位与实际不一致

续表

序　号	问　题
13.7	加速度传感器灵敏度的选用与试验的量级不匹配（通常高灵敏度的加速度传感器适用于低量级的振动试验，低灵敏度的加速度传感器适用于高量级的振动试验）
14	试验参数设置不正确
14.1	输入振动控制仪的试验参数与实际不一致
14.2	输入振动控制仪的试验参数的单位与实际不一致
15	调节参数设置不合理
15.1	输入振动控制仪的起始量级与试验要求的振动量级不匹配（部分振动控制仪能自动调节）
15.2	输入振动控制仪的初始驱动电压、驱动电压限制等参数与试验要求的振动量级不匹配（部分振动控制仪无此输入要求）
15.3	输入振动控制仪的采样线数不合理，通常采集的线数越高试验的精确度越高
15.4	输入背景噪声等参数值与试验要求谱值不匹配
15.5	随机振动的振动量级不在要求量级的100%，通常随机振动启动时振动量级会在低量级有个均衡过程
16	振动系统的操作
16.1	在功率放大器的增益比例设置中，没有把增益比例调节到0%的情况下，拔下连接功率放大器与振动控制仪的信号线缆，使动圈受到额外的信号冲击而损坏，严重时可能会造成动圈与振动台体瞬间分离
16.2	拍急停开关
17	振动台体操作不当（垂直方向）
17.1	振动台体与基座之间的气囊充气高度不在合适的位置
17.2	动圈不在对中状态
18	水平滑台操作不当（水平方向）
18.1	振动台体气囊内的气过多或过少
18.2	水平滑台与振动台体的连接不符合安装要求，导致水平滑台与下部的花岗岩石板贴合不平整
18.3	水平滑台的供油油泵未开启或油压不正常，导致水平滑台未自由地浮在花岗岩石板上
19	夹具装夹不当
19.1	振动夹具与振动台面之间的连接强度不够
19.2	振动夹具与振动台面之间的连接不平整，之间有凸出块、异物
20	试验装夹不当
20.1	较大体积样件安装在振动夹具上使试验的结构过于松散
20.2	试件和振动夹具的连接不够紧固
20.3	试件的连接件（如管路、线缆等）布置不当造成试验重心偏移
20.4	试验控制点的摆放位置不合适
20.5	（单向）加速度传感器未沿着振动方向安装
20.6	试验样品质量过大、重心过高且重心不在试验的中心位置（尤其是水平方向振动，太高的试验重心会导致水平滑台的抗倾覆力矩不够）
21	温湿度影响
21.1	试验通信受到温湿度的影响
22	试验相关件的相互影响
22.1	振动台体的励磁干扰样品、样品加载设备的正常工作
22.2	功率放大器的电磁干扰样品、样品加载设备的正常工作

续表

序　号	问　题
22.3	装有联动的设备，其中一台设备出现问题会带动其他设备一起停机
23	试验正常停机保护
23.1	随机振动试验的 PSD、RMS 超过了设置的保护范围，振动控制仪会强制中止试验，避免样品出现过试验或欠试验，该现象在随机振动中有一定的发生比例，属于正常停机

4.14　温度试验的注意事项

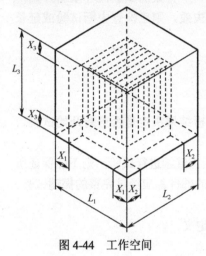

图 4-44　工作空间

（1）工作空间

试验箱内 $X_i = L_i/10$（$i=1\sim3$）或 15cm（取小者）。工作空间如图 4-44 所示。

（2）试验箱内体积与样品的体积比

例如，电子仪表低压电器试验箱内体积与样品的体积比为 5∶1。

（3）规定试验时间

从试验箱温度达到规定温度值的允差范围并保持稳定时开始计算（一般允差为 3℃）。

（4）恢复

标准大气条件（15～35℃，RH45%～75%，86～106kPa）或控制的恢复条件（15～35℃，RH75%，86～106kPa）。

恢复时间为 1～2h。

4.15　试验中断的后续处理

振动试验发生了中断，后续试验可按 GJB 150.1A—2009《军用装备实验室环境试验方法　第 1 部分：通用要求》中的振动试验中断后的处理程序进行。

1．试验中断的处理程序

1）允差内中断

若试验中断期间，试验条件仍保持在允差范围内（如不影响试验箱温度的断电），则不构成一次中断。因此，若在中断期间环境条件保持在正确的试验量值，则不需要修改试验持续时间。

2）超允差中断

温度冲击、振动、冲击、振动-噪声-温度试验中出现超允差中断时，按下列方法处理。

（1）欠试验中断

当试验条件低于允差下限时，应从低于试验条件的点重新达到规定的试验条件（除另有规定外），恢复试验直至结束。

（2）过试验中断

出现过试验中断时，最好停止试验，用新试件重新试验。若试件未损坏，则可继续进行试验，但要注意到若该试件在以后的试验中或在后续试验中失效，除非能证明过试验条件对该试件没有任何影响，否则试验结果会无效。这是因为过试验条件可能损伤试件，引起在其他情况下可能不会出现的后续失效，因此，可能会由于无效试验而造成损失。然而，若过试验产生的损害只是试件中的某一部分，而这一部分对所收集的数据绝对没有影响，而且知道这些损坏是由过试验这一唯一因素引起的（如试件底部用高温粘接的橡胶垫，而这些橡胶垫对试件性能没有影响），则可以修复试件，重新进行试验，做完规定的试验时间。过试验发生后，若要修复试件以继续进行试验，则应得到委托方的同意，以避免试件在剩余的试验工作中失效时出现异议。

若在高温、低温、加速度、温度-湿度-振动试验中出现超允差中断，则应按 GJB 150.1A—2009《军用装备实验室环境试验方法 第 1 部分：通用要求》中相应试验方法的规定处理。处理时应仔细分析中断情况。若要从中断点继续试验，则应从最后一个有效的试验循环重新开始，或用同一试件重新进行整个试验。在这种情况下若试件再发生失效，则应检查中断试验或延长试验时间对其产生的影响。

2. 振动

1）试验中断的特殊要求

若因试件的失效而中断试验，就要分析失效原因。根据分析结果决定是否重新开始试验、更换试件、修复失效部件后继续试验或结束试验。

若鉴定试验因为部件失效而中断，更换该失效部件后从中断点继续进行试验，则不能保证所更换的部件满足试验要求。在做出试验通过的决定前，每个更换的部件都应经过完整的振动试验。

2）鉴定试验

当试验用于鉴定与合同要求的符合程度时，推荐使用下列定义。

（1）失效

如果装备出现永久变形或断裂，固定零件或组件出现松动，组件的活动或可动部分在工作时不受控制或动作不灵敏，可动部件或受控量在设定、定位或调节上出现漂移，装备的性能在功能振动试验中和耐久试验后不能满足规定的要求，则可认定该装备失效。

（2）试验完成

在试件的所有元件成功地通过了整个试验后，振动鉴定试验完成。如果出现失效，应中止试验，分析失效原因并修复试件。然后继续进行试验，直到所有的修复试件都经历了整个试验。在每个元件成功地通过了整个试验后才将其视为合格。合格的元件在试验延长期内出现失效不视为失效，可以修复并承认试验完成。

3. 高温

1）欠试验中断

（1）循环试验

若高温循环试验在进行过程中发生意外中断，使得试验条件向标准大气条件温度下降并超出允差，则应从上一次成功完成的循环结束点恢复试验。

（2）恒定试验

若恒定试验在进行过程中出现意外中断，使得试验条件向标准大气条件温度下降并超出允差，则应使试件重新稳定到规定的试验温度，并从试验条件偏离点开始继续进行试验。中断期间温度超出允差的时间不计入总试验时间。应记录中断前和中断后试验段的持续时间。

2）过试验中断（如试验箱失控）

（1）物理检查和工作性能检测

若循环试验或恒定试验的中断使得试件暴露于比样品规范要求的更为严酷的环境中，则应在中断之后进行全面的物理检查和工作性能检测（如可能），然后根据检查、检测结果决定是否继续进行试验。

（2）安全、性能和材料问题

当试验后发现安全、性能和材料问题时，最好的措施是结束这次试验，并用新的试件重新进行试验。若不这样做而在余下的试验中试件出现故障，则会因过试验条件而认为此试验结果无效。若没有发现安全、性能和材料问题，应按以下办法处理。

对于恒定试验，应恢复中断之前的条件，并从试验允差超出点继续进行试验，试验中断期间的时间计入总的试验时间；

对于恒定温度试验，应从上一次成功完成的循环结束点恢复试验，过试验中断时的循环（不完整的循环）不计入总的循环数。

4. 低温

1）欠试验中断

对于使试验温度向周围环境温度变化并超出允差范围的试验中断，应对试件进行全面的物理检查和工作性能检测（若可能的话）。若没有发现问题，则使试件重新稳定在试验温度，并从中断点开始继续试验。由于未遇到极端条件，出现任何问题均应认为是试件本身的问题。中断期间温度超出允差的时间不计入总的试验时间。

2）过试验中断

对于使试件暴露于比样品规范要求的更为严酷的条件下的试验中断，在继续试验之前应对试件进行全面的物理检查和工作性能检测（若可能的话）。当存在安全问题时，尤其需要这样做。若发现有问题，最好的办法是结束此次试验，用新的试件重新做，否则在后续试验期间当试件失效时，由于出现过过试验条件可认为试验结果无效；若没有发现问题，则恢复中断前的试验条件继续试验。试验中断期间的时间计入总的试验时间。

5. 温度循环

1）欠试验中断

若在温度变化以前发生意外的试验中断，使试验条件向标准环境温度偏离并超出允差，则应从中断点开始重新试验，并使试件重新处在试验条件下。若在转换期间发生中断，应使试件重新处在转换前的温度下，然后进行转换。

2）过试验中断

在导致试件暴露于比装备规范要求更为极端的温度下的任何中断发生后，只要可能，应在继续试验之前立即对试件进行全面的物理检查和工作性能检测。在可能存在安全问题的情况下，尤其应如此。若发现问题，最好的办法是停止试验，并且用新试件重新开始试验。若不这样做，而且在随后的试验中试件再次出现故障，则由于试验中曾出现过过试验条件，此试验结果可能无效。若没有发现问题，应重新恢复中断前的条件继续试验，过试验期间的时间计入试验时间。

6. 湿度

1）欠试验中断

若试验发生了意外中断，导致试验条件低于规定值，并超过了允差，则应从中断前最后一个有效循环的结束点重新开始试验。

2）过试验中断

若发生过试验中断，在重新试验前应对试件进行适当的物理检查和工作性能检测（当可行时）。对于存在安全问题的试件，尤其需要这样做。若发现了安全问题，优先的处理方法是终止试验，并用新的试件重新开始试验。如果不这样做，继续试验期间若试件发生故障，试验结果可能无效。当过试验中断的影响可以忽略时，则恢复中断前的试验条件，并从过试验中断点继续试验，否则采用新的试件重新开始试验。

4.16 振动试验的安全操作

1. 振动试验的危险因素与预防措施

振动试验涉及试验设备、样品加载电器、试验用液、试验温度、试验操作人员的自我劳动防护等安全因素，为避免安全问题的发生，相关人员需严格按照安全规范操作，并时刻牢记安全经验和教训。如表 4-31 所示是振动试验中的危险因素和预防操作。

表 4-31　振动试验中的危险因素和预防操作

类　别	危　险　因　素	预　防　措　施
总原则	针对任何危险因素	在上岗前必须经过二级安全培训、岗前安全培训； 特殊岗位需按规定取得相应岗位证书或操作资格证书； 对实验室安全装置、消防灭火器材等定期进行检查，确保处于有效状态； 保持实验室内通道舒畅； 区域做好标识（色带、标识牌等）； 进入试验区域正确穿戴安全鞋和工作服（禁止出现类似将安全鞋的鞋跟踩在脚底下等行为）； 必要时正确穿戴防护耳罩、防护眼镜、防护手套、防毒面罩； 带油操作时正确穿戴防静电工作服、防静电工作鞋、防护手套； 试验按安全规定操作； 危险化学品按安全规定操作
实验室	实验室内油气过重； 振动噪声伤害人的听力； 空调滴水滴入下方的电器； 废弃物任意处理； 安全出口被物品阻挡； 灭火器被阻挡； 防火门处于常开状态； 无关人员未经允许进入实验室	确保实验室内通风良好、温度适宜； 进入正在进行振动试验的振动室需戴防护耳罩； 空调下方禁止放电器； 废弃物按规定分类处理； 确保安全出口前畅通无阻挡； 确保消防设施前畅通无阻挡； 防火门需处于常闭状态； 无关人员不得任意进入实验室
用电	接线板有损坏仍然使用； 接线板连插两个以上； 接线板放在地上； 电器线缆交叉摆放导致线缆磨损；	接线板有损坏时需及时更换； 接线板禁止连插； 接线板禁止放在地上； 电器线缆禁止交叉摆放，如从设备导轨上穿过，必要时增加线槽保护；

类　别	危险因素	预防措施
用电	电器线缆与硬物的棱角处触碰，如从设备导轨上穿过不加任何保护； 线缆任意拖线导致人被绊倒； 不同标准的插头和插座互插； 在工作区域使用个人加热电气设备	电器线缆不允许与金属等的棱角处触碰，必要时采取阻隔等防护措施； 穿钢包头工作鞋进入工作场； 只有同一标准的插头和插座才能互插，如中标插式、欧标插欧标； 工作区域禁止使用个人加热电气设备，如取暖器、电热水壶、电暖宝等
设备、电器	擅自操作未经过培训的设备、电器； 操作未经过安全认可的设备； 临时搭建的设备、电器反复使用； 突然停电后又来电，设备突然又工作时伤人； 随意操作不熟悉的设备； 设备出现异常； 设备状态不明； 擅自改装电器，如空气开关等； 状态不明的电器插入实验室插座导致停电； 电源上的接线处金属裸露； 振动台冷却水管堵、漏引发设备高温； 设备上没有相应的状态标识； 电器等任意摆放； 设备在调试过程中安全联锁被旁路； 电器柜未关闭和上锁； 设备电器的维修违规操作，如违规动用明火； 外来的设备电器维修人员未正确穿戴劳动防护用品	未经培训的设备不得擅自操作； 设备、电器在经过安全认可后才能使用； 使用临时搭建的电器、设备需要有人看护并禁止反复使用； 不操作不明状态、出现异常的设备，应通知有资质人员处理； 电源等接线的裸露处需加绝缘保护，导线等不能裸露； 不擅自改装电器； 突然停电后先要关闭设备的电源，然后再操作设备； 振动台出现高温首先需要按下设备的急停开关； 对振动台（尤其是水冷振动台）需要按规定进行维护保养，以防可能出现的冷却水堵、漏等及可能引发的发热和高温； 设备上需有相应的运行、停止、故障等标识并与实际情况保持一致； 电器等需按安全法规定摆放和处理，试验现场应保持整洁有序； 设备调试前检查安全联锁，设备安全装置禁止被旁路或屏蔽； 电器柜需常闭和上锁； 设备电器的维修需按各单位的安全规定操作，如遇到类似动用明火等危险作业需办理审批手续； 外来设备电器维修人员也要按规定正确穿戴劳动防护用品
起重	吊带断裂，被吊物品砸到人； 吊带和吊绳脱钩，被吊物砸到人； 被吊物品在吊钩上砸到人	采用正规的合成纤维吊装带，并按说明书正确使用； 行吊、吊绳不超出能力范围使用； 行吊不倾斜使用； 人与被吊物品保持安全距离，必要时，行吊由两个人配合操作； 穿钢包头工作鞋
运输	搬运、移动中的物品突然倒下砸到人； 搬运重物扭伤腰部； 搬运重物导致脊椎脱位； 被搬运的物品滑落碰到头部、脸部或眼睛； 背身拉车扭到肩、撞到脚； 推车上物品放得太高容易倒下和阻挡视线	不搬运无法抓牢的物品，包括体积大、搬运不便的物品； 不移动、搬运超过 15kg 的物品，可采用多人或机械协助； 拿起低于腰部的物品要尽量保持背部挺直，膝盖和臀部弯曲，不要膝盖伸直，直接弯腰向前； 靠近要拿起的物体，用双手搬运物品，让肘部紧贴身体两侧，双脚分开站立，平放在地上，并确保地面结实、干燥； 在负载下不扭动身体、腰部，可转动双脚； 让膝盖在物品的平稳移动中伸直，不突然增加负荷； 需确保自己可以看到搬运物的顶部，对高度超过头顶的物品，要使用踏脚凳或梯子，使自己达到搬运物品的高度； 对移动中的物品要小心，物品倒下时要迅速避让； 推车采用推的方式； 推车上物品的摆放高度需低于规定的高度

类　别	危　险　因　素	预　防　措　施
危化品	任意摆放、使用、处理易燃、易爆、有害化学物品； 试验用危化品泄漏导致燃烧、爆炸； 试验用危化品的温度过高； 拆卸有余压的油管路，液体溅出伤到眼睛、皮肤； 直接使用油管连接快装接头接口（应该是快装接头接口与快装接头对接）； 采用螺纹卡夹紧固管接头，该种卡夹因没有弹性，振动中管接头处可能会脱落，导致油外泄； 振动试验人员未经培训操作样品加载电器； 化学物品伤害到人的眼睛、皮肤等； 长期接触化学物品、高腐蚀性液体、油蒸气伤害到呼吸系统和皮肤； 危化品样品采用不耐腐蚀材料做夹具，发生夹具腐蚀或泄漏； 化学品柜未上锁； 化学品柜内摆放的化学品超过规定的量； 化学品柜内摆放的化学品无标签和说明	实验室按危化品的种类、特性，在操作间、库房等作业场所设置相应的监测、通风、防晒、调温、防火、灭火、防爆、泄压、防毒、消毒、中和、防潮、防雷、防静电、防腐、防渗漏、防护围堤或隔离操作等安全设施、设备，并按照国家标准和国家有关规定进行维护、保养，保证符合安全运行要求； 有足够的消防器材，且摆放在明显位置，保证消防设施完备有效，相关人员熟悉消防器材使用方法； 除含汽油试验区域外，实验室内不存放大量的易燃、易爆药品（包括废液），如汽油、酒精、乙醚、苯类、丙酮及其他易燃有机溶剂等，少量易燃、易爆试剂应放在远离热源的地方； 有害化学品按指定位置存放并做好标识，不使用未经批准的化学品； 搬动化学药品时轻拿轻放，不摔、滚、翻、掷、抛、拖曳、摩擦或撞击，以防引起爆炸或燃烧； 不直接接触化学物品，不在使用场所饮食； 废弃危化品按相关安全规定处理； 化学品储藏及使用场所无关人员不得进入； 配备专用劳动防护用品和器具，专人保管，定期检修，保持完好； 正确穿戴劳动防护用品，如戴防静电手套、防毒面具、防护眼镜等； 只在防爆三综合振动台上做带危化品试验； 拆卸带危化品的试验前先关闭加载设备，拆卸带压力的管路时先进行卸压处理并穿戴防护用品； 采用快装接头与样品上的快装接头口连接，采用弹簧卡夹紧固管路接口； 通常样品的加载设备、电器应由样品相关人员操作，振动相关人员仅作为辅助； 带危化品试验的夹具采用耐腐蚀材料； 带危化品试验即时监控试验温度； 工作结束后换下工作服，清洗后离开作业场所； 化学品柜需上锁，并妥善保管钥匙； 化学品柜内摆放的化学品数量不超过规定的标准； 化学品柜内摆放的化学品均需贴有标签和说明
试验操作	从振动台/登高梯等高处摔下； 从其他站立的高处摔下； 三综合试验高温烫伤； 三综合试验低温冻伤； 用于隔温的保温棉冒烟； 脚被振动台底部压伤； 样品用接插头反复使用导致接插头发热和烧灼； 试验不按警示标记操作； 危险区域无隔离和警示标记	站在振动台、登高梯上等高处（在国家规定的安全高度内）操作要保持重心，不做用力过猛的动作，必要时，需两人或多人配合操作，以帮助扶梯子和监护； 振动操作采用专用的登高梯，不随意采用其他替代物； 登高作业超过规定的高度需正确佩戴安全帽、安全带； 三综合试验操作戴高低温防护手套； 试验保温采用耐高低温（能覆盖当前试验温度）材料； 调节振动台底平面与地面之间的距离使脚无法伸入； 样品带载用接插头通常使用新件，或经常关注接插头的老化情况；

类　别	危险因素	预防措施
试验操作		遵守试验操作规程，牢记各种警示标记，不违规操作； 对高压等安全操作区域，需要有现场隔离和警示标记，必要时，需要有安全监护人监护
垃圾处理	垃圾未按规定丢弃，如化学品容器放在可回收垃圾桶内	垃圾按规定投放到对应的垃圾桶内

2．振动实验室火灾推荐应急措施

适用于有自动灭火装置的实验室。

1）一级火灾警报

实验室内警铃声响起时，为一级火灾警报。现场人员应迅速从最近的门撤离现场，并确认撤离时所经过的门最终保持锁闭。

门是否能保持锁闭将直接影响烟烙尽灭火系统的灭火效果。

2）二级火灾警报

通过火灾显示盘确认具体警报原因。自动灭火系统在自动模式下，则报警将升级为二级。确认没有人员再触碰实验室的门，且远离实验室。

烟烙尽灭火系统启动时，身处其中的人员没有窒息致死的危险。此时应再次确认实验室的门都保持锁闭，以确保系统启动后的灭火效果。

3）火灾报警

电话通知消防中心值班人员起火部位、起火物质和报告者姓名。

自动灭火系统：上述实验室能够实现无人值守时自动灭火。

一级报警：警铃响，红色警灯亮起。

二级报警：声光报警，黄色警灯亮起，延时 30s 后自动喷淋。

3．其他事故的应急措施

1）接触酸类危化品

① 皮肤接触：立即脱去被污染的衣物，用大量清水冲洗身体至少 15min，同时拨打救援电话，立即就医。

② 眼睛接触：立即提起眼睑，用大量流动清水彻底冲洗至少 15min，同时拨打救援电话，立即就医。

③ 吸入：迅速脱离现场至空气新鲜处，保持通风。若不能缓解，应立即拨打救援电话呼救，如呼吸困难，应输氧；如呼吸停止，应立即进行人工呼吸。除去被污染的衣物，注意保持呼吸道通畅，并立即就医。

④ 食入：立刻饮用大量清水。严禁洗胃，也不可催吐，以免加重损伤或引起胃穿孔。可口服 2.5%氧化镁溶液、牛奶、豆浆、蛋清、花生油等。禁止口服或用碳酸氢钠洗胃，以免产生二氧化碳而增加胃穿孔的危险，并立刻就医。

2）化学品泄漏

（1）人员防护

首先疏散在实验室的其他不相关人员，以确保人身安全，保持实验室处于最大通风状态。如果是易燃物品泄漏，要立即切断火源。处理人员严禁单独行动，需要有监护人。如果是挥发性酸泄漏，则处理人员需要戴上护目镜，根据情况戴上防毒面具或氧呼吸器，穿上工作服和橡胶手套等，装备齐全后再进行处理。

（2）泄漏控制

泄漏可能由人为操作失误或仪器设备缺陷导致。如果是容器发生泄漏，应根据实际情况，采取措施堵塞和修补裂口，制止进一步泄漏，以防泄漏物扩散，殃及周围的物品及人员。万一控制不住泄漏口，要及时处置泄漏物，严密监视，以防火灾、爆炸、中毒事故的发生。

（3）泄漏处理

当发生少量酸类的泄漏，可以在泄漏处缓慢加入碳酸氢钠进行中和反应后再处理；当发生有机物的泄漏时，可用砂土或其他不燃吸附剂吸附，收集于容器中再进行处理。大量液体泄漏后四处蔓延扩散，难以收集处理，可以筑堤堵截或将其引流到安全地点。为降低泄漏物向大气的挥发，可用泡沫或其他覆盖物进行覆盖，抑制其挥发，然后进行转移处理。

3）机器伤人

应立即切断电源，并拨打救援电话，大声呼救。

4. 振动试验安全不当操作案例

1）线缆走线不当

线缆走线不当如图 4-45 所示。

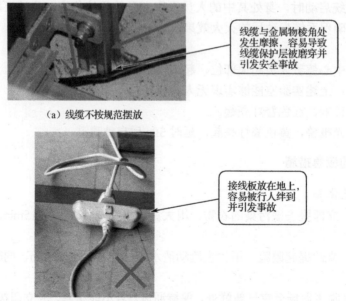

（a）线缆不按规范摆放

（b）接线板使用不正确

图 4-45　线缆走线不当

2）行吊使用不当

在振动实验室，操作人员甲推着摆放重夹具的小推车停放在距行吊较远的位置（因地上放有物品不方便将小推车推到行吊的正下方），用吊钩斜吊着重夹具并拉着倾斜的链条，乙控制行吊往上吊，起吊过程中，甲拉着倾斜链条的手滑脱，使重夹具重重砸向了正在控制行吊的乙，将乙砸伤。

3）设备操作不当

振动台底部的气囊充气太多，导致振动台底部与地面之间的间隙过大，操作人员的脚伸入间隙容易被压到，如图 4-46 所示。

台体底部的隔振气囊

振动台体与地面的距离不能太大，以避免操作人员的脚能够伸入

图 4-46　振动台底部和地面之间的距离不符合要求

4）试验温度不当

做振动叠加温度试验（温度范围在-40～150℃之间）时，因样品加载管路穿过温度箱侧壁的开孔时孔内留有间隙，为堵住该间隙，使用不耐温保温棉，导致试验运行到高温阶段时保温棉冒烟，如图 4-47 所示。

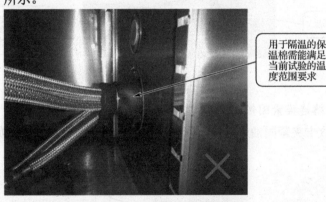

用于隔温的保温棉需能满足当前试验的温度范围要求

图 4-47　使用不耐温保温棉

5）带液试验液体的空满循环实现方法不当

做某产品带油箱空满循环振动试验，试验操作人员为实现油箱油位的空满循环，使用了两个油箱，主油箱安装样品和实现振动试验，副油箱起辅助试验的作用，再通过开关电源给安装在主、副油箱中的油泵轮流供电，实现主油箱油位空满循环的目的。该试验起初顺利，但十多个小时后，副油箱内突然起火燃烧，所幸当时油箱内的油已被抽完，油箱上部又盖有铝合金端盖使火只在油箱内部燃烧，火很快被熄灭，未造成严重后果。后经查明是控制主、副油箱轮流供电的开关电源出现了问题（该电源为临时搭建，自身无保护功能，制作也比较简单），电源内部的一个紧固螺栓出现松动，使电路只给副油箱中的油泵供电，在副油箱中的油被抽完后油泵自身发热并烧毁。

6）带液试验的电插头使用不当

样品用的电插头反复用于试验，试验中插头发生了烧灼，如图 4-48 所示。

7）带液试验的管路连接方法不当

做某样品带加载振动试验，试验操作人员将油管直接连接到快装接头的接口上，试验中该接口因受到管内液体的压力而脱落，造成大量试验液体外泄，如图 4-49 所示。

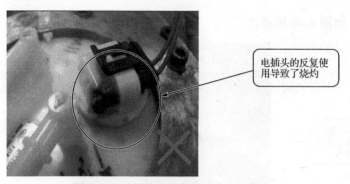

图 4-48　反复使用的电插头发生了烧灼

图 4-49　油管路连接不正确 1

8）带液试验的管路连接紧固件使用不当

采用无弹性的螺纹卡夹紧固油管路接口，振动中接口可能会被振松脱，如图 4-50 所示。

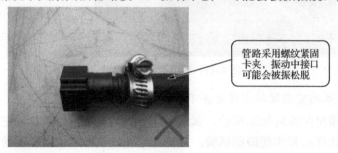

图 4-50　油管路连接不正确 2

9）日常劳动防护不当

做某样品带加载（试验介质为煤油）振动试验，相关人员经常不戴橡胶防护手套操作，导致手掌皮肤出现严重开裂、蜕皮现象，十多年过去仍未见明显好转。

4.17　试验报告与原始数据

1. 试验报告的信息和要求

如表 4-32 所示是试验报告应该给出的信息和要求。

表 4-32　试验报告的信息和要求

基本信息	试验编号、报告分发人员、报告编制者、报告编制日期和报告页码
试验名称	振动试验的类型
样件信息	样件名称、样品描述和唯一性标识、样品数量、样品生产日期
样件状态	样件接收日期、样件状态和已进行过的试验
试验缘由	主要的试验目的
试验地点	试验场所，实验室环境的温度、湿度
考核目标	样品的考核目标和判断依据
试验依据	试验标准、试验规范、样品试验大纲
试验设备	试验使用的设备清单，含设备名称（振动台、传感器、温度箱、样品加载设备）、型号、制造商、出厂编号、检定（校准）情况、试验场所、试验人员等
试验装夹	试验使用的螺栓、样品安装的扭力等
控制仪参数	标准值参数、超差参数、特殊设定（如随机振动超差谱线数 10%、30%）
试验日期	试验开始、结束日期
试验前样件照片	样品前后、左右、上下多个方向的照片
试验过程、方法描述	采用照片+说明方式，含试验每个方向设备、夹具、试验安装、样品在夹具或设备上的安装、试验方向顺序、样品方向描述、传感器系列号、传感器摆放位置、通道情况、控制策略、样品测量、温度加载、样品测量或加载、测试系统等描述
试验后样件照片	样品前后、左右、上下多个方向的照片，如果目检样件外观有损坏，还要包含样件缺陷处特写照片，并且照片中样件编号应清晰可见
试验数据	试验每个方向的振动图谱，图谱应包含振动曲线、试验运行时间、试验参数、加速度幅值；试验每个方向的温湿度曲线，含高低温、循环等； 试验带载、样品性能/测量数据（通常由样品相关人员负责）； 试验特殊条件的说明
试验结果	试验后样件目检描述，必要时，增加样品失效现象和已知失效原因分析

2. 试验原始数据

所有对试验设备的点检、对试验的点检、试验参数（在控制仪中的）记录、温湿度参数记录等原始数据都必须长期予以保留。

第 5 章 产品抗振设计与验证
（以高铁为例）

本章以高铁为例，主要介绍随着科技的进步，振动冲击对产品的影响机理和失效模式的变化，以及为适应变化产品的抗振设计与验证。目的是帮助相关人员了解环境研究对产品设计的价值和环境适应性设计对产品的重要性。

高铁产品在抗振缓冲设计中应有的思路，即产品的抗振缓冲不应完全按研制总要求、标准、规范、合同中的要求来设计，而是应按其所经受的振动冲击响应来设计。实验室对设计的验证都含有强化和加速（S-N）的含义，但是其在失效机理和模式上应一致。

一个产品要成为一种商品，被消费者所接受，除了它的功能和性能外，还要看它对环境的适应性、电磁兼容性和使用可靠性。特别是对后者，有时宁愿牺牲部分功能和性能，也要保证其对环境的适应性、电磁兼容性和使用可靠性。下面谈的是环境的适应性。

任何产品都处于一定的环境之中，并在一定的环境条件下使用、运输和储存，因此逃脱不了这些环境的影响。特别是在恶劣条件下工作的产品更是如此。产品的环境适应性测试就是将产品暴露在自然/人工模拟环境中，以此来评价产品对预期环境的适应能力。

试验是产品研制过程中暴露生产工艺缺陷、评价与考核产品各项性能是否符合使用要求及完善设计的必不可少的手段。经验证明，即使使用了各种提高产品质量设计的技术并进行了精心设计，产品也一定会存在缺陷，而且这些缺陷仅靠对图面的检查、原理的演示、技术的评审，一般也只能查出 30%左右，而约有 70%的设计缺陷需要通过研制过程中的各项试验、检验才能找出。

由此可见，一项设计能否达到要求的质量指标，需要通过各种试验和检验来控制、配合。对于某些仅靠管理、检验和工艺质量控制也不能满足可靠性指标的产品，则必须通过技术攻关，摸清机理，改进、试验、再改进、再试验。

高铁产品，特别是目前已进入高速运行的时代，其环境适应性则更显重要，因为其适应性水平的高低将直接涉及人身安全问题。

高铁产品的环境适应性与力学环境、气候环境等多方面的环境密切相关，以下论述的是高铁产品的抗振设计与验证。

5.1 振动冲击对装备的影响机理和失效模式

高铁已经成为我国的一张名片，在享有盛誉的同时，我们也应关注产品可能会发生磨损、产生裂纹、出现疲劳等方面的问题。这主要由运行中的振动、冲击所致。众所周知，振动会导致装备及其内部结构的动态位移。这些动态位移和相应的速度、加速度可能会引起或加剧结构的疲劳、组件和零部件的机械磨损。另外，动态位移还可能导致元器件的碰撞和功能损坏。由振动、冲击问题引起的典型影响机理和失效模式主要表现在以下几个方面。

1. 对结构的影响

对结构的影响主要是指弯曲、变形、裂纹和断裂等。这种破坏又分为由振动引起的应力超过产品的结构强度所能承受的极限而造成的破坏，以及由于长时间的振动（如 10^7 次以上应力循环的振动），使产品发生疲劳而造成的破坏，这种破坏一般是不可逆的。

2. 对工作性能的影响

对工作性能的影响，是指振动、冲击使产品运动部件动作不正常、接触部件接触不良、继电器误动作、电子器件的噪声增大、指示灯闪烁等，从而导致工作不稳定、不正常，甚至失灵等。这种影响的严重程度常取决于振动、冲击量值的大小，这种破坏一般不属于永久性破坏。因为在很多情况下，一旦停止振动、冲击，工作通常能恢复正常，由此可见，这种破坏通常是可逆的。

3. 对工艺性能的影响

对工艺性能的影响主要是指紧固件松动、焊点虚焊、连接件脱开等。这种破坏一般在一个不太长的振动时间内（如 1h）就会出现。

4. 多应力同时作用下的诱发、并发和耦合作用

高铁产品由于长期在自然和诱发环境中工作，除振动、冲击应力引起的累积效应外，还会受到多种应力，如温度、湿度、高度、沙尘、雨水、电磁干扰等的同时作用。这些应力作用在产品上时，可能会产生诱发、并发和耦合的影响机理。如温度变化时会使产品对振动损伤更为敏感，即温度循环可产生初始的疲劳裂纹，这种裂纹在振动的作用下更易扩展。

5.2　抗振设计及验证

目前的抗振设计与其他环境适应性设计一样，指标通常来自以下五个方面。
- 制造总体单位要求、任务书、合同中的要求；
- 标准规范中的要求（试验条件）；
- 产品安装平台的实测数据；
- 类似产品的条件指标；
- 权威文献中的资料。

无论是来自哪里的要求，首先都需要进行指标论证，即认真分析、正确理解这些指标，看是否真正符合要设计产品的平台环境。如果给出的指标来自其将要安装平台的实测数据，就是最真实的，用这种指标设计、生产的产品是最符合现场使用要求的；用类似产品的条件指标，是经工程验证后的可行指标；标准规范中的要求一般是通用要求，对具体产品不是最适合的设计输入指标；采用权威文献中的资料，是在无法得到前面四种数据的情况下，迫不得已而采用的方法。

当今高铁产品的设计，基本以标准规范中的要求作为设计指标，即采用 GB/T 21563—2018《轨道交通　机车车辆设备冲击和振动试验》中的鉴定、试验验收的要求。在该标准中，将振动分为功能振动和长寿命振动两部分，也可以理解为功能设计和长寿命设计的振动要求。

1. 功能振动

功能振动是产品承受作用于其上的振动应力时的正常工作能力，在高铁领域，是为了验证被试装备在机车车辆上使用时能否正常工作。但在具体考核时并非要对模拟运行条件下的所有功能、性能指标进行评估，为能确保完成，对所规定功能的检测时间需要足够长，通常不应低于 10～30min。

1）功能振动数据来源

在 IEC 61373 中功能振动的数据是通过问卷，即实测后经数据处理得来的数据，如表 5-1 所示。表中最右栏给出了"该值次数"，但没有给出每次的数据量，因此，笔者认为数据量应该是足够到制定标准所要求的置信度。

表 5-1　实测（运行）数据——问卷得来的 G_{rms} 汇总

类　别	方　　向		G_{rms} 最大值（m/s²）	G_{rms} 平均值（m/s²）	K 标准偏差（m/s²）	该 值 次 数
1	车体	垂向	1.24	0.49	0.26	19
	车体	横向	0.43	0.29	0.08	15
	车体	纵向	0.82	0.30	0.20	8
2	转向架	垂向	7.0	3.1	2.3	14
	转向架	横向	7.0	3.0	1.7	10
	转向架	纵向	4.1	1.2	1.3	9
3	车轴	垂向	43.0	24.0	14.0	19
	车轴	横向	39.0	20.0	14.0	17
	车轴	纵向	21.0	11.0	6.0	9

2）功能振动数据处理方法

一般运载工具的振动，其标准和规范中的数据处理是在频域内进行的，在频域内处理是对各子样在各谱线上的分布求平均值、标准偏差（方差），然后得到功率谱密度曲线（PSD 曲线），但由于车载、机载等的工况很复杂，导致各子样在同一 PSD 谱线上的量值分布通常不是真正的正态分布（如转换成对数，在对数范畴内处理是相对接近对数分布的）。因此，通常假设它是符合对数分布的，美国军标 MIL-STD-810 中说，如果你不认为是正态分布，请给出证据。这种在频域内的处理方法，其功能试验量级通常取均值+1σ（标准偏差）。

高铁从启动、运行、停靠到进库都是在轨道上进行的，其功率谱密度曲线形状相对简单和一致，所以 IEC 61373、GB/T 21563—2018 中的振动频谱不是在频域中导出的，而是用各子样的总均方加速度来处理的，在总均方加速度范畴内，当子样数足够大时，必定是一个较理想的正态分布，其功能试验量级为

$$G_{rms} = \bar{X}_{rms} + K\sigma_{rms}$$

式中，G_{rms} 为总均方根加速度；$\bar{X}_{rms}$ 为总均方根加速度的平均值；K 为保守因子（超过正常振动环境的可接受概率）；σ_{rms} 为总均方根加速度在正态分布中的标准偏差。

轨道交通的功能振动量级如表 5-2 所示，其中的量级是通过平均值+标准偏差得到的，即 IEC 61373、GB/T 21563—2018 中的耐功能振动的量级。

表 5-2　轨道交通的功能振动量级

分类、分级	方　向	振动量值+N 倍标准偏差（m/s²）	G_{rms}（m/s²）	在正态分布中出现的概率（%）
1 类 A 级 车体安装	垂向	0.49+1×0.26	0.75	68.28
	横向	0.29+1×0.08	0.37	68.28
	纵向	0.30+1×0.20	0.50	68.28
1 类 B 级 车体安装	垂向	0.49+2×0.26	1.01	95.44
	横向	0.29+2×0.08	0.45	95.44
	纵向	0.30+2×0.20	0.70	95.44
2 类 转向架 安装	垂向	3.1+1×2.3	5.40	68.28
	横向	3.0+1×1.7	4.70	68.28
	纵向	1.2+1×1.3	2.50	68.28
3 类 车轴安装	垂向	24+1×14	38.0	68.28
	横向	20+1×14	34.0	68.28
	纵向	11+1×6	17.0	68.28

3）功能振动的设计和验证

当按表 5-2 中的数据进行耐功能振动设计时：

① 对安装在车轴上的 3 类设备，由于车轮和轨道直接接触相互激励，中间无任何缓冲措施，所以振动最大。

② 对安装在转向架上的 2 类设备，由于车轴和转向架之间有缓冲装置，所以振动相对车轴上安装的设备明显要小。

③ 对安装在车体上的 1 类设备，由于转向架和车体之间有缓冲装置，所以振动最小。由表 5-2 可见，1 类设备又分为 A、B 两级：

● 1 类 A 级：指安装在车体上的设备；

● 1 类 B 级：指安装在车体中柜（箱）中的组件、模块。

由于 1 类 B 级设备安装在车体中柜（箱）中，而柜（箱）对来自车体的振动响应有放大作用，因此其值高于直接在车体上安装的设备。

④ 对功能试验的振动量值，由表 5-2 可见：除 1 类 B 级外均采用振动量值+1 倍标准偏差，对 1 类 B 级设备，考虑到柜（箱）受车体振动激励后的响应放大级及标准制定过程中的标准化，因此采用振动量值+2 倍标准偏差。

⑤ 对功能试验采用振动量值+1 倍标准偏差的方法，在其他规范或标准中一般也是这样处理的，振动量值+1 倍标准偏差考虑了 68.28% 的最大值，如满足这一要求，相当于在绝大多数情况下设备都能在满足功能、性能指标的前提下正常工作。就规范本身而言，它是鉴定、验收要求，不是高铁的设计规范，所以在对高铁进行设计时，特别是对直接关系到人的生命安全的方面，建议留有足够的设计余量，即放宽设计余量。

⑥ IEC 61373、GB/T 21563—2018 是通用规范，其随机振动的谱型和量值不能完全代表所有在高铁安装的产品所经受的振动谱型、量值，对特别重要的部件、组件，最好采用其安装平台的实测振动谱型、量值。

2. 长寿命振动

长寿命振动的目的是验证高铁在增强的振动环境条件下，其机械结构的完整性。要解决好机械结构的完整性，必须要解决以下两个问题。

● 必须能承受运行过程中由持续作用产生的低强度与重复载荷引起的疲劳损伤；
● 结构必须经受运行过程中由可能遇到的极限（最大）强度的振动、冲击引起的损伤。

1）疲劳损伤

就疲劳而言，任何一个在动态应力作用下的产品要想获得长寿命，疲劳是必须解决的问题。所谓疲劳，是指产品在交变重复载荷（应力）作用下，使损伤不断累积并最后导致破坏的现象。疲劳是一切工程机械，尤其是运载工具的一个致命杀手。据有关资料统计，产品结构遭受损伤、破坏的原因有 50%～90%是由疲劳引起的。

疲劳研究的奠基人、德国人 A.沃勒，在 19 世纪 50～60 年代最早得到表征疲劳性能的 S-N 曲线，并提出了疲劳极限的概念。1945 年，美国人 M.A.迈因纳提出了疲劳破坏的线性损伤累积理论，也称帕姆格伦-迈因纳定律，简称迈因纳定律。

工程上引起疲劳破坏的循环应力（或应变）有时是呈周期性变化的，有时是随机的。在疲劳的试验研究中，人们通常把它简化成等振幅应力循环的波形和参数。

在给定的应力（或应变）水平下，材料发生破坏的应力循环次数称为疲劳寿命。为方便分析，通常根据能承受的破坏应力循环次数，将其分为：

（1）静应力强度

当应力循环次数 $N \leqslant 1000$ 时，使材料发生破坏的最大应力值基本不会随 N 而变化，此时的应力强度可看作静应力强度。

（2）低周疲劳

随着循环次数的增加，在 1×10^4 次左右，材料发生疲劳破坏的最大应力不断下降。该阶段的疲劳现象称为应变疲劳。由于应力循环次数相对很小，通常在 $10^4 \sim 10^5$ 次范围内，所以称为低周疲劳。发生低周疲劳的特点是材料所受的作用力（应力）较大，使材料局部进入塑性变形状态。

（3）高周疲劳

高周疲劳是指高于 $10^4 \sim 10^5$ 循环次数才被破坏的应力循环，是有限寿命疲劳破坏。在此范围内，试件经过相应次数的交变应力作用后通常会发生疲劳破坏。

在图 5-1 所示通用疲劳强度 S-N 曲线上的 b（直线段）点以后，如果应力低于 b 点应力，则无论应力变化了多少次，材料都不会破坏。所以 b 点以后的水平线代表试件无限寿命疲劳阶段。图 5-1 中 ab 和 bd 两段曲线所代表的疲劳统称高周疲劳。

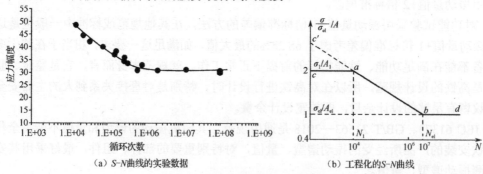

（a）S-N 曲线的实验数据　　　　　（b）工程化的S-N曲线

图 5-1　通用疲劳强度 S-N 曲线

上述理论已广泛应用于工程设计和试验验证，特别是在验证产品的抗疲劳特性是否能满足设计要求（寿命）时，如在预定频率上进行 1×10^7 次应力循环的考核试验，通常需要很长时间，有的甚至长达几百小时。例如，1×10^7 次应力循环在 30Hz 试验时需要近 100h，在 50Hz 试验时需要近 50h，这种情况无论从人、设备，还是从经济性、生产效率来考虑都是问题。而利用上述原理进行加速试验是解决这一问题的较好途径。用增加循环应力的幅值来缩短试验时间的方法，是根据 M.A.迈因纳的线性损伤累积理论提出的。根据该定律，重复载荷在结构上所产生的应力 σ 与应力作用下结构发生破坏的应力循环数，可以将线性损伤累积理论用以下简化表达式来描述。

① 疲劳损伤的描述。综上所述，产品的损伤与其经受的应力水平和发生疲劳破断时所经历的应力循环次数密切相关，它们之间的关系多用如下的幂函数形式表示。

$$D = \alpha \cdot \sigma^m \cdot N \tag{5-1}$$

式中　D ——产品所经受的损伤；

　　　N ——循环的次数；

　　　σ ——应力；

　　　α ——材料常数；

　　　m ——指数（典型值为 3～9，与材料有关）、$S\text{-}N$ 曲线的斜率。

② 通用的加速振动曲线。上述数学模型可以画成如图 5-1 所示的曲线，图中曲线是实验数据的平均值，一般以对数坐标的形式给出。

由图 5-1 可见：

在一定的应力（图 5-1（b）中的 σ_1）作用下，材料所能承受的应力循环数为 N_1。N_1 称为在 σ_1 应力作用下的疲劳寿命。如果材料在低于某一特定应力时不再发生破坏，即在此应力下材料能承受无限次应力循环，则称该应力为材料的极限应力，即图 5-1（b）中的 σ_{el}。

持久极限应力一般在屈服应力的 50%～80%之间，有代表性的数值为 50%，即 $\sigma_{el} = 0.5\sigma_s$。图中的纵坐标以 σ_{el} 为单位标准化，纵坐标为 1 对应持续极限应力，纵坐标为 2 对应屈服应力。

静拉伸试验表明，当应变超过 0.4%时，材料就进入塑性状态。此时材料的内应力超过弹性极限应力，即达到屈服应力，从而产生永久变形。经验告诉我们，当应变超过 0.4%时，寿命就小于 1×10^4 次应力循环。如果把材料看成理想塑性，通常当外力增加时应力不变。也就是说，应力循环小于 1×10^4 次时，其破坏曲线平行于 N 轴，即图中的 ac 段。如果材料不产生屈服，应力循环小于 1×10^4 次时的破坏曲线如图中 ac' 段（虚线）。如果曲线存在转折点，则多在 1×10^6～1×10^7 之间，20 世纪 50 年代美国振动冲击手册取转折点为 5×10^6 次，即与疲劳极限相对应的破坏循环数为 5×10^6 次，这就确定了图中的 b 点（a 和 b 点之间的部分为一直线）。这说明材料在 σ_{el} 的作用下，经过 5×10^6 次应力循环还不破坏，就永远不会在该应力下被破坏，这就决定了 bd 段为一平行于 N 轴的直线。图 5-1 中的直线实际上并不是真正的直线，而是试验数据的平均值，是在双对数坐标上拟合出的直线。

从图 5-1（b）中 ab 段可见，当试验样品所经受的应力低时，所要求的破坏循环数就高；反过来，当试验样品所经受的应力高时，所要求的破坏循环数就低，即所需的试验时间就短，因此，载荷越大，寿命就越短。这就是加速振动原理。它表征了载荷水平与疲劳寿命周次的关系，即代表各种材料对交变应力的抵抗能力。因此，只要将上面叙述的 $\sigma\text{-}N$ 的关系换成 A（加速度）-N（循环次数）的关系，就可用于实际的加速振动试验中。

$$\frac{N}{N_{el}} = \left(\frac{A}{A_{el}} \right)^{-m} \tag{5-2}$$

式（5-2）表明，对被试产品来说，如果它在原规定的加速度与振动次数发生破坏（不破坏），按 $A-N$ 曲线提高振动加速度与减少振动次数后同样会出现破坏（不破坏），由此，可以确保加速试验与不加速试验的等效性。

由图 5-1 所示的 $S-N$ 曲线可见，横坐标 N 代表循环周次，而纵坐标 S 表示应力水平（平均应力/应力幅值）。b 点左面为有限寿命区（即从 $N=1\times10^7$ 循环向左），b 点右面为无限寿命区（即从 $N=1\times10^7$ 循环向右）。水平直线部分对应的应力水平则是材料的疲劳极限，即经受无数次应力循环都不会发生破坏的应力极限。疲劳极限是材料抗疲劳能力的重要性能指标，也是进行疲劳强度设计，即无限寿命设计的重要依据。

（4）超高周疲劳

① 超高周疲劳的发现。20 世纪 80 年代前，人们通过对钢材等黑色金属的研究，将 1×10^7 循环定为疲劳极限，含义在于如果产品经受 1×10^7 次应力循环后不被破坏，就永不会被破坏，可承受无限次循环，具有无限寿命。但随着科技的发展及高速机械的广泛应用，人们对高速机械进行疲劳研究发现，即使应力循环次数超过 1×10^7，材料仍有可能发生疲劳断裂。传统的疲劳理论受到了质疑，1×10^7 次以上的疲劳行为开始被重视。尤其是震惊世界的德国高铁事故，即 1993 年 6 月 3 日，德国 ICE 884 号高铁在行进中突然出轨，导致 101 人死亡和 100 多人受伤，原因则是外环轮圈超高周疲劳损坏。由此，超高周疲劳问题开始逐渐引起科学家的重视。可以说，对超高周疲劳的研究，实际从 20 世纪 80 年代后就开始进入人们的视野。疲劳学专家奈托（Naito）对铬-钼钢等材料进行了 1×10^8 次应力循环疲劳试验，发现超高周疲劳 $S-N$ 曲线与传统的 $S-N$ 曲线不同，存在两个转折点，如图 5-2 所示，并由此把疲劳极限定义为 1×10^8 次应力循环下对应的应力幅值水平上。从此，超高周疲劳问题越来越引起科学家的重视。目前，在航天、航空及车辆等领域，机械部件的实际承载周期载荷循环数已远超 1×10^7，发生在该超长寿命区的高周疲劳失效现象已屡见不鲜，部分甚至达到 $1\times10^{9\sim10(11)}$。

② 超高周疲劳 $S-N$ 曲线。如图 5-2（b）所示的加速振动曲线就是科学家根据上述理论研究得出的超高周疲劳 $S-N$ 曲线。

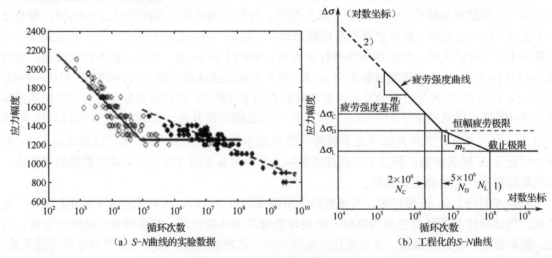

（a）$S-N$ 曲线的实验数据 （b）工程化的 $S-N$ 曲线

图 5-2 超高周疲劳及典型高周疲劳强度的 $S-N$ 曲线

由图 5-2 所示的曲线可见，当应力范围低于折断极限时，$\Delta\sigma_L$ 在 1×10^8 处相应循环数是无穷大的，这意味着应力范围低于折断极限时没有任何损坏。

③ 超高周疲劳的加速振动模型。

对于试验损伤，有

$$D_1 = \alpha_1 \Delta\sigma_t^{m_1} N_t$$

对于实际运行损伤，有

$$D_2 = \alpha_2 \Delta\sigma_s^{m_2} N_s$$

式中，D_1 为试验损伤；D_2 为实际运行损伤；N_t 为试验循环数；N_s 为实际运行循环数，此处以 1×10^8 次作为循环限；$\Delta\sigma_s$ 为试验应力；$\Delta\sigma_t$ 为实际运行应力；α_1、α_2 为常数；m_1 为转折点前 S–N 曲线的斜率，$m_1 = 4$；m_2 为转折点后 S–N 曲线的斜率，$m_2 = m_1 + 2$。

众所周知，加速的原则是：未加速前的应力和加速后的应力，对产品所造成的失效机理和失效模式必须是一致的，所以

$$D_1 = \alpha_1 \Delta\sigma_t^{m_1} N_t = D_2 = \alpha_2 \Delta\sigma_s^{m_2} N_s \tag{5-3}$$

因而，试验损伤

$$D_1 = \alpha_1 \Delta\sigma_t^{m_1} N_t, \quad \alpha_1 = \frac{1}{\Delta\sigma_t^{m_1} N_t}, \quad \Delta\sigma_t = \left(\frac{1}{\alpha_1 N_t}\right)^{\frac{1}{m_1}} \tag{5-4}$$

实际运行损伤

$$D_2 = \alpha_2 \Delta\sigma_s^{m_2} N_s, \quad \alpha_2 = \frac{1}{\Delta\sigma_s^{m_2} N_s}, \quad \Delta\sigma_s = \left(\frac{1}{\alpha_2 N_s}\right)^{\frac{1}{m_2}} \tag{5-5}$$

又因为在 D 点

$$\alpha_1 = \frac{1}{\Delta\sigma_D^{m_1} N_D}, \quad \alpha_2 = \frac{1}{\Delta\sigma_D^{m_2} N_D} \tag{5-6}$$

所以加速因子

$$\beta = \frac{\Delta\sigma_t}{\Delta\sigma_s} = \frac{A_t}{A_s} = \left[\frac{(\alpha_2 N_s)^{\frac{1}{m_2}}}{(\alpha_1 N_t)^{\frac{1}{m_1}}}\right] \frac{N_s^{\frac{1}{m_2}}[\Delta\sigma_D^{m_2} N_D]^{-\frac{1}{m_2}}}{N_t^{\frac{1}{m_1}}[\Delta\sigma_D^{m_1} N_D]^{-\frac{1}{m_1}}} = \frac{N_s^{\frac{1}{m_1}}}{N_t^{\frac{1}{m_2}}} \cdot \frac{[\Delta\sigma_D^{m_1} N_D]^{\frac{1}{m_1}}}{[\Delta\sigma_D^{m_2} N_D]^{\frac{1}{m_2}}}$$

$$= \frac{N_s^{\frac{1}{m_2}}}{N_t^{\frac{1}{m_1}}} \cdot \frac{N_D^{\frac{1}{m_1}}}{N_D^{\frac{1}{m_2}}} = \frac{N_s^{\frac{1}{m_2}}}{N_t^{\frac{1}{m_1}}} (N_D)^{\left(\frac{1}{m_1} - \frac{1}{m_2}\right)} \tag{5-7}$$

2）IEC 61373：2010 中的加速因子

图 5-2（b）中的曲线是应用在 IEC 61373 中的加速振动曲线。

IEC 61373：2010 指出：高铁产品一般按 25 年设计，即按 25 年，每年工作 300 天，每天工作 10h 计算的。高铁所经受的是宽带随机振动，其频率范围随产品质量的不同而不同。对 1～2 类产品，最宽在 2～250Hz 范围；对 3 类产品，最宽在 10～500Hz 范围。由于高铁安装平台的振动是宽带随机振动，在进行无限寿命设计时，抗振强度（所需承受的应力）是按最少应力循环数计算的，如果该应力在该循环次数下不被破坏，则将永不会被破坏，即在该应力下经 1×10^8 次循环不被破坏就永不会被破坏。在 IEC 61373：2010 中，是将其按 2Hz 和 10Hz 两个最低频率上达到 1×10^8 次循环不被破坏就永不会被破坏计算的。从无限寿命观点来看，该振动应力在低频端达到无限寿命后，高于低频端的循环数就在无限寿命的水平线上了。

（1）1 类和 2 类产品

对于 1 类和 2 类产品，设计寿命为：25×300d×10h/d×3600s/h×2Hz/s=5.4×10^8 次应力循环。

就超高周疲劳寿命而言，如上所述，仅考虑 $1×10^8$ 循环次数就可以了。然而，即使按 $1×10^8$ 次与 2Hz/s 计算也需要 13888.89h，这在工程上是不可取的，对此，IEC 61373、GB/T 21563 给出了工程上可接受的 5h 作为实验室试验验收时间，即循环数为 2Hz/s×5h×3600s/h = $3.6×10^4$。这就提出了一个需要加速的问题，因此，按式（5-7）计算加速因子，有

$$\beta = \frac{\Delta\sigma_t}{\Delta\sigma_s} = \frac{A_t}{A_s}$$

$$= \frac{(1×10^8)^{\frac{1}{6}}}{(3.6×10^4)^{\frac{1}{4}}}(5×10^6)^{\left(\frac{1}{4}-\frac{1}{6}\right)} = \frac{(1×10^8)^{\frac{1}{6}}}{(3.6×10^4)^{\frac{1}{4}}}(5×10^6)^{\frac{1}{12}} = \frac{21.544}{13.774}×3.616 \approx 5.656 \quad （5\text{-}8）$$

（2）3 类产品

3 类产品的设计寿命为：25×300d×10h/d×3600s/h×10Hz/s = $2.7×10^9$ 次应力循环。与 1 类和 2 类产品一样，既使按 $1×10^8$ 次与 10Hz/s 计算也要 2777.78h，工程上也是不可取的，同样需要按式（5-7）计算加速因子，使其在 5h（循环数为 10Hz/s×5h×3600s/h = $1.8×10^5$）的工程试验中完成实验室的鉴定或验收。

$$\beta = \frac{\Delta\sigma_t}{\Delta\sigma_s} = \frac{A_t}{A_s} = \frac{N_s^{\frac{1}{m_2}}}{N_t^{\frac{1}{m_1}}}(N_D)^{\left(\frac{1}{m_1}-\frac{1}{m_2}\right)}$$

$$= \frac{(1×10^8)^{\frac{1}{6}}}{(1.8×10^5)^{\frac{1}{4}}}(5×10^6)^{\left(\frac{1}{4}-\frac{1}{6}\right)} = \frac{(1×10^8)^{\frac{1}{6}}}{(1.8×10^5)^{\frac{1}{4}}}(5×10^6)^{\frac{1}{12}} = \frac{21.544}{20.598}×3.616 \approx 3.782 \quad （5\text{-}9）$$

由式（5-8）和式（5-9）的计算，得出 IEC 61373—2010 中的长寿命振动量级，如表 5-3 所示。

表 5-3　高铁设备长寿命振动量级

分类分级	方　向	功能振动量级 G_{rms}（m/s²）	加速因子	长寿命振动量级 G_{rms}（m/s²）
1 类 A 级 车体安装	垂向	0.75	5.66	0.75×5.66≈4.25
	横向	0.37	5.66	0.37×5.66≈2.09
	纵向	0.50	5.66	0.50×5.66=2.83
1 类 B 级 车体安装	垂向	1.01	5.66	1.01×5.66=5.72
	横向	0.45	5.66	0.45×5.66=2.55
	纵向	0.70	5.66	0.70×5.66=3.96
2 类 转向架安装	垂向	5.40	5.66	5.40×5.66≈30.56
	横向	4.70	5.66	4.70×5.66≈26.60
	纵向	2.50	5.66	2.50×5.66≈14.15
3 类 车轴安装	垂向	38.0	3.78	38.0×3.78≈143.64
	横向	34.0	3.78	34.0×3.78≈128.52
	纵向	17.0	3.78	17.0×3.78≈64.26

（3）其他最低频率上的加速因子

在 IEC 61373、GB/T 21563 中，除 2Hz 和 10Hz 两个最低频率外，还有 5Hz 和按样品质量计算得出的最低频率。现给出用式（5-7）按质量计算产生的加速因子，如表 5-4 所示。表中除

2Hz 和 10Hz 两个加速因子外，在确保使用和节省研制成本的基础上，其他加速因子也可供参考和采用。

表 5-4　加速因子

最低频率（Hz）	加速因子	最低频率（Hz）	加速因子	最低频率（Hz）	加速因子
2	5.656	5	4.498	8	3.999
3	5.112	6	4.297	9	3.884
4	4.756	7	4.135	10	3.782

3．影响疲劳破坏的因素

据统计，在动应力作用下工作的产品所经受的损失、破坏中，疲劳约占 50%，其中低周波疲劳约占 12%，高周波疲劳约占 24%，其他疲劳约占 14%。也有工程调查发现，疲劳断裂占力学破坏的 50%~90%。因此，对运载工具和安装在其上的产品必须进行抗疲劳设计。影响疲劳破坏的因素很多，下面进行简单介绍。

1）材料的影响

材料对疲劳的影响很大，不同的材料具有不同的疲劳曲线，如图 5-3 所示。

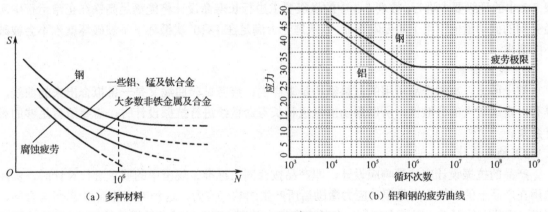

（a）多种材料　　　　　　　　　　（b）铝和钢的疲劳曲线

图 5-3　疲劳曲线

2）温度的影响

环境温度与湿度等均会对疲劳寿命、疲劳极限造成影响，某些零件/构件在高于/低于室温工作时，其疲劳曲线与常温会有所不同。为了更精确地计算温度对 S-N 曲线的影响，需要测量不同温度下的 S-N 载荷，以方便进行差值计算。受温度影响，疲劳又分为低温疲劳、高温疲劳、热疲劳（由热应力循环作用而产生的疲劳）。高温是指大于熔点 1/2 以上的温度，这时晶界弱化，有时晶界上会产生蠕变空位，因此在考虑疲劳的同时还必须考虑高温蠕变的影响。高温下金属的 S-N 曲线没有水平部分，通常用 10^7~10^8 次循环下不出现断裂的最大应力作为高温疲劳极限。此外，循环的频率对高温疲劳极限有明显影响，当频率降低时，高温疲劳极限会明显下降。在高铁产品的设计中，为避免高温的影响，通常需要将运行时的温度控制在低于 160℃ 的温度上。低温对疲劳的影响主要表现在降低焊接头的疲劳寿命等方面。

3）设计不良的影响

疲劳还会受到产品不良设计的影响，如微动磨损疲劳，即零件在高接触压应力的反复作用下所产生的疲劳。经多次应力循环后，零件的工作表面在局部区域产生小片/小块金属剥落，形成麻点或凹坑。接触疲劳使零件工作时的温度升高、噪声增加、磨损加剧、振幅增大，并最终导致零件不能正常工作和失效。在齿轮、滚动轴承等零件中经常发生该现象。另外，还有局部的接触疲劳、应力集中（高应力区有塑性变形、裂纹，这是低周疲劳的特点）、弯曲、拉压等。

4）环境的影响

环境的影响主要指腐蚀疲劳，即产品在腐蚀介质中承受循环应力期间所产生的疲劳。腐蚀介质在疲劳过程中能促使裂纹的形成和加快裂纹的扩展，其特点是 S-N 曲线无水平段。另外，加载频率对腐蚀疲劳的影响很大。通常使用条件越恶劣，疲劳破坏事故就越层出不穷。

5）工艺的影响

疲劳还会受到工艺的影响，如表面光洁度、表面处理等。

数据表明，疲劳试验结果具有明显的分散性，疲劳寿命与疲劳强度的分散性通常随着疲劳周次的提高而增大。超高周疲劳比低周疲劳/高周疲劳的实验数据具有更大的分散性，有时分散幅度可达三个数量级。

4. 疲劳设计

1）设计指标

高铁产品抗疲劳设计的依据通常是 IEC 61373、GB/T 21563 中的要求，功能试验的设计按表 5-2 中的量级要求进行。按表 5-3 中的量级要求进行长寿命设计将能满足高铁在正常运行中所经受到的振动量值作用下的无限寿命，即从理论上满足在 1×10^8 次循环下不被破坏就永不会被破坏的要求。

2）设计余量

综上所述，高铁产品所用的材料结构是多样的，疲劳试验曲线又是一条拟合出来的曲线，具有一定或较大的分散性，所以用功能量级和长寿命量级进行抗振设计时，需要留有足够的设计余量。

3）响应设计

产品的抗振设计应该是响应设计，即产品按合同、标准、规范中的要求进行设计时，实际作用在产品上的振动应力是振动应力激励后所产生的响应应力，这种响应的谱型/量级与合同、标准、规范中的要求一般不会相同，有时会有很大差别。下面以某高铁裙边按 IEC 61373、GB/T 21563 中 1 类 A 级进行抗振设计为例进行介绍。

示例方向：横向。

输入：谱型见图 5-5（a）。

功能试验量级：$G_{rms}=0.37\text{m/s}^2$。

长寿命响应量级：$G_{rms}=2.09\text{m/s}^2$。

响应：谱型见图 5-5（b）。

功能振动量级：5m/s^2。

长寿命振动量级：28.28m/s^2。

标准、规范中给出的一般是通用的谱型和量级，对每一在高铁上安装的产品，其谱型和量级通常会有所不同。例如，图 5-4 所示是高铁上某裙边在高铁运行过程中的横向实测振动时域信号。

对上述时域信号在频域内诸多子样按振动量值+1 倍标准偏差得出的功能振动时的谱型，如图 5-5（b）所示，图 5-5（a）所示是 IEC 61373、GB/T 21563 中的规范谱，可见二者之间的差别了。

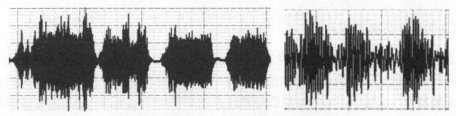

图 5-4 某高铁裙边横向实测振动时域信号

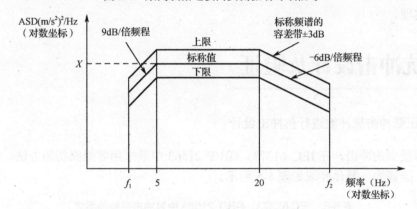

（a）IEC 61373、GB/T 21563 中的谱型

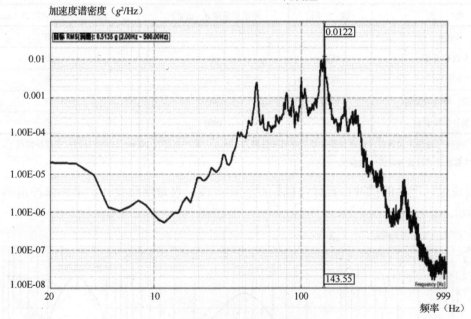

（b）高铁列车裙边振动实测谱

图 5-5 振动实测谱（均值+1 倍标准偏差）

由上可见，当产品按标准、规范中的要求进行设计时，一定要考虑产品实际平台的振动谱及其之间的差别；还要考虑应力作用后的响应。就上述某高铁裙边而言，其实际的响应振动比 IEC 61373、GB/T 21563 中的高出 10 倍以上，对此，从现今高铁运行中出现的某些疲劳事例可以得到证实。原因是多方面的，需要特别指出的是，进行抗振设计必须要有谱型，即按量级/总均方根值是不可能有一个好的设计的。另外，还要有足够的设计余量。产品抗疲劳破坏的能力与产品的环境适应性水平一样，源头均是环境适应性设计。因此，要研制抗疲劳特性好的产品，首先要抓的就是抗疲劳设计，它奠定了产品的固有环境适应性。

5. 试验验证（鉴定/验收）

对 IEC 61373：1999、2010 及 GB/T 21563—2008 中的 3 类产品，尤其是大质量的产品，在实验室中实现的难度是很大的。因高铁的振动并不大，需要考虑的是长期低应力下的疲劳寿命能否达到无限寿命，试验中用到的高量级是通过 $S-N$ 曲线加速出来的。由此，对 3 类产品，尤其是大质量的产品，同样可以利用 $S-N$ 曲线，通过降低试验应力（即降低加速因子）及增加试验的时间来实现。

5.3 抗冲击设计及验证

1. 按半正弦冲击脉冲波进行抗冲击设计

对高铁所受到的冲击，在 IEC 61373、GB/T 21563 中是采用等效损伤的方法，用半正弦冲击波来考核、验证的，具体要求如表 5-5 所示。

表 5-5　IEC 61373、GB/T 21563 中对冲击试验的要求

类　别	取　向	峰值加速度 A（m/s²）	标称脉冲持续时间 D（ms）
1 类 A 级和 B 级 车体安装	垂向	30	30
	横向	30	30
	纵向	50	30
2 类　转向架安装	全部	300	18
3 类　车轴安装	全部	1000	6

注：某些特殊用途的 1 类设备可能需要额外增加峰值加速度为 30m/s²、脉冲宽度为 100ms 的冲击试验，在这种情况下，应在试验前就这些要求的试验量级取得一致意见

前面说过，产品的抗冲击设计与抗振动设计一样，也是响应设计，半正弦冲击响应谱如图 5-6 所示。

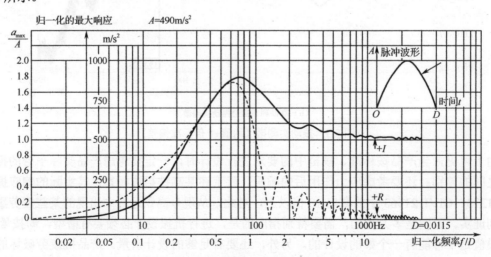

图 5-6　半正弦冲击响应谱

由图 5-6 可见，产品受半正弦冲击后最大的响应是冲击脉冲量级的 1.78 倍。按 IEC 61373、GB/T 21563 规范中的 3 类车轴安装的冲击加速度为 100g，当产品的固有频率 f_n 与冲击脉冲持续时间 D 的乘积为 0.8 时，产品受 100g 半正弦冲击后的响应是 178g，因此，如不考虑设计余量，抗冲击强度也应按 178g 设计。详细介绍如下。

单自由度系统受冲击后的初始响应/残余响应是分别以系统的固有频率为函数排列起来并描成的曲线，这就是冲击响应的谱曲线，如图 5-6 所示。其中反映初始响应的曲线称为初始冲击响应谱；反映残余响应的曲线称为残余冲击响应谱。又由于系统受冲击所产生的响应发生在正负两个方向上，所以又有：

- 正初始冲击响应谱：是在冲击脉冲持续时间内与激励脉冲同方向上出现的最大响应曲线；
- 负初始冲击响应谱：是在冲击脉冲持续时间内与激励脉冲反方向上出现的最大响应曲线；
- 正残余冲击响应谱：是在冲击脉冲持续时间后与激励脉冲同方向上出现的最大响应曲线；
- 负残余冲击响应谱：是在冲击脉冲持续时间后与激励脉冲反方向上出现的最大响应曲线。

正初始冲击响应谱在任何时候都比负初始冲击响应谱大，正、负残余冲击响应谱互相对称，又因为冲击试验是在六个方向上进行的，即沿着每个轴线的两个相反方向进行，因此一般只画出正初始冲击响应谱和正残余冲击响应谱。

由上可见，严格地说，在进行抗冲击设计时，需要同时考虑初始冲击响应谱和残余冲击响应谱。对此，以 IEC 61373、GB/T 21563 规范中的 3 类车轴安装的冲击加速度为 100g、6ms 的半正弦冲击脉冲波为例进行说明，即它对不同固有频率的产品所造成的冲击响应，也即抗冲击强度的要求如表 5-6 所示。由表 5-6 可见，100g、6ms 的半正弦脉冲波，对不同固有频率的产品所导致的响应/损伤是不一样的。当产品固有频率低于 33Hz 时，产品受到 100g、6ms 的半正弦冲击脉冲冲击后，其响应是低于 100g 的，抗冲击强度可按残余冲击响应 75g 设计；当产品固有频率超过 50Hz 时，其经受的冲击响应是放大的；当产品固有频率为 133Hz 时，其抗冲击强度设计的要求是最高的，要按初始的冲击响应 178g 进行设计。由此，作为一个好的设计，设计师应尽可能将产品的固有频率设计在其受冲击后响应的低处。

表 5-6　$0.3 \leqslant f_n \times D \leqslant 2.5$ 时的冲击响应

产品固有频率 f_n（Hz）	17	33	50	67	83	100	117	133	150	200
$f_n \times D$	0.1	0.2	0.3	0.4	0.5	0.6	0.7	0.8	0.9	2.2
初始冲击响应谱（g）	20	58	112	135	150	165	168	178	175	100
残余冲击响应谱（g）	40	75	117	137	150	162	165	162	140	40

2. 用实测冲击路谱进行设计

如果有高铁产品安装平台的冲击实测数据，可以将实测的冲击时域信号转换为冲击响应谱作为依据进行设计，与上面的按半正弦冲击脉冲的冲击响应谱进行设计一样，尽可能将产品的固有频率设计在冲击响应谱的低处。

高铁抗冲击实验室验证通常是按 IEC 61373、GB/T 21563 中的半正弦冲击脉冲进行的，但备注中提到："注：某些特殊用途的 1 类设备可能需要额外增加峰值加速度为 30m/s² 和脉冲宽度为 100ms 的冲击试验，在该情况下，应在试验前就这些要求的试验量级取得一致意见。"这是因为当今的实验室一般不具备按这个要求完成试验的能力，即使个别单位勉强具备这种能力，试验费用也会相当昂贵，冲击波形也不太会完全符合要求。对此，推荐用保证速度变化量相等的方法来实现，因为加速度是通过速度变化产生的，没有速度变化就没有加速度。由此，可用速度变化量相等来进行转换，计算如下。

因为半正弦冲击脉冲的速度变化量为

$$\Delta V = \frac{2AD}{\pi}$$

则 30m/s²、100ms 的速度变化量为

$$\Delta V = \frac{2AD}{\pi} = \frac{2 \times 30 \times 0.1}{3.14} \approx 1.9\text{m/s}$$

根据速度变化相等的原则，按当今试验设备能实现的 30ms 来进行计算，此时的加速度应增加为

$$A = \frac{\Delta V \pi}{2D} = \frac{1.9 \times 3.14}{2 \times 0.03} \approx 100\text{m/s}^2$$

由上可见，30m/s²、100ms 的半正弦冲击脉冲，可转换为等效的 100m/s²、30ms 的半正弦冲击脉冲。

当今标准、规范是建立在平稳情况基础上的，而在很多情况下实际是非平稳的，如图 5-4 所示。未来，随着列车速度越来越高，列车高速行驶与空气摩擦产生的噪声振动频率将可能高于 350Hz，尤其是在隧道中的多次高速会车，必然会经受很大的空气压力，这是静疲劳还是低周疲劳？开展这些研究，对提高高铁的抗疲劳特性会很有价值。我国的高铁技术已走在了世界的最前端，碰到的复杂多变的使用环境，尤其是恶劣环境远比其他国家多，这些都有待我国的专家/工程师们去总结、研究，在不久的将来，我国会有更多的话语权。

第6章 实验室认可

本章主要介绍振动实验室认可的起源和意义；认可对振动实验室的要求；认可常见问题、振动试验设备的不确定度、比对、能力验证、期间核查。目的是帮助相关人员加强对实验室的管理，提高审核质量，确保振动试验设备的使用质量和依据。

6.1　实验室认可的起源

实验室认可制度起源于 1947 年澳大利亚国家检测机构协会（NATA）和 1966 年英国校准服务局（BCS）的认可制度；1966 年，国际经济合作与发展组织（OECD）建立了化学实验室评审制度（GLP）。1979 年，关贸总协定的《贸易技术壁垒协定》（TBT 协定）采用了此制度。1977 年和 1992 年，在美国的倡议下先后成立国际实验室认可论坛 ILAC（1996 年转为国际实验室合作组织）和亚太实验室合作组织（APLAC），其目的是协调贸易中的检验不一致，打破欧共体国家建立的技术壁垒。进入 20 世纪 80 年代，随着全球经济一体化的发展和贸易中不断加剧的技术标准和检验纠纷，1985 年国际标准化组织（ISO）理事会决定成立合格评定委员会（CASCO），制定专门用于合格评定的国际标准和指南，将各国合格评定的工作标准化、程序化，进而推动合格评定的国际化，促进各国质量认证活动结果的相互承认，从而打破非关税壁垒，推动全球经济持续健康发展。进入 90 年代以来，合格评定已经成为当今各国企业样品和服务进入市场的资信评定制度。为正确、有效地开展质量评价活动，消除双边和多边贸易中各国和地区不断出现的"技术性贸易壁垒"和"绿色壁垒"等非关税贸易壁垒，世界贸易组织（WTO）在乌拉圭回合谈判的基础上又补充制定了《实施卫生与植物卫生措施协定》（SPS），将其作为衡量各国工农业样品、服务质量和食品安全等级，协调检验不一致，消除国际和地区贸易中技术壁垒的一项重要举措。合格评定包括了供方（第一方）自我声明、第二方验收和第三方认证在内的所有符合性评价活动。由于实验室出具的检验结果是产生质量评价形成国际贸易和法律纠纷的关键焦点，所以对实验室检验能力的认可也就成了各国质量评价活动中最核心的部分。2000 年 11 月 2 日，中国合格评定国家认可体系成功地与国际实验室合作组织（ILAC）中的 34 个国家和地区的 44 个机构签署了实验室认可的多边互认协议（MRA），迈出了中国实验室检验/校准结果国际互认的关键一步。

6.2　质量认可对实验室的意义

1. 提升能力和获得认可

表明实验室具备了相关准则开展检测和/或校准服务的技术能力。

接受认可机构的监督认可，获得相关认可机构的承认，在认可的范围内使用相关的认证/认可标志。

使实验室的人员、设备、物质条件、检测或校准方法、设施和环境上一台阶。

2．明确责任和强化管理

职责分明，分工明确，建立了可量化的质量目标，便于考核，确保检测质量。

内部管理加强，消除管理盲点，有序地管理各岗位的日常工作。

使实验室的文件管理系统上一台阶。

3．重视培训和合作提高

重视培训，提高员工素质。

建立内部改进机制，便于发现问题、解决问题，多方听取意见，增进客户满意度。

有机会参与国际间实验室双边、多边合作，促进技术的发展。

6.3 质量认可的对象和依据

1．质量认可的对象

实验室认可遵循自愿、无歧视性、专家评审和国家认可的原则。

实验室认可对象包括生产企业实验室在内的第一方、第二方和第三方实验室。

实验室认可的依据是《实验室认可准则》（等同于 ISO/IEC 17025：2005 国际标准）。

2．质量认可的依据

国际上两大标准机构共同推出 ISO/IEC 17025《检测和校准实验室能力认可准则》，到中国则形成 4 个认可部门并采用相应的认可准则。

中国合格评定国家认可：CNAS-CL01《检测和校准实验室能力认可准则》（ISO/IEC 17025）。

中国计量认证：RB/T 214—2007《检验检测机构资质认定能力评定通用要求》。

中国国防科技工业实验室认可：DILAC/AC01:2018《检测实验室和校准实验室能力认可准则》。

军用实验室认可：GJB 2725A《测试实验室和校准实验室通用要求》。

6.4 质量认可的主要种类和区别

1．质量认可的主要种类

① 中国合格评定国家认可、中国计量认证、中国国防科技工业实验室认可和军用实验室认可是权威机构对实验室有能力进行规定类型的检测和/或校准所给予的一种正式承认。

② 质量体系认证指第三方依据程序对样品、过程或服务规定的要求给予书面保证（合格证书）。

③ 客户实验室认可指客户对供应商开发、验证及质量控制实验室的评估和认可程序，通常以 ISO/IEC 17025 和 TS16949 为基础，并包含客户对供应商实验室的特殊要求。

2．质量认可的主要区别

1）质量认可和质量体系认证的区别

质量认可和质量体系认证的区别如表 6-1 所示。

表 6-1 质量认可和质量体系认证的区别

项　目	中国合格评定国家认可、中国计量认证、中国国防科技工业实验室认可和军用实验室认可	质量体系认证
对象	检测实验室或校准实验室	样品、过程或服务
负责机构	权威机构	第三方，权威性不如权威机构
性质	权威机构正式承认可从事某项业务	书面保证，第三方认证机构颁发认可证书
结果	对能力的认可	对符合性的认可
要求	对实验室认可的要求包含了质量体系认证的要求	质量体系认证的要求并不包含对实验室必须具备的技术能力要求

目前，大部分的实验室选择质量认可，而不是选择只通过质量体系认证。

2）质量认证 ISO 9000、ISO 17025 和 GJB 2725A 的区别

质量认证 ISO 9000、ISO 17025 和 GJB 2725A 的区别如表 6-2 所示。

表 6-2 质量认证 ISO 9000、ISO 17025 和 GJB 2725A 的区别

项　目	ISO 9000	ISO 17025	GJB2725A
标准	ISO 9000 族标准是国际标准化组织颁布的在全世界范围内通过的关于质量管理和质量保证方面的系列标准	ISO 17025 是国际性的实验室认可制度	GJB 2725A 是军用实验室认可制度
性质	ISO 9000 为企业提供了一种具有科学性的质量管理、质量保证方法和手段，可以提高企业内部管理水平	ISO 17025 是有关权威机构对校对机构和实验室是否具备特定的校对和试验能力进行认可的一种制度	GJB 2725A 是有关权威机构对校对机构和实验室是否具备特定的校对和试验能力进行认可的一种制度
范围	ISO 9000 认证注册企业整体的质量系统，证明其具有可靠的技术能力	ISO 17025 是保证分析试验结果质量的认可制度，分别审查样品和试验方法的每种组合并给予认可	GJB 2725A 是保证分析试验结果质量的认可制度，分别审查样品和试验方法的每种组合并给予认可
认可机构	中国为中国认监委批准的认证机构	政府授权或法律规定的一个权威机构，所出具的数据国际互认。中国为中国合格评定国家认可委员会（CNAS）	政府授权或法律规定的一个权威机构，所出具的数据国际互认。中国为中国国防科技工业实验室认可委员会（DILAC）

6.5　质量认可对实验室管理体系的要求

① 文件编制：文件分为质量手册、程序文件、作业指导书（操作规程）、记录和表单四个层次。

② 文件发布：文件发布需要分层审批，同时旧文件作废。

③ 人员培训：对新员工上岗、关键岗位持续培训需要制订计划并监督落实情况。

④ 人员监督：对技术管理员工持续监督，需要制订计划并监督落实情况。

⑤ 文件运行与自查：需按体系要求实施运行，出具全流程检测报告，对运行中的问题需及时反馈并修正文件和规范现有的做法。

⑥ 内部审核：目的是验证管理体系运作是否持续符合管理体系文件的要求。通常由质量负责人组织和编制内审计划，对照实际运作、文件、认可准则的符合程度，发现不符合项要督促整改。

⑦ 管理评审：目的是确保体系持续适用和有效，并进行必要的变更和改进。通常每年一次，由最高管理者主持。

6.6 质量认可对实验室技术体系的要求

1. 设备采购

技术要求：明确采购技术要求，如设备的品牌、可靠性和可维修性；确定采购商务条款，如支付和结算方式、违约责任、争议解决、合同价格、责任和义务等。

选择供应商：对供应商需进行调查、评审和考核，评审合格才能列入合格供应商名单，采购要货比三家，要选择品质优、服务好、价格适宜的供应商，采购记录、合同需妥善保存。

2. 设备校准、验收和使用

对于重要和复杂的设备，需要求供应商提供操作方法和安装培训。

对于纳入强制检定的设备，必须由法定计量机构进行检定；对于非强制检定的设备，可以委托具有能力和资质的校准实验室进行检定。

设备在使用前应进行核查/校准，保证测量结果的可溯源性。校准前，实验室应对计量机构提出校准技术要求，包括校准范围、参数、使用用途和准确度要求。当设备完成安装、调试、计量合格及操作培训后，设备管理员组织进行确认和验收，确保设备状态良好，能投入使用，且校准结果满足之前的技术要求。

设备验收后应有设备状态标识，设备管理员应制订设备校准计划和设备档案，档案可包括设备的说明书、合格证、保修卡、光盘、软件、配件耗材、计量证书、验收记录、维修记录、停用记录等。

主要耗材和标准物质需制定验收要求，并保存验收记录。

3. 设备期间核查

有些设备需要通过期间核查来保持设备校准状态的可信度，确保设备、仪器的稳定性，防止因设备、仪器偏移造成不合格或不满意的结果。应制定期间核查的作业指导书，规定期间核查的方法和频次要求，实施并做好核查记录。期间核查与校准的区别是需要关注的。

4. 抽样与样品管理

① 抽样：建立样品控制程序，规定抽样计划和抽样程序，保证抽样样品尺寸适合处置，且无损坏、无变质。

② 样品预处理要求：试验样品在 15～35℃温度之间至少放置 24h。试验样品应确保有代表性、随机性和真实性。

③ 样品管理：建立样品管理程序，样品需有待检、在检、检毕等状态标识，在样品的接收、搬运、储存过程中要妥善防护。样品的储存环境，如环境温度和相对湿度均要达到要求。可用标识卡或条码的方式确保样品的可追溯性。检毕样品退库后要做好登记，按"检测业务协议书"中的双方约定方法进行处置。

5. 设施与环境改造

按照电气检测领域和化学检测领域应用说明的要求进行。

6. 标准查新

关注标准变更信息，建立获取标准信息的渠道。在引入检测标准之前，实验室应证实自身能够正确地运用这些标准方法。如果标准方法发生了变化，应重新进行证实。如果标准更新变化比较大，则要对实验室的原有设施、设备、环境、人员能力，以及文件和记录表格的适用性等进行全方位的再评审确认，必要时进行试验验证。验证的方法可包括使用参考标准或标准物质（参考物质）进行校准、与其他方法所得结果进行比较、实验室间比对、人员比对等。

7. 方法证实和确认

如果采用标准方法，在引入该新方法进行检测时，实验室应证实能够正确地运用这些标准方法，主要从人员能力、设施、环境、新旧标准差异评价、设备和标准物质适用性、文件和记录适用性、质量保证、样品制备等方面进行考虑，即确保人、机、料、法、环的适用性。

如果采用非标准方法，在引入该新方法进行检测时，应确认该方法适用于预期的用途或应用领域的需要。

方法确认的技术主要包括实验室间比对、使用参考标准或标准物质（参考物质）进行校准、对所得结果的不确定度进行评定、不同方法的结果比较等。

8. 测量结果的不确定度评估

首先，应建立测量不确定度评估的程序，规定计算测量不确定度的方法。对于检测实验室，当检测产生数值结果，或者报告的结果是建立在数值结果基础之上时，则需要评估这些数值结果的不确定度。对每个适用的典型试验均应进行不确定度评估。

9. 检测有效性监控

应制订检测有效性监控计划并实施，作为质量保证的措施和手段，以监控检测的有效性。方法包括质量监督员的日常质量监督、对新员工的质量监督、实验室比对和能力验证、定期使用参考物质、分析一个物品不同特性结果的相关性等。

10. 能力验证和实验室比对

能力验证是一种重要的外部质量评价活动。实验室初次申请认可的每个子领域应至少参加过一次能力验证且获得满意结果。通过参加相关的能力验证活动证明其技术能力。

当实验室使用了不同型号设备、多台相同和/或不同方法对同一项目（或参数）出具数据时，其中应至少有一台设备或一种方法参加一次能力验证，并在内部开展仪器设备比对或方法比对，在无适当、适时的常规能力验证计划时，可依据申报项目与范围参加适当的测量认可或实验室比对。当对结果不满意或有问题时，按"不符合检测工作控制程序"处理。

11. 检测经历和典型报告

对实验室的项目、参数必须要有检测经历，或实施过质量控制（如定期使用有证标准物质进行监控），或对检测结果的准确性、可靠性进行过评价、确认（如参加过能力验证或测量认可），被审实验室应准备好检测经历报告（含全过程的检测原始记录、检测协议书、检测流程单等）备查。

6.7 校准和检定的主要区别

校准和检定的主要区别如表 6-3 所示。

表 6-3　校准和检定的主要区别

区　别	校　准	检　定
目的	自行确定监视及测量装置量值是否准确。属自下而上的量值溯源，评定示值误差	对计量特性进行强制性的全面评定。为量值统一，检定是否符合规定要求。属自上而下的量值传递
对象	除强制检定之外的计量器具和测量装置	国家强制检定的计量基准器、计量标准器，用于贸易结算、安全防护、医疗卫生、环境监测的工作计量七类共 59 种
依据	校准规范或校准方法，可采用国家统一规定，也可由组织自己制定	由国家授权的计量部门统一制定的检定规程
性质	不具有强制性，属组织自愿的溯源行为	具有强制性，属法制计量管理范畴的执法行为
周期	由组织根据使用需要自行确定，可以定期、不定期或使用前进行	按国家法律规定的强制检定周期实施
方式	可以自校、外校或自校与外校结合	只能在规定的检定部门或由法定授权具备资格的组织进行
内容	在参考检定规程的大前提下，根据项目具体要求可以评估和协商（通常检定规程中要求评定的项目不一定需要全部评定），评定示值误差	对计量特性进行全面评定，包括评定量值误差
结论	不判定是否合格，只评定示值误差，发出校准证书或校准报告	依据检定规程规定的量值误差范围，给出合格与不合格的判定，颁发检定合格证书
法律效力	校准结论属没有法律效力的技术文件	检定结论属具有法律效力的文件，作为计量器具或测量装置检定的法律依据
CNAS	可适用 CNAS，也可不适用 CNAS	不适用 CNAS

6.8 质量审核常见问题

根据经验，质量认可人员对实验室的审核包括以下内容。

● **审方法**：如试验的具体方法描述，方法能否满足试验的要求；

- 审文件：如各类文件是否完整，文件覆盖的内容是否全面；
- 审样品：如样品操作的流程能否确保唯一性，以及操作的注意事项；
- 审试验：如试验具体的操作细节和详细记录（含试验中断、异常的处理）。

实验室作为被审核方，为确保实验室认可的顺利通过，也为了实验室的管理、质量水平能提升一个台阶，在审核前认真准备是完全有必要的。质量审核常见问题共有以下 13 个类别。

1. 实验室

- 实验室面积；
- 组织架构；
- 管理目标；
- 最高管理者授权；
- 授权申明；
- 质量负责人；
- 技术负责人；
- 质量方针；
- 质量手册；
- 质量目标；
- 质量监督程序；
- 人员清单；
- 人员矩阵图（通常一个技术岗位需要有两个人操作）；
- 项目设备表格；
- 合同评审程序；
- 服务客户程序；
- 信息安全；
- 存档流程；
- 保密条款；
- 岗位授权和任命（如工程师的认定、流程）；
- 温湿度计（有点检频次和记录，或使用电子式/纸质打卡式温湿度记录仪）。

2. 设备/仪器

- 设备采购流程的负责人；
- 设备列表；
- 设备能力（设备的能力能满足试验的要求）、验证计划；
- 设备定义；
- 设备技术要求；
- 设备验收记录；
- 设备计量要求；
- 标定单位有专业的标定资质；
- 需标定设备、仪器、加速度传感器的清单；
- 标定的设备、仪器、加速度传感器的标定报告（通常检定报告中需包含测量不确定度、测试日期、委托方和试验地址、日期、样品编号、检测值记录，标定物在未拿到最新的标定报告前是禁止使用的，除非第三方标定机构已经在标定物上贴了标定合格标签，通常为确保标定物不因标定而无法使用，可以采取提前标定的方法）；

- 标定的设备、仪器、加速度传感器上贴有在有效期内的标定标签；
- 设备、仪器、加速度传感器标定的内容相对于相关标准条目是否完整；
- 设备、仪器标定的量程能否覆盖试验要求的量程（含高/低量程，如果不是，要有量程外限制使用的措施/标识，如试验用到的最高/低频率、最高加速度，通常标定的量程需要满足试验要求的量程，温度箱标定的温湿度范围建议是温湿度范围的 4 个角点和中间 1 个点）；
- 加速度传感器的标定，常见的有频域标定和时域标定，频域标定是通过频响确定传感器的性能，一般推荐在 20～2000Hz、10g 的范围内测量灵敏度的频率响应（常见的测量方法有两种：测量相同的加速度在不同频率的响应和测量不同的加速度在相同频率的响应），时域标定是通过冲击脉宽得到传感器在动态范围内的性能，两种方法均需要每年更新传感器参考点的灵敏度，有条件时传感器建议带温度标定；
- 正在标定加速度传感器的使用替补；
- 设备标定报告的评判；
- 没有过期的设备期间核查报告（期间核查的目的是看设备在两次标定期间偏差的可接受程度）；
- 主要设备能力比对报告；
- 含受控章的设备操作指导书；
- 设备维修单/设备维修记录汇总清单；
- 设备维修再标定指导书；
- 设备点检记录（需包含点检日期、签名）；
- 设备上贴有统一的固定资产标识；
- 设备上贴有统一的运行状态标识。

3. 夹具（针对机械类试验）

- 制作夹具的材料、型号；
- 夹具的正确使用（如夹具的特性检查）；
- 夹具的报废计划；
- 夹具的摆放区域是否与流程上的描述一致。

4. 工具

- 不同扭力的扭力扳手；
- 其他必要的工具。

5. 易耗品

- 易耗品的技术要求；
- 易耗品的验收记录；
- 采购的日期；
- 保证品质的措施；
- 保质期；
- 物品的借用清单。

6. 样品

- 样品标签（需包含试验样品的编号、试验前/后状态，能证明样品的唯一性和确保样品的可追溯性）；
- 样品流转表（含样品的状态、已经做过的试验、详细领用与归还记录）；
- 样品交接单；
- 样品检查清单；
- 试验前后样品的摆放区域是否与流程上的描述一致；
- 样品存储区域环境满足标准（如 IEC 60068-2-1）要求。

7. 试验

- 测试标准；
- 试验委托单；
- 试验计划（通常需根据样品质量计划抽取样品做试验）；
- 含有受控章的试验操作指导书；
- 加速度传感器灵敏度的使用（含核对正在使用的传感器灵敏度，需要注意的是传感器标定后需要使用标定后重新给出的灵敏度）；
- 试验点检记录；
- 试验状态标牌（如试验现场无人值守的耐久试验旁边应有正在试验的标牌且附有准确有效的试验委托单，委托单上需注明负责试验人员的联系方式）；
- 详细的试验记录，如果试验有异常/中断，应记录：
  - ➢ 试验异常/中断的时间和现象描述，如时间、原因、设备状态、样品状态
  - ➢ 试验异常/中断的原因分析和风险评判，如过试验、欠试验、试验不受影响
  - ➢ 试验异常/中断的后续处理，如样品是否从设备上取下、是否更换新的样件、不做处理继续试验、试验再启动时间、终止试验等
- 试验报告；
- 试验过程的原始数据记录；
- 试验分包记录（如果试验是分包的）；
- 测试方法和要求（如采用的标准、版本、有效性、客户的确认）；
- 试验环境的温湿度控制和记录（实验室内应摆放有温湿度计）；
- 温湿度箱走线孔的密封处理（可以用耐高低温的橡皮泥密封）。

8. 公正

- 有政策和程序避免造成任何能力、公正性、判断性的降低；
- 能确保管理人员和员工不会受到外部压力；
- 能确保与客户、供应商的公正程序；
- 对员工的公正性、保密培训；
- 员工入职的公正性承诺书；
- 内审结果。

9. 招聘与培训

- 人员招聘的评估、面谈记录；

- 培训记录（培训应能使操作人员熟知试验设备的原理及操作，记录应包含课程名称、培训要点、培训内容、操作要点）；
- 考核记录（笔试、操作）；
- （定期）培训记录；
- 对岗位中断的培训规定；
- 固定的交流、会议记录。

10. 文件（内部、外部、标准、试验记录）

- 文件清单总表（含管理流程、有效期）；
- 文件的备份（含电子版）、季度控制、保存；
- 文件的放置路径和注释；
- 文件是否统一管理、存放；
- 文件的控制程序（如可阅读的人员范围）。

11. 客户/供应商

- 设备、易耗品试验供应商的清单；
- 供应商的评定（如资质、证书、评估过程、定点、评估报告）；
- 供应商的年度监控报告；
- 在有效期内的供应商质量认可证书；
- 供应商的质量过程控制；
- 供应商的飞行检查记录。

12. 溯源

- 测量的溯源程序；
- 记录的控制程序、权限；
- 新项目的评审程序。

13. 投诉

- 处理投诉的指导书（如改进程序、批准责任人、预防措施、9D）；
- 以往的投诉记录；
- 客户满意度表；
- 不符合、异常情况的处理流程。

6.9 低温测量方法不确定度（举例）

1. 测量方法

样品通入 220V 电源，氖灯即亮，开启低温箱（设置温度为-40.0℃），此刻样品温度由常温开始向低温-40.0℃渐变运行，在低温箱显示温度为-16.58℃的瞬间，氖灯熄灭。现对本次试验测量结果进行测量不确定度评定。

2. 数学模型

由于泄漏电流可在测量仪上直接读取，故

$$t_x = t_N$$

式中　t_x——样品在低温箱中的实际温度（℃）；

　　　　t_N——低温箱温度显示仪表的相应读数（℃）。

3. 灵敏系数

$$c_i = \frac{\partial f}{\partial x_i} = 1$$

式中，x_i 为输入函数，比如某一点的温度或湿度；$\dfrac{\partial f}{\partial x_i}$ 是 x_i 偏导数。

4. 不确定度分析

温度显示仪表读数标准不确定度 $u(t_N)$ 引入的标准不确定度分量为 u_i；$u(t_N)$ 是合成标准不确定度，它由下列不确定度分量构成：

- 重复性条件下重复测量引入的标准不确定度分量 u_1（A 类评定）；
- 低温箱温度显示仪表示值精度引入的标准不确定度分量 u_2（B 类评定）；
- 低温箱内温度波动引入的标准不确定度分量 u_3（B 类评定）；
- 低温箱内温度均匀度引入的标准不确定度分量 u_4（B 类评定）。

不确定度评定分为 A、B 两类，用对观测列进行统计分析的方法来评定标准不确定度，称为 A 类不确定度评定；用不同于对观测列进行统计分析的方法来评定标准不确定度，称为 B 类不确定度评定。对于测量重复性引入的标准不确定度用 A 类不确定度评定，对于其他来源引入的不确定度用 B 类不确定度评定。

5. 标准不确定度一览

标准不确定度一览如表 6-4 所示。

表 6-4　标准不确定度一览

标准不确定度分量 u_i	不确定度来源	标准不确定度值（℃）	灵敏系数 $c_i = \partial f / \partial x_i$	$\lvert c_i \rvert \times u(x_i)$	自由度
u_1	重复性误差	0.26	1	0.26	2
u_2	仪器精度允许误差	0.06	1	0.06	50
u_3	仪器温度波动度误差	0.29	1	0.29	50
u_4	仪器温度均匀度误差	1.15	1	1.15	8
U_p 是包含概率为 p 的扩展不确定度，假定某点的温度 $U_p = 2.72$℃或湿度 $U_p = 12.5\%$，则有效自由度 $v_{eff} = 10$，包含因子 $k_p = 2.23$					

6. 标准不确定度分量评定

1) A 类不确定度分量的计算

A 类不确定度即测量重复性引入的标准不确定度分量，用 u_1 表示。

实验中进行了三次重复测量，根据贝塞尔公式算得 $u_1 = 0.26$℃。实际检测中只进行一次，则

$$u_1 = \sqrt{\frac{\sum_{i=1}^{n}(x_i - \bar{x})^2}{n(n-1)}} = 0.26℃$$

$$v_1 = n - 1 = 2$$

2）B 类不确定度分量的计算

① 由低温箱温度显示仪表示值精度引入的标准不确定度分量 u_2。

根据仪器说明书，显示仪表示值精度为 ±0.1℃，正态分布，取 $k=\sqrt{3}$，估计其相对不确定度为 10%，得

$$u_2 = \frac{0.1}{\sqrt{3}} \approx 0.06℃$$

$$v_2 = \frac{1}{2 \times \left(\frac{10}{100}\right)^2} = 50$$

② 由低温箱内温度波动引入的标准不确定度分量 u_3。

根据仪器说明书，低温箱温度波动为 ±0.5℃，正态分布，取 $k=\sqrt{3}$。估计其相对不确定度为 10%，得

$$u_3 = \frac{0.5}{\sqrt{3}} \approx 0.29℃$$

$$v_3 = \frac{1}{2 \times \left(\frac{10}{100}\right)^2} = 50$$

③ 由低温箱内温度均匀度引入的标准不确定度分量 u_4。

根据仪器说明书，低温箱温度均匀度为 ±2℃，正态分布，取 $k=\sqrt{3}$。估计其相对不确定度为 25%，得

$$u_4 = \frac{2}{\sqrt{3}} \approx 1.15℃$$

$$v_4 = \frac{1}{2 \times \left(\frac{25}{100}\right)^2} = 8$$

7. 合成标准不确定度

根据上述计算结果可得

$$u_c = \sqrt{u_1^2 + u_2^2 + u_3^2 + u_4^2}$$

$$= \sqrt{0.26^2 + 0.06^2 + 0.29^2 + 1.15^2} \approx 1.22℃$$

$$u_{cref} = \frac{1.22}{21.6} \times 100\% \approx 5.6\%$$

8. 有效自由度的计算及包含因子的确定

根据上述计算结果可得

$$v_{\text{eff}} = \frac{u_c^4}{\sum \dfrac{c_i^4 u_i^4}{v_i}}$$

$$= \frac{1.22^4}{\dfrac{1^4 \times 0.26^4}{2} + \dfrac{1^4 \times 0.06^4}{50} + \dfrac{1^4 \times 0.29^4}{50} + \dfrac{1^4 \times 1.15^4}{8}} \approx 10$$

$$k_p = t_p(v_{\text{eff}}) = t_{0.95}(10) = 2.23$$

（取置信概率 p=0.95，按有效自由度 v_{eff}=10 查 t 分布表，得 $t_p(v_{\text{eff}})$ 即包含因子 k_p=2.23。）

9. 扩展不确定度

$$U_p = k_p u_c = 2.23 \times 1.22 \approx 2.72℃$$

$$U_p = k_p u_{c\text{ref}} = 2.23 \times 5.6\% \approx 12.5\%$$

10. 不确定度的最后报告

不确定度结果为：$U_p = 2.72℃$ 或 12.5%，$v_{\text{eff}} = 10$，$k_p = 2.23$。

6.10 低温测量审核试验（举例）

1. 低温测量审核试验说明

1）依据标准说明

本次试验依据 GB/T 2423.1—2008《电工电子产品环境试验 第 2 部分：试验方法 试验 A：低温》进行。

2）试验步骤

试验基本步骤如下。

① 按如图 6-1 所示的线路连接样品。

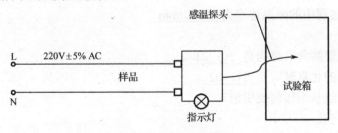

图 6-1 连接样品线路

试验供电电源：220V±5% AC，50Hz±1%，电路导线横截面积为 1.0mm²。

② 将样品放置在试验箱外，将样品感温探头放入试验箱中。

③ 接通电路，开启试验箱，从常温开始降温，观察指示灯状态，至指示灯熄灭，记录指示灯熄灭瞬间样品的动作温度。

3）样品的注意事项

在试验的准备和试验中，不要过度折叠或折断温控器的毛细管，不要对样品进行拆卸，否则可能会对试验结果产生影响。

4）样品外观

样品外观如图 6-2 所示。

图 6-2　样品外观

2. 低温测量审核试验调查表

① 实验室名称：　××环境实验室　。

② 试验开始时，低温箱所在环境初始温度是 20.0℃ （保留小数点后一位数字）。

③ 试验开始时，低温箱所在环境初始湿度是 40.0% （保留小数点后一位数字）。

④ 试验开始时，低温箱所在环境初始大气压是 101.7×10³Pa 。

⑤ 试验过程中实验室环境的温度和湿度有否控制？■是，□否

⑥ 试验过程中实验室环境的温度是 22.0℃ （保留小数点后一位数字）。

⑦ 试验过程中实验室环境的湿度是 61.8% （保留小数点后一位数字）。

⑧ 试验过程中，实验室内是否开启风扇？□是　■否

⑨ 低温试验箱的有效容积为 0.34m³ （保留小数点后一位数字）。

⑩ 低温试验箱的温度传感器类型为 PT100Ω/MV 。

⑪ 实验室低温箱的温度变化速率为：

■可调，试验过程中的降温速率为 0.8℃/min

□不可调

⑫ 样品开始试验的北京时间是 10：21 。

⑬ 氖灯熄灭时的北京时间是 11：02 。

⑭ 试验电路导线从箱体何处引出？

■箱体自带引出孔

□箱体门缝

□其他，描述＿＿＿＿＿＿＿＿＿＿＿＿＿＿＿＿

⑮ 低温试验箱的冷却方式是 风冷机械制冷方式 。

⑯ 温控装置的动作温度的读取通过：

■ 箱体自带显示温度

□ 其他温度监控仪器，说明名称及规格：＿＿＿＿＿＿＿＿＿＿＿＿＿＿

⑰ 低温箱内温度传感器安装位置如何？

低温箱内温度传感器安装位置如图 6-3 所示。

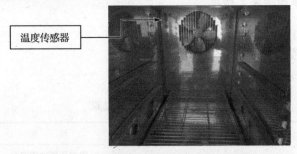

温度传感器

图 6-3　低温箱内温度传感器安装位置

⑱ 温控装置在低温箱内的安装位置和方式如何？

温控装置在低温箱内的安装位置和方式如图 6-4 所示。

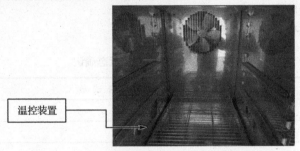

温控装置

图 6-4　温控装置在低温箱内的安装位置和方式

⑲ 分析本次试验中温度测量的不确定分量有哪些？

● 低温箱温度显示仪表示值精度引入的标准不确定度分量；

● 低温箱内温度波动引入的标准不确定度分量；

● 低温箱内温度均匀度引入的标准不确定度分量；

● 重复性条件下重复测量引入的标准不确定分量。

⑳ 试验中使用的仪器设备有哪些？

试验中使用的仪器设备如表 6-5 所示。

表 6-5　试验中使用的仪器设备

仪器设备名称	型号	生 产 厂 家	量 程 范 围	准确度或最大允许误差	仪器设备的分辨率
高低温交变试验箱	C7-340	伟思富奇环境试验仪器（太仓）有限公司	−70～+180℃	±0.1℃	±0.1℃

注：需提交所用设备的计量/校准证书复印件。

㉑ 偏离试验要求的说明：

_____

_____

_____

3. 低温试验测量审核结果上报单

上报单应包含以下内容。

（1）样品的测量结果

样品的测量结果如表 6-6 所示。

表 6-6　样品的测试结果

项　目	样　品
	温控装置动作温度
测量结果	−12.42℃
测量不确定度	$U_p=2.72℃$，$v_{\text{eff}}=10$

（2）被测物品接受状态确认

被测物品接受状态确认如表 6-7 所示。

表 6-7　被测物品接受状态确认

试验名称	低温试验		
组织机构			
发送机构			
电话传真		联系人	
运输单据号码		发送日期	
发送状态	完好■　　不完好□		
接受实验室名称： 联系地址： 邮编： 联系电话/传真： 联系人：　　　　　接受人签名：			
接受时，被测物品状态是否良好：是　■　　　　否　□			
如需要，对接受状态进行详细说明：			
备注：			

6.11　比对试验（举例）

1. 检测场地

（1）主要检测设备

主要检测设备如表 6-8 所示。

表 6-8　主要检测设备

仪 表 名 称	厂 家	型 号	序 列 号	校 准 日 期	校 准 周 期
电动振动台	苏试	DC-100-2	201618354	2020 年 4 月 16 日	1 年
振动控制仪	亿恒	VT-9002	201765283	2020 年 3 月 2 日	1 年
传感器	PCB	352C33	LW157661	2020 年 3 月 26 日	1 年
	KISTLER	8702B100	C123566	2020 年 3 月 26 日	1 年

注：本次比对由管理委员会统一给出响应传感器。

（2）检测环境

温度：22～23℃；

湿度：51%～54%；

大气压：101.1kPa。

2．振动比对试验

1）比对样品

比对样品具有敏感的频率特性，具体要素为在某个或某几个频率点上，样品具有很大的响应输出；当试验频率稍微偏离上述频率点时，样品的响应要迅速减小；当试验频率远离上述频率点时，样品的响应要平稳一致。为此，确定用苏州苏试试验仪器股份有限公司生产的 3.2t 电动振动台标尺作为比对样品，具体尺寸如图 6-5 所示。

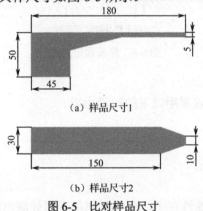

（a）样品尺寸1

（b）样品尺寸2

图 6-5　比对样品尺寸

振动台标尺具有上述谐振器要求的频率特性。此外，标尺还具有如下优点。

① 在结构上属于一体成型，在连锁实验室间循环往复寄送时运输环境对其结构影响小。

② 对粘贴在其上的传感器位置和质量偏差敏感度较低。

2）标准要求

试验依据标准：《实验室间振动能力比对实施指南》。

3）试验用传感器

试验用传感器包括控制传感器和响应传感器。控制传感器要求始终固定于扩展台面中心，并且采用单点控制；响应传感器粘贴于比对样品上，要求如下。

① 灵敏度高，以提高响应信号的信噪比。

② 质量轻，以减小粘贴位置不确定性给比对结果带来的影响。

4）样品固定方式

采用压块压紧固定方式，压紧力矩大小既要保证能将比对样品紧固，又要能适应试验台面要求，具体固定方式如图 6-6 所示。

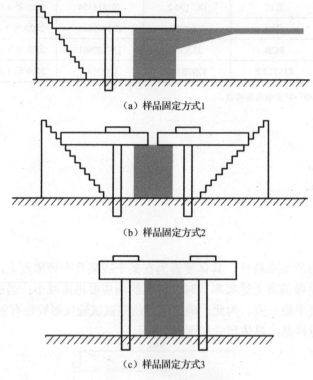

（a）样品固定方式1

（b）样品固定方式2

（c）样品固定方式3

图 6-6　样品固定方式

5）紧固螺钉和力矩的选择

根据 QC/T 518—1999，建议采用以下的拧紧力矩。

● 机械性能：8.8 级；

● 螺纹直径：10mm；

● 建议拧紧力矩：60N·m。

6）传感器的安装位置

本次使用的比对样品的特殊性在于，距压紧部位不同处测出的共振频率和响应量级相差较大，为了保证测试数据的真实、可靠，对响应检测点的位置进行统一规定，结合图 6-5 所示尺寸，确定检测传感器的安装位置，具体如图 6-7 所示。

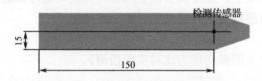

图 6-7　检测传感器安装位置

7）试验类型

使用正弦扫频方式来检测比对样品的共振频率。

8）试验量级

正弦扫频试验量级为 0.2g。

9）试验频率范围

试验频率范围为 5～2000Hz。

10）扫频速率及方式

扫频速率为 1oct/min。如果多次重复试验发现样品的谐振频率 f_n 差异较大，在排除样品疲劳损坏的可能后，可在（0.8～1.2）f_n 范围内降低扫频速率重新寻找共振频率，此时扫频速率为 0.5oct/min。

11）试验次数

按图 6-6 所示固定方式安装，每种安装方法进行不少于 3 次的正弦扫频。

注：当某次试验结果测得的共振频率明显小于之前结果时，需检查样品是否发生疲劳损坏。

12）对试验设备的要求

试验系统的频率容差应符合如表 6-9 所示的共振频率容差规定。

表 6-9 共振频率容差规定

频率范围	容差	备注
0.5Hz	±0.05Hz	容差指多次测量求平均值后，不同实验室、不同试验人员的测试结果差异
0.5～5Hz	±10%	
5～100Hz	±0.5Hz	
>100Hz	±0.5%	

13）不确定度计算公式

（1）A 类标准不确定度 U_A

具体计算方法如下。

$$\left\{ \begin{array}{l} U_A = \dfrac{S_A}{\sqrt{n}} \\[3mm] S_A = \sqrt{\dfrac{1}{n-1}\sum_{i=1}^{6}(X_i - \bar{X})^2} \\[3mm] \bar{X} = \dfrac{1}{n}\sum_{i=1}^{n}X_i \end{array} \right. \tag{6-1}$$

式中　U_A——A 类标准不确定度，结果保留小数点后三位；

　　　S_A——样品母体方差的无偏估计，结果保留小数点后三位；

　　　$\bar{X}$——测量结果平均值，结果保留小数点后三位；

　　　X_i——每次的测量结果。

（2）B 类标准不确定度 U_B

具体计算方法如下。

$$U_B = \dfrac{a}{K} \tag{6-2}$$

式中　U_B——B 类标准不确定度，结果保留小数点后三位；

　　　a——区间半宽度，数值等于设备校准证书给出的频率扩展不确定度乘以检测出的共振频率，结果保留小数点后三位；

K ——包含因子，推荐使用 2。

（3）合成标准不确定度

由于 U_A 和 U_B 各自独立不相关，因此合成标准不确定度 U_C 的计算公式为

$$U_C = \sqrt{U_A^2 + U_B^2} \tag{6-3}$$

（4）扩展不确定度

当置信水平为 95.45% 时，$K=2$，可得扩展不确定度 U 的计算公式为

$$U = 2 \times U_C \tag{6-4}$$

最终给出的数据结果为（$\bar{X}_{-U}$，$\bar{X}_{+U}$），$\bar{X}$ 和 U 均保留至小数点后两位。

3. 结果评定要求

要给出频率的不确定度及响应平均值。

记录每次扫频结果的分辨率达到 0.001Hz，最后结果（含不确定度）精确至 0.01Hz。

4. 试验结果

1）扫频试验结果

扫频试验结果如表 6-10 所示。

表 6-10   扫频试验结果

共振频率（Hz）	响应加速度（g）	控制加速度（g）	安装方式	$\bar{X}$（Hz）
404.556	24.864	0.202		
404.556	25.954	0.202	见图 6-6（a）	404.556
404.556	26.527	0.202		
405.741	18.895	0.200		
405.741	19.398	0.200	见图 6-6（b）	405.741
405.741	19.592	0.200		
403.373	20.828	0.199		
403.373	20.954	0.199	见图 6-6（c）	402.98
402.194	20.742	0.198		

2）不确定度计算结果

不确定度计算结果如表 6-11 所示。

表 6-11   不确定度计算结果

U_A	U_B	U_C	U	安装方式
0	1.011	1.011	2.022	见图 6-6（a）
0	1.014	1.014	2.028	见图 6-6（b）
0.393	1.007	1.377	2.754	见图 6-6（c）

3）最终结果

最终结果如表 6-12 所示。

表 6-12　最终结果

响应频率范围（Hz）	安装方式
402.53～406.58	见图 6-6（a）
403.71～407.77	见图 6-6（b）
400.23～405.73	见图 6-6（c）

5. 不确定度计算

1）A 类标准不确定度 U_A 计算

具体计算方法见式（6-1）。

对于图 6-6（a）、(b) 所示安装方式，三次试验结果相同，$U_A=0$；

对于图 6-6（c）所示安装方式，$\overline{X}=402.98$，$S_A=0.681$，$U_A=0.393$。

2）B 类标准不确定度 U_B 计算

具体计算方法见式（6-2）。

① $a=0.5\%×$共振频率，$K=2$。

② 对于图 6-6（a）所示安装方式，$a=0.5\%×404.556≈2.023$，$U_B=1.011$。

③ 对于图 6-6（b）所示安装方式，$a=0.5\%×405.741≈2.029$，$U_B=1.014$。

④ 对于图 6-6（c）所示安装方式，$a=0.5\%×402.98≈2.015$，$U_B=1.007$。

3）合成标准不确定度计算

具体计算方法见式（6-3）。

① 对于图 6-6（a）所示安装方式，$U_A=0$，$U_B=1.011$，$U_C=1.011$。

② 对于图 6-6（b）所示安装方式，$U_A=0$，$U_B=1.014$，$U_C=1.014$。

③ 对于图 6-6（c）所示安装方式，$U_A=0.393$，$U_B=1.007$，$U_C=1.377$。

4）扩展不确定度计算

具体计算方法见式（6-4）。

① 对于图 6-6（a）所示安装方式，$U_C=1.011$，$U=2.022$。

② 对于图 6-6（b）所示安装方式，$U_C=1.014$，$U=2.028$。

③ 对于图 6-6（c）所示安装方式，$U_C=1.377$，$U=2.754$。

6. 试验结果调查表

（1）试验单位：_____

（2）试验操作人员：_____

（3）试验日期：____年_____月_____日

（4）环境温度：_22～23_（℃），环境湿度：_51～54_（%RH）

（5）振动台型号/编号：_____，控制仪型号/编号：_____

（6）振动台投入使用：_2_（年），控制仪投入使用：_2_（年）

（7）压板压紧力矩：_60_（N·m）

每次扫频前进行压板力矩检查：■是　□否

（8）响应传感器质量：_____（g）

注：本次比对统一由管理委员会发出，所以此项不需给出

（9）压紧螺钉中心到响应传感器中心距离：<u>160</u>（安装方式见图 6-6（a））、<u>135</u>（安装方式见图 6-6（b）、图 6-6（c））（mm）

（10）试验扫频方式：<u>正弦扫频</u>，应力量级：<u>0.2g</u>

（11）试验频率范围：<u>5～2000</u>（Hz）

（12）比对样品一阶共振频率及响应量级（精确到 0.001Hz）见扫频试验结果

① 安装方式见图 6-6（a）

第一次：<u>402.534～406.578</u>　　　　第二次：<u>402.534～406.578</u>

第三次：<u>402.534～406.578</u>

试验结果：<u>402.53～406.58</u>（Hz）（精确到 0.01Hz）

② 安装方式见图 6-6（b）

第一次：<u>403.71～407.77</u>　　　　第二次：<u>403.71～407.77</u>

第三次：<u>403.71～407.77</u>

试验结果：<u>403.71～407.77</u>（Hz）（精确到 0.01Hz）

③ 安装方式见图 6-6（c）

第一次：<u>400.62～406.14</u>　　　　第二次：<u>400.62～406.14</u>

第三次：<u>399.44～404.95</u>

试验结果：<u>400.23～405.73</u>（Hz）（精确到 0.01Hz）

（13）试验偏离要求的说明

_____

_____

6.12　期间核查

使用频率高、易损坏、性能不稳定的设备/仪器，在使用一段时间后，由于操作方法、环境条件、移动、振动等因素的影响，并不能保证其检定或校准状态的持续可信度。为了了解设备/仪器的状态，维护其在两次校准期间校准状态的可信度，减小由于其稳定性变化造成的结果偏差，有必要对其进行期间核查。通过期间核查可以增强实验室的信心，保证检测数据的准确、可靠。

1. 加速度传感器的期间核查

可采用手持便携式振动校准器辅助完成。

例如，B&K 4294 手持便携式振动校准器是在 159.15Hz 给出一个 RMS 值为 10m/s² ±3%的恒定加速度（需要注意的是，不同型号的手持便携式振动校准器给出的参数也许是不同的，有的给出的是 RMS 值，有的给出的是峰值）。

核查方法为将加速度传感器连接到振动控制仪，再将加速度传感器固定到振动校准器上，开启振动校准器，在振动控制仪（通常在系统检测中）中核查振动频率和振动量级是否与振动校准器的固定频率和量级保持一致。偏差的接受标准是需要定义的（需要注意的是，核查的单位需要与手持便携式振动校准器的单位保持一致）。

例如，用 B&K 某型号手持便携式振动校准器进行期间核查，该振动校准器给出了一个 RMS 值为 10m/s² 的恒定振动加速度，则核查结果的偏差是传感器的 RMS 值在定义的范围内即可（如

10%）。

再如，如果手持便携式振动校准器给出的是峰值，则核查结果是加速度峰值（或最大值-最小值/2）的偏差在定义的范围内即可（如 10%）。

2. 振动台的期间核查

可采用手持便携式振动校准器辅助完成。核查方法如下。

① 选用振动系统的一个通道作为控制通道（控制点最好摆放在振动台面的中间位置），启动振动台。

② 选用振动系统的另一个通道接入振动校准器作为测量通道，开启振动校准器；

③ 在振动控制仪中核查控制通道与测量通道的振动频率和量级是否保持一致。偏差的接受标准是需要定义的（如 10%）。

3. 温湿度试验箱的期间核查

可采用温度采集仪和热电偶辅助完成。核查方法为将接在温度采集仪上的热电偶放入温湿度试验箱，再按正常试验（温湿度范围是日常工作中需要用到的温湿度）启动温湿度试验箱。比较温湿度试验箱控制系统采集到的温湿度与温度采集仪采集到的温湿度是否一致。偏差的接受标准是需要定义的。

6.13　环境审核常见问题

1. 消防安全

① 消防通道是否被阻挡。

② 消防门是否被锁闭。

③ 按照逃生指示牌的指向，是否能到达逃生出口。

④ 消防器材前方是否有阻碍。

⑤ 消防器材、设施是否有每月检查记录。

⑥ 常闭式防火门是否敞开，是否被木楔或杂物挡住导致其无法自动关闭。

⑦ 常闭式防火门是否可关闭严密，锁舌是否可插入锁孔。

⑧ 气体灭火系统保护区域内的工作人员是否知道喷放指示灯亮起后 30s 内撤离，是否有培训记录。

2. 电气安全

① 所有的电气柜、箱是否上锁，钥匙是否交给持有电工证的人员保管。

② 电气柜、箱是否有接地。

③ 临时用电是否由专业人员操作。

④ 拖线板是否有两个以上串接。

⑤ 电线绝缘是否完好，是否有破损。

⑥ 插头、插座使用是否符合标准（不同标准的插座、插头不能对插）。

⑦ 是否有个人电气设备，如电热水壶、咖啡机、微波炉及其他加热设备在工作区域使用。

3. 化学品安全

① 化学品是否合法。

② 化学品盛放容器上是否标识完整（如名称、有毒有害标识、易燃易爆标识）。

③ 是否用替代容器盛放化学品（如矿泉水瓶、水杯、饮料瓶，化学用品严禁用饮料瓶等替代容器盛放）。

④ 化学品柜是否上锁，接地是否完好，钥匙是否由专人保管。

⑤ 存放的化学品是否贴有化学品标签，实物是否与清单相符。

⑥ 化学品的清单是否每年回顾、更新和记录。

⑦ 接触危险化学品的人员（含接触危废的辅助人员）是否得到了相应培训，是否有培训记录。

⑧ 危险化学品使用和储存现场是否配足可用的防化物品和器材，如洗眼液、吸附棉等；现场是否张贴化学品标签并准备了相应的应急处理器材。

⑨ 核查防化物品的有效期、正确性、领用记录，保证存储的安全性。

⑩ 是否存在任何非法、可疑的化学品，或者有任何疑难问题。

4. 设备安全

① 负责的标准设备和非标设备（不含小型仪器、正在调试阶段的设备）是否经过安全验收，并在设备上贴有安全验收标识。

② 改造升级、移位后的设备是否重新经过安全验收。

③ 设备是否有良好的接地，并且有定期检查接地状况的记录。

④ 用于站人的金属踏步、金属平台、金属地板等是否接地，并有定期检查接地状况的记录。

⑤ 停用的设备、正在调试的设备是否做好了标识。

5. 试验现场安全

① 试验的安全操作指导书应详细说明试验的防护等级，如操作哪些产品需要做哪些防护处理和操作人员需要穿戴哪些劳防用品；防护等级要合理，定低了会导致试验出现安全/质量问题，定高了会导致浪费。

② 试验人员是否按安全操作指导书操作试验和穿戴了规定的劳防用品（如涉及危害因素的岗位是否做了防静电处理和操作人员穿戴了防静电用品）。

③ 试验用登高梯是否是正规的登高梯，是否完好无损（试验人员不能站在替代物上操作，如办公椅子上）。

④ 是否随便把汽油、油漆等常用的易燃易爆化学品带到工作现场。

⑤ 急救箱内药品是否过期、短缺，是否有领用记录。

⑥ 事故、险兆事故是否逐级报告，是否有记录和后续跟踪措施。

⑦ 有害垃圾是否分类收集、存放、处理，接触人员是否接受过应急处理等相应培训，台账是否齐全。

⑧ 有害垃圾储存场所、运输器具是否有相应的标识。

⑨ 有害垃圾与无害垃圾是否混放。

第 7 章 发展与未来

本章主要介绍振动环境试验的起源、现状和未来的发展前景，目的是引发实验室人员面对未来的思考，为未来做准备。

7.1 环境试验的起源

环境对产品的影响是在 20 世纪 30 年代末，特别是在第二次世界大战中才开始受到人们的重视的。那时，在热带和亚热带地区使用的电子产品遇到了当时称之为"气候劣化"的问题。尤其是在第二次世界大战的战场上，由于受各种恶劣环境的影响，出现了许多问题。据当时美国空军的调查和统计，产品的损坏有 52% 是由恶劣环境引起的。其中受温度影响而损坏的占 21%，受振动影响而损坏的占 14%，受潮湿影响而损坏的占 10%，受沙尘、盐雾影响而损坏的占 7%⋯⋯环境影响使许多产品失灵、失效及误动作，从而贻误了不少战机，造成了很大的损失。这就迫使各先进的工业国家从一连串的战争损失报告开始着手解决产品的环境适应性问题。

7.2 过去和现在的振动环境试验

振动环境试验是从简单到复杂慢慢发展起来的。为验证产品实际振动环境的适应性，早期的振动试验只能把试件放在实际情况下去考核，如汽车的跑车试验。

由于汽车工业、航空工业的发展，振动问题越来越复杂，单纯的外场振动试验已不能满足要求，人工模拟振动环境试验已经成为保证高质量所必不可少的重要环节，因此，随着振动试验技术的进步，逐渐产生和发展了机械振动台、电动振动台、液压式振动台、水平滑台，正弦振动试验在实验室得到了广泛的应用。高速飞行的飞机、火箭产生的随机振动环境更为复杂、严酷。20 世纪 80 年代，随机振动、随机加正弦等混合型振动都已在实验室实现。随着振动试验技术的进一步发展，多向振动台、多点同步或非同步振动的多轴试验系统和控制系统也得到了工程应用。综合环境试验用振动台系统的产生，使人工模拟振动环境试验的实验室试验具有典型化、规范化、使用方便和便于比较等优点。振动试验方法目前已主要发展为线性振动和非线性振动（理论研究和近似分析方法）、随机振动、振动信号采集和处理三个方面。

7.3 现在振动环境试验的问题

随着科技的进一步发展，电子产品更趋复杂化，产品使用环境越来越严酷，对产品质量的要求越来越高，对振动环境试验的要求也更趋于严格，新的问题又开始显现，主要体现在以下几个方面。

① 振动环境试验的特点是尽可能地模拟真实的环境，但在产品设计阶段是根本不可能的，

按产品通过、不通过为鉴定指标的试验方法，即使产品暴露了设计缺陷，由于试验是在产品设计完成之后进行，已经没有很多的时间修改，使产品可能存在潜在缺陷，随时都可能在外场使用时暴露并引起故障。

② 振动环境试验设备的性能、控制精度无法完全跟上试验要求发展的速度。

③ 目前国内的标准很多是由国际标准翻译过来的，其中很多参数与国内的真实应用环境不匹配，也缺乏有说服力的数据支撑，导致很多试验没有起到模拟现场的作用，出现了不少产品试验通过，而在实际使用现场出现问题的情况。另外，试验结果的可信度也不高。

④ 很多的实验室仅仅是提供了一个产品或一项服务，是为了试验而试验，试验人员并不知道为什么这么做。

7.4 未来的振动环境试验

未来的振动环境试验具有很广阔的发展前景。随着科技的进一步发展，未来试验行业结构中的劳动密集型和资源密集型产业比重将下降，先进智能性、战略性新兴产业等技术和知识密集型产业比重将提高，如机器人、互联网、大数据、人工智能等新一代信息技术将与试验行业深度融合，行业的数字化、智能化水平将会提高；试验领域的方法创新、流程创新、模式创新将更加活跃，试验质量水平也将不断提高；行业将更加趋于绿色化、智能化、服务化、高端化，持续向价值链的中高端攀升已是大的趋势。因此，未来振动试验行业将最可能向以下前景发展。

1. 管理智能化

振动试验行业将会引入人工智能并实现：

① 自动识别，如自动识别并推荐振动设备，智能识别振动系统的增益、励磁。

② 试验全程控制自动化，如振动控制系统的自动控制，对试验供水、供电等能源配套设施的自动监控。

③ 自动设备管理，如进行网络自动系统管理、消防系统自动管理、控制系统自动远程管理、报警系统自动管理。

④ 振动夹具的实时自动3D打印、特殊试验辅件的实时3D打印。

2. 区域无人化

利用人工智能实现试验全过程的无人化，如试验操作由机器人代替试验人员、试验失效分析由先进仪器代替人员分析。

3. 行业数字化

基于移动互联网、千域网、局域网、物联网等的新一代网络和信息技术，将与振动试验行业深度融合，逐步实现行业的远程控制、监控，试验数据的远程获取、远程分析和行业的数字化。

4. 绿色节能化

随着未来对节能环保要求的不断提高，智能化、低能耗、节能环保型的实验室将成为趋势，如：

- 具有多方位节能、低能耗的实验室将越来越多地被广泛采用；
- 利用磁悬浮压缩机、湿帘空调代替现有空调降温；
- 利用太阳能、光导热板帮助实现自然采光；
- 能智能变频，实现超低励磁能耗的振动台将替代现有的恒定励磁振动台；
- 振动系统大量排放的废热将实现回收和循环再利用；
- 振动噪声可能变废为宝，成为噪声能源。

5. 监控实时化

采用安装耐温摄像头等方式，实现试验过程的全程监控，实时、远程监控试验状态。

6. 方法精确化

随着未来基础设施电子化、模块化、信息新技术的发展，试验模拟的方法将会与产品实际使用情况更加贴合。试验的公差范围也会缩小，试验会更精确化。

7. 设备特殊化

① 随着无线技术的发展，无线传感器等无线设备仪器将会逐渐投入使用，可以逐渐实现对试验的无线控制、测量和监控，使试验朝着更安全、更方便、更高效、更有效利用空间的方向发展，如振动试验可能采用无线加速度传感器实现振动的无线控制和测量。

② 随着设备仪器环境耐受适应性的增强，能耐受极端特殊环境的设备仪器将越来越多地投入使用，使试验可以在极端环境下进行。

8. 服务前瞻化

基于智能、网络、数据采集等实现试验的大数据积累，建立核心试验技术，打造专业分析智能前瞻服务型实验室，为客户提供定制化、个性化、一体化的解决方案等技术服务，如制定方案、标准，告诉客户怎么去做等，以帮助客户快速获得技术竞争优势和数据支持。

9. 试验加速化

为了缩短产品的研制时间，使之早日投入市场、抢占市场份额，加速试验将成为未来的一大发展趋势。

10. 因素综合化

很多产品在实际中所经受的振动与冲击是发生在多自由度上的，而当今产品的振动与冲击测试都是将其分解到每一轴线上的单独试验，这与实际环境存在很大差距。因而，在一定程度上，测试结果与所产生的故障/失效模式，均与实际情况存在一定差距。这也是在实验室测试合格的产品，在实际使用中仍有故障、出现失效的原因之一，因此实验室的环境适应性模拟方法与技术也将会随着科学技术的发展而发展，并呈以下趋势。

1）多振动综合

将从单一的试验方式发展到多因素试验方式，如振动与冲击测试的综合，正弦、随机、冲击叠加的综合，多冲击波形的综合。

2）多环境综合

将从单环境因素的测试逐步发展到两个或两个以上环境因素的综合测试，如：

① 温度与振动综合：包括高温/振动综合、低温/振动综合、高低温循环/振动综合。

② 温度与冲击综合：包括高温/冲击综合、低温/冲击综合。

③ 温度、湿度、振动综合：包括高温/湿度/振动综合、低温/湿度/振动综合、高低温循环/湿度/振动综合。

④ 四综合：包括高低温循环/湿度/低气压/振动综合。

⑤ 多因素综合：包括振动/温度/EMC 的综合等。

3）多轴向综合

将从单轴向振动到三轴向六自由度上同时多向振动测试，从单个单轴向向多个单轴向同步振动测试、非同步多轴振动测试的方向发展。

11．方法多元化

为进一步提高产品的可靠性和缩短产品开发周期，试验方法将从单一的模拟真实环境发展到多元试验方法，如：

- 利用加速激发产品潜在缺陷的"可靠性激发试验"；
- 在研制阶段的"环境应力筛选试验"；
- 在研制阶段的"可靠性增长试验"；
- 在研制阶段的"可靠性鉴定试验"；
- 为缩短研制周期、减少试验费用进行的"可靠性强化试验"等。

12．用分析计算代替试验

随着试验基础数据的不断积累、试验案例的不断增多，未来有关试验方法和结果的理论计算和分析将会不断增多，同时实验室模拟试验将会逐渐减少。

13．国内振动标准的发展前景

目前，国内的标准参数完全参照国外标准是不切实际的，因此，为确保试验起到真实模拟现场的作用，预计国内标准的发展前景是：

① 在短期内，大量试验将会采用试验数据外场采集、数据分析、增加一定安全系数的包络、确定标准参数、内场应用还原环境试验。

② 从长期来看，随着以上试验数据的不断丰富与积累，对数据进行有效分析，逐渐会形成科学、统一、与我国真实应用环境相匹配的标准参数并用于指导试验工作；同时，还会形成与标准配套的标准解读本，详细解释标准中参数的来源和依据，为标准参数提供理论基础和数据支撑，使标准具有权威性。解读本会随着时间的推移、数据的不断增多而趋于完善，并最终发展成为行业的核心竞争力。

附 录 A

各参数表分别如表 A-1～表 A-4 所示。

表 A-1　T 型螺栓固定力矩参照表

分　类	0.5T 系列	T 系列	1.8T 系列	2.4T 系列	不锈钢（A2-70）
性能等级	无强度要求	$4.6 \sim 6.8 N/mm^2$	$8.8 \sim 12.9 N/mm^2$	$10.9 \sim 12.9 N/mm^2$	$700 N/mm^2$
用　途	家电	一般	车辆、引擎	建筑	一般
螺栓直径	\multicolumn{5}{c}{固定力矩基准（N·m）}				
M1	0.00098	0.0196	0.0353	0.0470	0.0309
M1.1	0.0135	0.0270	0.0486	0.0648	0.0425
M1.2	0.0185	0.0370	0.0666	0.0888	0.0583
M1.4	0.029	0.058	0.104	0.139	0.091
M1.6	0.043	0.086	0.155	0.206	0.135
M1.8	0.064	0.128	0.230	0.307	0.202
M2	0.088	0.176	0.317	0.422	0.277
M2.2	0.116	0.232	0.418	0.557	0.365
M2.5	0.180	0.360	0.648	0.864	0.567
M3	0.315	0.630	1.134	1.512	0.992
M3.5	0.5	1.0	1.8	2.4	1.6
M4	0.8	1.5	2.7	3.6	2.4
M4.5	1.1	2.2	3.9	5.2	3.4
M5	1.5	3.0	5.4	7.2	4.7
M6	2.6	5.2	9.4	12.5	8.2
M7	4.2	8.4	15.1	20.2	13.2
M8	6.2	12.4	22.3	29.8	19.5
M10	12.5	25.0	45.0	60.0	39.4
M12	21	42	76	101	66
M14	34	68	122	163	107
M16	53	106	191	254	167
M18	73	146	263	350	230
M20	102	204	367	490	321
M22	140	280	504	672	441
M24	180	360	648	864	567
M27	260	520	936	1248	819
M30	350	700	1260	1680	1103
M33	480	960	1728	2304	1512

续表

分　类	0.5T 系列	T 系列	1.8T 系列	2.4T 系列	不锈钢（A2-70）
M36	620	1240	2232	2976	1953
M39	800	1600	2880	3840	2520
M42	1000	2000	3600	4800	3150
M45	1260	2520	4536	6048	3969
M48	1500	3000	5400	7200	4725
M52	1900	3800	6840	9120	5985
M56	2400	4800	8640	11520	7560
M60	2950	5900	10620	14160	9293
M64	3600	7200	12960	17280	11340
M68	4400	8800	15840	21120	13860

表A-2 表面被氧化（无润滑）的螺纹联接的拧紧力矩

（单位：N·m）

性能等级	3.6		4.6		4.8		5.6		5.8		6.8		8.8		9.8		10.9		12.9	
螺纹直径 d(mm)	min	max	min	max	min	max	min	max	min	max	min	max	min	max	min	max	min	max	min	max
3	0.33	0.46	0.43	0.61	0.58	0.81	0.54	0.76	0.72	1.01	0.87	1.22	1.16	1.62	1.30	1.83	1.63	2.28	1.96	2.74
3.5	0.51	0.72	0.68	0.96	0.91	1.28	0.85	1.20	1.14	1.59	1.37	1.91	1.82	2.55	2.05	2.87	2.56	3.59	3.08	4.31
4	0.76	1.06	1.01	1.42	1.35	1.89	1.26	1.77	1.69	2.36	2.02	2.83	2.70	3.78	3.03	4.25	3.79	5.31	4.55	6.37
5	1.53	2.15	2.04	2.86	2.73	3.82	2.56	3.58	3.41	4.77	4.09	5.73	5.45	7.63	6.13	8.59	7.67	10.74	9.20	12.88
6	2.60	3.65	3.47	4.86	4.63	6.48	4.34	6.08	5.79	8.10	6.95	9.73	9.26	12.97	10.42	14.59	13.02	18.23	15.63	21.88
7	4.37	6.12	5.83	8.16	7.77	10.88	7.28	10.20	9.71	13.59	11.65	16.31	15.54	21.75	17.48	24.47	21.85	30.59	26.22	36.71
8	6.32	8.85	8.43	11.81	11.24	15.74	10.54	14.76	14.05	19.68	16.87	23.61	22.49	31.48	25.30	35.42	31.62	44.27	37.95	53.13
10	12.53	17.54	16.70	23.39	22.27	31.18	20.88	29.23	27.84	38.98	33.41	46.77	44.54	62.36	50.11	70.16	62.64	87.70	75.17	105.24
12	21.85	30.59	29.13	40.79	38.85	54.38	36.42	50.98	48.56	67.98	58.27	81.58	77.69	108.77	87.40	122.36	109.25	152.95	131.10	183.54
14	34.78	48.69	46.37	64.92	61.82	86.55	57.96	81.14	77.28	108.19	92.74	129.83	123.65	173.11	139.10	194.75	173.88	243.43	208.66	292.12
16	54.26	75.96	72.35	101.28	96.46	135.05	90.43	126.60	120.58	168.81	144.69	202.57	192.92	270.09	217.04	303.85	271.30	379.81	325.56	455.78
18	74.65	104.51	99.53	139.35	132.71	185.79	124.42	174.18	165.89	232.24	199.07	278.69	265.442	371.59	298.60	418.04	373.25	522.55	447.90	627.06
20	105.84	148.18	141.12	197.57	188.16	263.42	176.40	246.96	235.20	329.28	282.24	395.14	376.32	526.85	423.36	592.70	529.20	740.88	635.04	889.06
22	143.99	201.58	191.98	268.77	255.97	358.36	239.98	335.97	319.97	447.96	383.96	537.55	511.95	716.73	575.94	806.32	719.93	1007.90	863.91	1209.48
24	183.00	256.19	243.99	341.59	325.32	455.45	304.99	426.99	406.66	569.32	487.99	683.18	650.65	910.91	731.98	1024.77	914.98	1280.97	1097.97	1537.16
27	267.69	374.76	356.92	499.69	475.89	666.25	446.15	624.61	594.86	832.81	713.84	999.37	951.78	1332.50	1070.76	1499.06	1338.44	1873.82	1606.13	2248.59
30	363.53	508.94	484.70	678.59	646.27	904.78	605.88	848.23	807.84	1130.98	969.41	1357.17	1292.54	1809.56	1454.11	2035.76	1817.64	2544.70	2181.17	3053.64
33	494.68	692.56	659.58	923.41	879.44	1231.21	824.47	1154.26	1099.30	1539.01	1319.16	1846.82	1758.87	2462.42	1978.73	2770.23	2473.42	3462.78	2968.10	4155.34
36	635.30	889.42	847.07	1185.89	1129.42	1581.19	1058.73	1482.36	1411.78	1976.49	1694.13	2371.78	2258.84	3162.38	2541.20	3557.68	3176.50	4447.09	3811.80	5336.51

表 A-3　内六角螺栓的沉头孔及螺栓孔的尺寸

螺纹的公称直径 d(mm)	M3	M4	M5	M6	M8	M10	M12	M14	M16	M18	M20	M22	M24	M27	M30
d_s	3	4	5	6	8	10	12	14	16	18	20	22	24	27	30
d'	3.4	4.5	5.5	6.6	9	11	14	16	18	20	22	24	26	30	33
d_k	5.5	7	8.5	10	13	16	18	21	24	27	30	33	36	40	45
D'	6.5	8	9.5	11	14	17.5	20	23	26	29	32	35	39	43	48
k	3	4	5	6	8	10	12	14	16	18	20	22	24	27	30
H'	2.7	3.6	4.6	5.5	7.4	9.2	11	12.8	14.5	16.5	18.5	20	22.5	25	28
H''	3.3	4.4	5.4	6.5	8.6	10.8	13	15.2	17.5	19.5	21.5	23.5	25.5	29	32
d_2	2.6	3.4	4.3	5.1	6.9	8.6	10.4	12.2	14.2	15.7	17.7	19.7	21.2	24.2	26.7

表 A-4　螺栓用沉孔表

六角螺栓和六角螺母用沉孔（GB/T 152.4—1988）

螺纹规格 d	M1.6	M2	M2.5	M3	M4	M5	M6	M8	M10	M12	M14	M16	M18	M20	M22	M24	M27	M30	M33	M36	M39	M42	M45	M48	M52	M56	M60	M64
d_2(H15)	5	6	8	9	10	11	13	18	22	26	30	33	36	40	43	48	53	61	66	71	76	82	89	98	107	112	118	125
d_3	—	—	—	—	—	—	—	—	—	16	18	20	22	24	26	28	33	36	39	42	45	48	51	56	60	68	72	76
d_1(H13)	1.8	2.4	2.9	3.4	4.5	5.5	6.6	9.0	11.0	13.5	15.5	17.5	20.0	22.0	24	26	30	33	36	39	42	45	48	52	56	62	66	70

圆柱头用沉孔（GB/T 152.3—1988）　适用于 GB/T 70

螺纹规格 d	M4	M5	M6	M8	M10	M12	M14	M16	M20	M24	M30	M36
d_2(H13)	8.0	10.0	11.0	15.0	18.0	20.0	24.0	26.0	33.0	40.0	48.0	57.0
t(H13)	4.6	5.7	6.8	9.0	11.0	13.0	15.0	17.5	21.5	25.5	32.0	38.0
d_3	—	—	—	—	—	16	18	20	24	28	36	42
d_1(H13)	4.5	5.5	6.6	9.0	11.0	13.5	15.5	17.5	22.0	26.0	33.0	39.0

适用于 GB/T 6190、GB/T 6191、GB/T 65

螺纹规格 d	M4	M5	M6	M8	M10	M12	M14	M16	M20
d_2(H13)	8	10	12	15	18	20	24	26	33
t(H13)	3.2	4.0	4.7	6.0	7.0	8.0	9.0	10.5	12.5
d_3	—	—	—	—	—	16	18	20	24
d_1(H13)	4.5	5.5	6.6	9.0	11.0	13.5	15.5	17.5	22.0

沉头用沉孔（TB/T 152.2—1988）　适用于沉头螺钉及半沉头螺钉

螺纹规格 d	M1.6	M2	M2.5	M3	M3.5	M4	M5	M6	M8	M10	M12	M14	M16	M20
d_2(H13)	3.7	4.5	5.6	6.4	8.4	9.6	10.6	12.8	17.6	20.3	24.4	28.4	32.4	40.4
t	1	1.2	1.5	1.6	2.4	2.7	2.7	3.3	4.6	5.0	6.0	7.0	8.0	10.0
d_1(H13)	1.8	2.4	2.9	3.4	3.9	4.5	5.5	6.6	9	11	13.5	15.5	17.5	22

适用于沉头木螺钉及半沉头木螺钉

螺纹规格 d	3.5	4	4.5	5	5.5	6	7	8	10
d_2(H13)	7.7	8.6	10.3	11.2	12.1	13.2	15.3	17.3	21.9
t			2.7	3.0	3.2	3.5	4.0	4.5	5.8
d_1(H13)	3.9	4.5	5.0	5.5	6.0	6.6	7.6	9.0	11.0

参 考 文 献

[1] 王树荣，季凡渝. 环境试验技术. 北京：电子工业出版社，2018.

[2] 季馨，王树荣. 电子设备振动环境适应性设计. 北京：电子工业出版社，2013.

[3] 卢兆明. 道路车辆 电气及电子设备的环境试验方法和要求. 北京：中国标准出版社，2011.

[4] 李舜酩. 机械疲劳与可靠性设计. 北京：科学出版社，2006.

[5] 屈维德. 机械振动手册. 北京：机械工业出版社，1992.

[6] 顾海明，周勇军. 机械振动理论与应用. 南京：东南大学出版社，2007.

[7] ［美］Harris C.M.，Piersol A.G. 冲击与振动手册（第 5 版）. 北京：中国石化出版社，2007.

[8] 袁宏杰，姚军，李志强. 振动、冲击环境与试验. 北京：北京航空航天大学出版社，2017.

[9] 张义民，李鹤. 机械振动学基础. 北京：高等教育出版社，2010.

[10] ［美］F.S·谢，I.E·摩尔. 机械振动理论及应用. 北京：国防工业出版社，1984.

[11] 吴三灵. 实用振动试验技术. 北京：兵器工业出版社，1993.